基于Kotlin的Android应用程序开发

Building Android App Using Kotlin

薛岗 编著

人民邮电出版社
北京

图书在版编目（CIP）数据

基于Kotlin的Android应用程序开发 / 薛岗编著. --
北京 : 人民邮电出版社, 2019.4
（移动开发人才培养系列丛书）
ISBN 978-7-115-50098-4

Ⅰ. ①基… Ⅱ. ①薛… Ⅲ. ①移动终端－应用程序－
程序设计 Ⅳ. ①TN929.53

中国版本图书馆CIP数据核字(2018)第279971号

内 容 提 要

本书在云南大学软件学院“嵌入式应用开发实践”（本科）课程讲义的基础上，结合作者多年的教学和工程实践经验，并参考了国内外有关技术材料编写而成。全书内容分为 11 个章节，分别为：Kotlin 语言基础、Android 应用开发概述、多窗体应用、布局与界面交互组件、窗体类运行时的生命周期、列表与适配器、碎片技术、菜单与导航抽屉式界面、基于 SQLite 的数据持久化、应用服务和传感器。书中章节以案例驱动方式分析、讨论与 Android 应用开发相关的技术概念和实现手段；而且，全书以示例程序版本迭代的方式，逐渐深入介绍相关的核心技术和工程方法。

全书内容丰富，案例详实，讲解通俗易懂，并配有一定量的练习题。本书可作为高等院校信息技术相关专业移动应用开发类课程的教材，也可作为 Android 移动应用开发有关工程技术人员的学习或参考用书。

◆ 编　　著　薛　岗
　责任编辑　刘　博
　责任印制　陈　犇

◆ 人民邮电出版社出版发行　　北京市丰台区成寿寺路 11 号
　邮编　100164　　电子邮件　315@ptpress.com.cn
　网址　http://www.ptpress.com.cn
　北京九州迅驰传媒文化有限公司印刷

◆ 开本：787×1092　1/16
　印张：13.5　　　　2019 年 4 月第 1 版
　字数：351 千字　　2025 年 1 月北京第 4 次印刷

定价：49.80 元

读者服务热线：(010)81055256　印装质量热线：(010)81055316

反盗版热线：(010)81055315

广告经营许可证：京东工商广登字 20170147 号

前　言

Android是Google公司开发并维护的一个移动操作系统平台。该平台以Linux内核为基础进行构建，系统构成中包含大量的开源软件工具。2007 年至今，Android系统已经发布了多个版本；2018年发布的版本9（API 28）是当前最新的稳定版本。Android开源项目（Android Open Source Project，AOSP）主要以Apache开源软件许可为基础，提供Android系统的核心程序，并能支持和帮助用户实现系统的定制和扩展。目前，Android系统可以在智能手机、平板电脑、智能手表和电视、车载应用等环境中运行，而且，相关应用已经延伸到个人计算机、游戏主机、数码相机等领域。因此，Android应用程序开发也是应用开发领域中较为热门的一个方向。

Android应用开发一直以Java和XML为主要的开发语言。2017年Google公司正式宣布Kotlin为官方支持的开发语言，这也为Android应用开发提供了另一种以Kotlin和XML为主的程序实现模式。Kotlin语言具有简洁、安全、支持跨语言互操作等技术特征。Kotlin语言的引入，提高了程序开发的效率，并在一定程度上简化了应用的实现过程。然而，新兴技术的引入也会促使工程人员改变他们的工作方式，这意味着，工程人员需要首先了解并掌握有关的技术和方法，才能在工程实践中合理使用该新兴技术。鉴于此，本书以Kotlin为基础，分析讨论Android应用程序开发相关的方法和技巧，并期望通过有关内容展示 Kotlin 的技术特点，总结基于Kotlin构建Android应用程序的技术方法。

本书所涉及的技术包含Kotlin语言、Android界面实现、多线程编程、数据持久化、应用服务和传感器技术等，主要内容被组织成11个章节。其中，薛岗老师主要完成第1章至第10章的内容，周维老师负责完成第11章的内容。云南大学软件学院硕士研究生武丽雯、王佳伟、刘峻松、刘惠剑负责完成本书附录、章节练习题的设计和习题参考答案的整理工作；其中，刘惠剑完成附录A、附录B、第1章至第2章的习题设计与参考答案的整理工作；王佳伟完成第3章至第6章，及第11章的习题设计与参考答案的整理工作；刘峻松完成第7章至第10章的习题设计与参考答案的整理工作；武丽雯负责完成全书所有章节练习题的审查与参考答案的校对工作。另外，杨亦昆同学参与了本书的校稿工作。

本书在编写和修订过程中，得到了云南大学软件学院姚绍文教授、刘璟老师的指导和关注；同时，本书的出版得到了人民邮电出版社高等教育出版分社刘博等老师的大力支持和帮助。在此向他们表示诚挚的感谢。

本书由云南大学“工业4.0及云南的对策研究”（编号：KS161006）项目支持出版。由于作者水平和经验有限，书中缺点、不足在所难免，恳请读者批评指正。

编　者

2018年4月

目　录

第1章 Kotlin 语言基础

Kotlin 是一种静态类型编程语言（它由 JetBrains 公司的一个开发小组实现，该语言的命名来源于俄罗斯圣彼得堡附近 Kotlin 岛的名称），该语言可在 Java 虚拟机（JVM）上运行，并可被编译成 JavaScript 源程序[1]。Kotlin 语言在使用时可直接调用 Java 类库，并具有与 Java 程序进行互操作的能力。除了能作为通用程序开发的工具，Kotlin 语言在开发 Android 应用程序方面具有得天独厚的优势。2017 年 Google I/O 大会上，Kotlin 语言被认定为官方支持的 Android 应用程序开发语言之一。

Kotlin 语言具有简洁、安全、支持跨语言互操作等技术特征。与传统开发语言相比较，Kotlin 语言的使用可在一定程度上提高程序开发的效率；同时，通过该语言实现的程序可避免出现诸如“空指针”等技术错误。本章的后续内容主要介绍 Kotlin 语言，相关内容组织为 4 个部分，分别为：①基本语法；②方法与 Lambda 表达式；③类与对象；④泛型、对象表达式和代理。

本章所讨论的程序均使用 IntelliJ IDEA 环境创建、运行。IntelliJ IDEA 是一个集成开发环境，该软件由 JetBrains 公司开发并维护。IntelliJ IDEA 有两个发布版本：社区版（Community Edition）和商业版（Commercial Edition）；其中，社区版遵循 Apache 开源协议（版本 2），可免费下载和使用。

1.1 基本语法

Kotlin 语言支持较为自由的程序编写风格，程序可采用面向对象或面向过程的方式进行编写。在程序编写过程中，程序文件的名称可根据实际情况任意指定，同时，程序文件的扩展名为 kt。Kotlin 程序运行的起点为 main 方法（或称为 main 函数）。

以下示例是一个简单的 Kotlin 程序。该程序运行时可通过打印语句在输出窗口中显示一个“Hello World!”字符串。

```
package niltok.demos

fun main(args: Array<String>){
    println("Hello World!")
}
```

上述程序包含两个部分：包（程序第 1 行）及 main 方法声明（程序第 3 行至第 5 行）。其中，包声明使用 package 命令实现，而 main 方法声明实质是 main 方法的一个定义。在 main 方法声明中，fun 为方法（或函数）声明关键字，main 为方法的名称，args 为 main 方法的输入参数。在输入参数方面，"args: Array<String>" 语句说明 args 是一个字符串数组，数据类型为 Array<String>。示例程序 main 方法中的 println 语句是一个打印语句，该语句可在输出窗口中打印一个指定的字符串。

有的情况下，main 方法的输入参数 args 可被忽略，但该参数可用于传输与程序运行有关的多个数值。在程序运行前，参数 args 中数值的输入需借助命令行工具，以手工输入方式来指定。而在程序运行时，main 方法中的程序可访问并使用 args 所包含的数值。以下为一个访问 args 参数的简单示例：

```
1  package niltok.demos
2
3  fun main(args: Array<String>){
4     println("Inputs:") //显示提示信息
5     println(args.size) //打印显示 args 的长度
6     for (i in args){ //访问 args
7        println(i)
8     }
9  }
```

上述示例中，程序第 5 行是打印显示 args 参数的长度，第 6 行至第 8 行则使用 for 语句遍历 args 参数中的元素，并将每个元素进行打印显示。

在 IntelliJ IDEA 中，若要指定 args 中的数值，可在系统菜单中单击"Run"项，并在显示的菜单中选择"Run"（也可在集成开发环境中直接使用快捷键"Alt+Shift+F10"）项；之后，开发环境会显示一个对话框，在对话框中选择"Edit Configurations…"项，系统显示一个标题为"Run"的配置向导（对话框）。向导的"Configuration"（配置）标签页中，可在"Program arguments:"项中指定程序所需参数（即设置 args 所包含的多个数值）。输入参数设置时，参数间使用空格作为分割，例如，若想在 args 中填写两个参数"123"和"456"，所填写的内容为 123 345。参数填写完毕，单击向导中的"Run"按钮，程序开始运行。以输入参数为"123"和"456"为例，示例程序运行的结果如下。

```
inputs:
2
123
345
```

在语法方面，Kotlin 程序的每个语句不使用结尾符（这与传统语言不同）。Kotlin 程序中，只读变量的使用场景相对广泛。只读变量在声明时使用 val 关键字进行说明，一旦某个变量被指定为只读变量，则在程序运行过程中，该变量的值是不允许被修改的。与只读变量不同，可变更变量（即普通变量）的值可以在程序运行过程中根据需要而改变。可变更变量在声明时使用 var 关键字进行说明。

Kotlin 程序中，变量声明使用的格式为**变量名：变量类型**。例如，声明一个整型只读变量 i

时，声明语句为 val i: Int；当声明一个整型变量（普通变量）j 时，声明语句为 var j: Int。

Kotlin 程序中的程序注释基本格式与 C 语言或 Java 语言相同，即使用符号//和/*…*/。其中，//符号用于实现单行注释，而/*…*/则可实现多行注释。

1.1.1　基本数据类型

Kotlin 语言支持的基本数据类型包含[2]数字型、布尔型、字符和数组。

（1）数字

Kotlin 内置的数字类型如表 1.1 所示，具体包含双精小数（Double）、单精小数（Float）、长整型（Long）、整型（Int）、短整型（Short）和字节（Byte）。

表 1.1　Kotlin 内置数字类型及物理存储长度

类型	Double	Float	Long	Int	Short	Byte
长度（位数）	64	32	64	32	16	8

在未特别说明的情况下，Kotlin 程序中的小数数值默认为 Double 类型。若需要指定 Float 类型的小数数值时，可使用格式“**小数数值 f**”或“**小数数值 F**”。例如，当需要指定 123.4 为单精小数时，程序中可使用 123.4F。对于整数，Kotlin 暂不支持八进制整数，其他的整型数字按以下规则表示。

- 对于普通十进制整数，使用普遍格式，例如：321；
- 对于长整型（十进制），使用格式为**数字 L**，例如：321L；
- 对于十六进制整数，格式为 **0x 数字**，例如：0xFF；
- 对于二进制整数，格式为 **0b 数字**，例如：0b001。

另外，Kotlin 支持以下画线来分割数字，如：1_2345_6789。

（2）类型转换

Kotlin 程序中，位数短的数据类型数据不能直接转换成为位数长的数据类型数据（这个技术特点与 Java 语言的特点不同），例如，下列程序将无法运行。

```
val i: Int = 100 //只读变量 i，类型为整型
val l: Long = i //本句无法运行，因为系统中 Int 类型数据比 Long 类型数据所占的位数短
```

在程序编写过程中，对于不同类型的数字，它们之间的转换可以显式方式实现。具体的转换可借助以下函数[2]：

- 转换为字节型（Byte），使用 toByte()，例如：10.toByte()；
- 转换为短整型（Short），使用 toShort()，例如：(12.34).toShort()；
- 转换为整型（Int），使用 toInt()，例如：(12.23).toInt()；
- 转换为长整型（Long），使用 toLong()，例如：(1234.56).toLong()；
- 转换为单精小数（Float），使用 toFloat()，例如：123.toFloat()；
- 转换为双精小数（Double），使用 toDouble()，例如：123.toDouble()；
- 转换为字符（Char），使用 toChar()，例如：123.toChar()。

（3）数学运算

Kotlin 语言能实现多种数学运算，其中，基本运算包含：+（加）、−（减）、*（乘）、/（除）、

%（求模）。Kotlin 语言中的*运算符还可作为传值符号，支持将一个数组赋值给一个包含可变长输入参数的方法。

Kotlin 语言还为常见数学运算提供了实现方法，这些方法可被调用，并能完成相应计算任务。例如，位运算可通过以下方式实现[2]。

- shl(bits)，类似 Java 的<<运算，是带符号位左移运算；
- shr(bits)，类似 Java 的>>运算，是带符号位右移运算；
- ushr(bits)，类似 Java 的>>>运算，是无符号位右移运算；
- ushr(bits)，类似 Java 的<<<运算，是无符号位左移运算；
- and(bits)，位上的 and（和）运算；
- or(bits)，位上的 or（或）运算；
- xor(bits)，位上的 xor（异或）运算；
- inv()，位上取反。

（4）字符

Kotlin 语言中，字符使用类型声明符 Char 进行说明，字符数据必须使用单引号来表示；例如，将字符'a'赋值给一个变量 *c*，实现语句为：var c: Char = 'a'。区别于 Java 语言，Kotlin 语言中的一个字符不能被当作数字来直接使用，但可使用 toInt()方法实现从字符到整型的转换。对于特殊字符，可使用转义符：\；例如：\t（制表）、\b（退格）、\n（换行）、\r（回车）、\'（单引号）、\"（双引号）、\\（斜杠） 和 \$（美元符号） 等；此外，还可使用 Unicode 转义语法，例如：'\uFFFF'。

（5）布尔型数据

Kotlin 语言中的布尔型数据类型为 Boolean，基本的取值为：true（真）和 false（假）。对于布尔型数据的运算，Kotlin 语言包含：||（或运算）、&&（与运算）、!（否运算）等。

（6）数组

Kotlin 语言中的数组基于 Array 类实现，Array 类中常用的操作包含[2]：size（数组元素个数）、set（设值）、get（取值）等。创建数组使用 arrayOf 或 arrayOfNulls 方法。例如，创建一个字符串数组，且数组包含的元素有：{"this", "is", "an", "array", "of", "Strings"}，则使用 arrayOf("this", "is", "an", "array", "of", "Strings")语句创建字符串数组；另外，当需要定义一个空的字符串数组时，可使用 arrayOfNulls<String>语句。在实际程序中，这些方法的使用如下列示例所示。

```
1   package niltok.demos
2
3   fun main(args: Array<String>){
4       var strs1: Array<String> = arrayOf("this", "is", "an", "array", "of", "Strings")
5       var strs2: Array<String?> = arrayOfNulls<String>(2)
6       println(strs1[0]) //显示第一个字符串的第一个元素
7       println(strs2.get(0)) //显示第二个字符串的第一个元素
8   }
```

运行时，上述程序初始化了两个字符串数组 strs1 和 strs2（程序中的 var 为变量定义说明符）。其中，strs2 是一个长度为 2 的空字符串数组。程序第 6 行将打印显示 strs1 中的第 0 位元素（即“this”），而程序第 7 行将打印显示 strs2 中的第 0 位元素，实际的结果为空（“null”）。程序中的数组可使用“[]”操作符来实现基于位置的元素访问，例如，strs1[0]表示获取 strs1 数组中的第 0 号元素。

需要特别注意的是，Kotlin 程序在声明变量时，如果变量类型后使用了符号“?”，则表示该变量可为空；但若变量类型后未使用“?”符号，则该变量不能被赋空值（null）。

Kotlin 语言的类库中还为基础数据类型定义了特定的数组类，如 ByteArray（字节型数组）、ShortArray（短整型数组）、IntArray（整型数组）等。这些类与 Array 类的使用方法类似。

数组初始化可基于“工厂函数”实现。例如，下列示例程序中的“{i->i+1}”为一个工厂函数。在程序第 1 行中，Array(5, {i->i+1})语句第 1 个参数用于指定数组的长度，程序中使用了数值 5（数组中，实际元素的位置索引则为 0，1，2，3，4）；而 Array(5, {i->i+1})语句中的第 2 个参数{i->i+1}可实现这样的功能：将元素索引值加 1，并将值设置为数组中对应元素的值，即 i 的取值范围为 0 至 4，而数组中对应元素的数值为 i+1。

```
1   var ins = Array(5, {i->i+1})
2   for (i in ins){
3       println(i)
4   }
```

（7）字符串

Kotlin 程序中的字符串为 String 类型，字符串为不可变更的数据类型。字符串中的字符可通过字符元素的位置进行访问；字符串中可使用转义字符；另外，可使用 3 个双引号（“““…”””）来表示一个自由格式的字符串，如多行字符串。

Kotlin 程序中的字符串可使用模板表达式，基本格式为**$标识名**。下列程序展示了模板表达式的使用：

```
fun main(args: Array<String>){
    val i = 9
    val s = "$i is in the string" //$i 为一个模板表达式
    val s1 = "\'$s\'.length is ${s.length}" //$s 和${s.length}为模板表达式
    println(s)
    println(s1)
}
```

上述程序中除了$i 和$s 为基本的模板元素，${s.length}是基于模板来显示一个操作结果。${s.length}中，s.length 是一个运算操作，含义是获得字符串 s 的长度，而${s.length}则将实际的结果组织到字符串 s1 中。上述程序运行结束，$i 位置显示 9，$s 位置显示字符串“9 is in the string”，${s.length}为 s 字符串的长度 18。

（8）空值

程序中可使用空值 **null**。当变量、常量、参数或返回值中可包含空值时，在声明时必须使用符号“?”。例如，var a: Int? 语句说明变量 a 是可为空的整型变量。需要特别说明的是，在程序中，当变量、参数或返回值声明中未使用?号，则表示该变量、参数或返回值不能为空，否则相关程序语句为非法语句。空值的检查可使用比较符==，该比较符所计算的结果为布尔值，如 if (a == null){…}。

（9）数据类型的检查与转换

程序中，数据类型检查使用操作符 is（是）或 !is（不是），其中，!is 是 is 的否操作。例如，当检查变量 a 是否为一个整型时，使用 if (a is Int){…}。针对空值 null，is 或!is 操作无效，可使用

==完成相关的比较操作。

类型转换可使用操作符 as。若类型转换过程中可能会发生违例的情况，则这样的类型转换被称为不安全转换；例如，当变量 *a* 为 null（空值）时，var b: Int = a as Int 为不安全转换，可使用 var b: Int? = a as Int? 进行控制。另外，可使用 as? 操作符号进行安全转换。

Kotlin 程序中的数据类型会根据具体情况进行类型的智能转换。智能转换主要指无须直接使用类型转换操作符的情况，例如，println(1)语句中，整型数据被智能转换为字符串。

1.1.2 包

Kotlin 中关于“包”的概念与 Java 中的“包”相似。在程序中，package 命令是用来声明程序包的信息，而 import 则是用来加载程序包的命令。

在应用程序中，“包”技术主要用于建立程序的名称空间，并避免在不同范围内的同名概念之间可能会产生的冲突。例如，A 组织在开发程序时定义了 Person 类，B 组织开发程序时也使用 Person 作为类名；若不使用名称空间，当 A 组织的 Person 类和 B 组织的 Person 类在同一个程序中工作时，这两个同名类会发生概念冲突；因为，程序执行工具无法正确区分两者之间的区别。面对这样的问题，可使用名称空间技术来解决问题。例如，A 组织的程序定义包 a，B 组织定义包 b，当两个类在同一个程序中相遇时，实际上它们被解释为 a.Person 和 b.Person；这样，两个类在同一个程序中可正常工作，也有效地解决了同名概念所引起的冲突问题。

包在声明时，建议基于程序编制单位的网址来进行命名，例如，假设程序员隶属于 A 组织，网址为 a.test，而当前正在开发的项目名称为 DEMO，则包的命名可以为 test.a.demo。

Kotlin 平台本身存在大量预定义的程序包；另外，由于 Kotlin 可与 Java 程序相互协作，编写程序时，可加载技术环境中可用的 Java 程序包。Kotlin 应用程序在编写和运行时，系统预加载包包含 java.lang.*、kotlin.jvm.*、kotlin.js.*等（其中，符号*表示“所有类库包”），而预加载的开发类库包含[2]：

- kotlin.*
- kotlin.annotation.*
- kotlin.collections.*
- kotlin.comparisons.*
- kotlin.io.*
- kotlin.ranges.*
- kotlin.sequences.*
- kotlin.text.*

1.1.3 程序的控制结构

Kotlin 程序中常用的控制结构包含 if 结构、when 结构、for 循环、while 循环。其中，if 和 when 可作为表达式直接使用。

（1）if 结构

if 结构的基本格式如下：

```
if (条件){
    程序语句 1
    …
```

```
}else{
    程序语句 2
    …
}
```

if 结构执行时，首先对条件部分进行判断；若条件判断为真，则从“程序语句 1”开始执行，当程序执行至第 1 个“}”时结束；若条件判断为假，则从“程序语句 2”开始执行，当程序执行至第 2 个“}”时结束。Kotlin 程序可将 if 结构作为表达式，放在赋值语句的右侧，例如，下列语句将结构运算结果直接赋值给变量 value：

```
var value = if (a>b) {a} else {b}
```

（2）when 结构

when 结构类似 Java 中的 switch 语句，基本格式为：

```
when (变量){
    值 1 -> 语句 1
    值 2 -> 语句 2
    …
    else -> 语句 n
}
```

上述结构在运行时，基本的工作过程为：程序首先对“when (变量)”部分中的“变量”进行计算判别，并将结果与结构中的分支条件（即结构中箭头的左侧部分）进行匹配，若某分支条件匹配成功，则该分支所对应的程序语句执行（箭头右侧代码）。when 结构在执行过程中，只要一个分支条件被执行，则其他分支条件将不再参与匹配运算；另外，when 结构可指定默认执行程序，默认执行程序的分支判断条件为 else，也就是说，若其他任何一个分支条件都不满足时，else 条件满足，所对应的程序开始工作。

when 结构中的分支条件可以使用逗号进行组合，当使用逗号时，两个分支条件之间的关系类似于条件间的“或”关系；另外，分支条件中可以使用表达式，或者 in、!in、is、!is 等操作符（其中，!is 是 is 的否操作，!in 是 in 的否操作）。例如，分支条件可以是“条件 1，条件 2”“in 范围”“!in 范围”“is 类型”“!is 类型”等。

（3）for 循环

for 循环用于控制程序代码段的多重循环，最常见的应用场景为数据或对象集合的遍历。Kotlin 中，for 循环的常见结构为：

```
for (变量 in 集合){
    关于变量的执行语句
}
```

注意，传统 for(…; …; …)结构在 Kotlin 中已不被支持。

上述结构中，程序段循环的次数基于“集合”中的元素个数确定。需要注意，上述结构可以运行的基本条件为，集合对象必须提供内置的迭代器（iterator）。对于一个数组，若想通过数组索引（元素位置）来访问数组，可使用数组实例的 indices 属性来获得索引集合，例如：

```
for (idx in numbers.indices){
    //执行程序
}
```

另外，可使用数组实例的 withIndex 方法获取数组中的键值对，例如：for ((k, v) in strs.withIndex()){…}。

（4）while 循环

Kotlin 中可使用两种 while 循环，基本结构为：

```
while (判断条件){ //while 循环结构 1
    执行语句
    …
}

do{ //while 循环结构 2
    执行语句
    …
} while (判断条件)
```

上述结构中，第 1 个结构的工作原理为：程序首先判断 while 的判断条件；当条件满足时，运行结构中的程序语句；当语句执行结束，程序再次进行条件判断，若条件满足，则继续执行结构中的程序语句，直到判断条件不满足为止；最后，while 循环结束。第 2 个结构的工作原理为：程序首先执行结构中的程序语句（即 do{…}中的所有语句），语句执行完毕，对 while 条件进行判断，若条件满足则再次执行结构中的程序语句；这样的过程一直到 while 判断条件不被满足为止。

1.1.4 返回值与循环结构的跳转

当方法或函数需要返回值时，程序语句中需要使用 return 命令，例如：return 123。

循环结构的跳转主要包含两个命令，即 break 和 continue。其中，break 命令是终止当前循环；continue 是跳出当前循环，继续后续循环。下列示例程序展示了 break 和 continue 的工作原理：

```
1    fun main(args: Array<String>){
2        for (i in 1..10){
3            println("index: " + i.toString())
4            if(i == 2)
5                continue
6            println("after continue")
7            if(i == 4)
8                break
9            println("after break")
10       }
11   }
```

上述程序使用 for 结构遍历 1 至 10 之间的数字。程序在变量 i 为 2 时，由于使用了 continue 命令，该语句之后的语句都不会执行；随后 i 为 3，程序继续执行其他语句；当 i 为 4 时，程序第 8 行使用了 break 语句，则该语句的后续语句不会被执行，且循环被终止。程序运行的结果为：

```
index:1
after continue
after break
index: 2
index: 3
```

```
after continue
after break
index: 4
after continue
```

1.1.5 集合类型

除了数组结构外，Kotlin 中的集合类型包含列表（List）、集合（Set）、字典（Map）等；Kotlin 中，集合类型分为可修改和只读两种[2]。

列表结构类似于数组，但与数组相比较，列表的长度大小可在程序运行时被动态调整。列表中的元素必须为相同类型，而且，在一个列表中可以存在多个值相同的元素。与列表相比，集合（Set）类型是多个相同类型元素的一个集合，但集合中的元素不允许重复。字典类型的结构相对复杂，该类型中的元素按“键-值”对方式进行组织；每个元素具有“键”值和“值”项两个部分，其中，该键值用于标识一个元素，而“值”项则用于存储该元素的具体数值。

Kotlin 中，只读列表基于 List<T>接口定义，可修改列表基于 MutableList<T>定义；类似，Set<T>为只读集合，MutableSet<T>为可修改集合；Map<K, V>为只读字典，MutableMap<K, V>为可修改字典。

初始化集合类型时，推荐直接调用系统提供的标准方法：listOf、mutableListOf、setOf、mutableSetOf、mapOf、mutableMapOf 等。复制一个集合类型的数据，可使用的方法为 toMap、toList、toSet 等。

以字典为例，若想创建、访问并扩展一个具有 3 个元素的字典，相关程序如下：

```
1   fun main(args: Array<String>){
2       val m = mutableMapOf("k1" to "v1", "k2" to "v2", "k3" to "v3")
3       println(m.get("k2"))
4       m.put("k4", "new value")
5       println(m.get("k4"))
6   }
```

上述程序中，第 2 行使用 mutableMapOf 创建一个字典，该数据结构初始化时具有数据{“k1: v1”, “k2: v2”, “k3: v3”}；mutableMapOf 中，一个键值对按“键 to 值”方式进行声明；第 3 行，程序访问字典（结构）中键为“k2”的值，并进行打印显示；第 4 行，程序在结构中增加一个数据项“k4: new value”；第 5 行，程序访问字典（结构）中键为“k4”的值，并进行打印显示。程序运行的结果为：

```
v2
new value
```

1.1.6 数值范围

Kotlin 可以直接使用数值范围表达式：..（两个点）。例如，1..10 表示范围 1 至 10（整数）。在 for 循环中使用范围时需要注意，for (i in 1..10)是可工作的，但 for (i in 10..1)是不可工作的。当范围起始值大于终止值时，可使用类似于 for (i in 10 downto 1)的语句来进行程序控制。在循环语句中使用范围表达式还可控制变量访问的步长，例如 for (i in 1..10 step 2)，表示从 1 开始每次前进 2 步，至 10 终止。另外，当不需要使用某个范围的终止值时，可使用关键字 until，例如 for (i in 1 until 10)，表示数值范围是从 1 开始，并至 9 终止。

1.1.7 等式

Kotlin 可使用两种等式运算符：===和==；其中，==用于值或结构相等关系的判断（!=为对应的不相等关系的判断）；===用于应用对象相等关系的判断（!==为对应的不相等关系的判断），例如，在下列语句中，===被用于对象直接的比较判定：

```
var o = MyClass()
var oo = o
oo === o //本语句为真
```

1.1.8 操作符

Kotlin 基本的操作符号包含以下几种。

- 一元前缀操作符：+（正）、-（负）、!（非）；
- 递增、递减：++和--，例如：a++或 a--；
- 数学操作符：+（加号）、-（减号）、*（乘号）、/（除号）、%（取模）、..（范围）等；
- 在范围中进行查询或遍历的 in 操作符：in 和!in；
- 数组基于位置索引的访问符：[]，例如：a[i]、b[i, j]、c[i_2]等；
- 扩展赋值符：+=（累加）、-=（累减）、*=（累乘）、/=（累除）、%=（累积取模），例如：a += b 与 a = a+b 相同；
- 比较操作符：==（等）、!=（不等）、<（小于）、>（大于）、<=（小于等于）、>=（大于等于）。

1.1.9 其他操作符

Elvis 操作符格式为：**被判断对象 ?: 返回值**。例如：n ?: "nothing"语句与 if(n!=null) n else "nothing"等价；再例如：o?.length ?: 0 语句与 if(o!=null) o.length else 0 的含义相同。

另外，!!操作符会对被操作对象进行检查，如果该对象为空值时，操作符会掷出违例，例如：s!!.length 语句中，如果 s 为空，则程序会产生违例。

1.1.10 违例处理

在应用程序开发、运行过程中，违例是在所难免的。所谓违例是指程序运行过程中可能会发生的错误。违例产生原因有：①程序语句使用错误；②运行过程中，程序运行的外部条件不能满足程序运行的需求而引发的执行错误等。

Kotlin 程序中的所有违例类从 Throwable 类继承。程序运行时，一个违例对象包含了关于违例的描述信息，具体包含：错误、程序堆栈信息和错误原因。在编写程序时，违例的掷出需要使用 throw 命令，例如：throw MyException("messages")语句在执行时会产生一个 MyException 类型的违例。程序中，throw 命令为特殊类型 Nothing；如果某方法在定义时，只实现了 throw 语句，则该方法的返回值可使用类型 Nothing。

Kotlin 中，违例处理的结构与 Java 语言中的违例处理类似，基本结构为：

```
try{
    操作语句
    ...
```

```
} catch(e: 违例类型){
    违例处理
    …
} finally{
    收尾操作语句
    …
}
```

上述结构运行时的基本流程如下。

- 程序首先执行 try 代码块，若没有发生错误，程序执行 finally 块中的程序语句；
- 若 try 代码块发生错误，则 catch 语句捕获违例，并执行 catch 代码块；最后，程序执行 finally 代码块。

在违例结构中，finally 代码块一般用于实现与程序或程序违例相关的补偿、维护等性质的工作，在不必要的情况下，finally 代码块也可省略。下列程序展示了违例处理的工作过程；其中，try 块中的程序发生访问错误；catch 块的语句被执行；最后，finally 块的程序被执行。运行结果为“error”和“finally”。

```
fun main(args: Array<String>){
    var n = arrayOf(1, 2, 3)
    try{
        n[4] //本语句会产生违例
    }catch(e: Exception){ //捕获违例
        println("error")
    }finally { //后续工作
        println("finally")
    }
}
```

1.2　方法与 Lambda 表达式

1.2.1　方法（或函数）

Kotlin 中的方法（或函数）可实现一个特定的功能，或完成一个特定的计算任务。方法的定义使用关键字 fun，并采用下列格式进行声明：

```
fun 方法名称(参数列表): 返回值类型{
    执行语句
    …
    return 返回值
}
```

方法定义时，参数列表中参数声明的基本格式为“参数名: 参数类型”。当方法没有返回值时，上述的“返回值类型”使用 Unit，或者省略返回值类型的说明。同时，若方法没有返回值时，方法声明中的 return 语句需省略。当方法中的程序相对简单，仅包含计算表达式，并将计算结果返回时，可使用以下简化格式：

fun 方法名称 (参数列表) = 计算表达式

例如：

```
fun add(a: Int, b: Int) = a+b
```

上述语句定义了一个名为 add 的方法。该方法包含两个输入参数：a 和 b。方法 add 可实现一个加法操作，即 a+b，而运算结果为该方法的返回值。方法定义中的参数可指定默认值，例如在下列程序中，b 参数被指定了默认值 10：

```
fun add(a: Int, b: Int=10) = a+b
```

若方法中的某个输入参数指定了默认值，方法被调用时，该参数在没有指定具体值的情况下，默认值会被程序自动使用。例如，针对 add 方法可使用 add(2)来获得 12 的计算结果。

方法定义中的输入参数可定义为变长参数。所谓变长参数是指参数的个数可根据运行情况而动态确定。Kotlin 中的一个方法只能包含一个变长参数，而且该变长参数只能位于方法定义中参数列表的末尾。变长参数需使用关键字 vararg，例如，vararg vs: Array<Int>表示 vs 是一个接收多个整型的参数。

另外，当某一方法定义时满足了 3 个条件：①定义时使用了 infix 关键字；②方法只有一个输入参数；③方法是类成员（或类的扩展方法），则该方法可以中缀方式使用，基本结构为**类实例 方法名 参数**。例如，下述程序运行的结果会在输出窗口中显示“string-sub”：

```
1  infix fun String.extends(str: String):String{
2     return this.toString() + str
3  }
4
5  fun main(args: Array<String>){
6     val s = "string"
7     val ss = s extends "-sub"
8     println(ss)
9  }
```

上述程序中，第 1 行至第 3 行在 String 类中增加了一个方法 extends。该方法声明使用了 infix 关键字，而且，该方法只有一个输入参数 str。该方法的声明满足了方法中缀使用的条件，则该方法可以中缀方式被调用。程序第 7 行展示了 extends 的中缀使用方法。

1.2.2 方法的声明与使用

一个方法的使用是通过调用方法名来实现的。在使用一个方法时，还需要指定该方法的输入参数，例如，add(2, 3)为 add 函数的一种使用。此外，Kotlin 允许以下多种方法的定义方式。

- 方法可在另一个方法内被声明（即所谓本地方法）并被使用；
- 方法可在类内部声明（即成员函数）并被使用；
- 针对某个特定类声明扩展方法；
- 方法可基于泛型被声明为泛型方法；
- 方法可被声明为递归方法。

下列程序展示了本地方法的声明和使用（程序中，increase 是本地方法，程序运行的结果为 6）：

```
fun add(a:Int, b:Int):Int{
    fun increase(c:Int):Int{
        return c+1
    }
    return increase(a+b)
}

fun main(args:Array<String>){
    println(add(2,3))
}
```

1.2.3 Lambda 表达式和高阶方法

Lambda 表达式是一种匿名方法的表示方式。Lambda 表达式一般使用箭头来表示一个运算操作，该操作分为 3 个部分：箭头，箭头左边，箭头右边。其中，箭头用于表示一个映射，箭头左边是映射的输入参数列表，箭头的右边为映射的输出。例如，{x: Int, y: Int -> x+y}，该运算有两个输入整型参数 x 和 y，而运算的结果（输出）为 x+y。此外，Lambda 表达式在声明时需要使用花括号，即{}。

Lambda 可被用于赋值给一个常量（或者变量），例如，val add={x: Float, y: Float -> x+y}；这样，add 实际上可被看作是一个方法，该方法有两个输入参数 x 和 y，输出 x+y，使用时为 add(0.1f, 0.2f)。

与 Lambda 表达式类似，方法类型也可使用箭头操作来表示，同样包含 3 个部分：箭头，箭头左边，箭头右边。箭头用于表示一个映射，箭头左边是映射的输入参数类型列表，箭头的右边为映射的输出类型。例如，(Int, Float) -> Float，该表达式表示方法的两个输入参数为 Int 和 Float，输出参数类型为 Float。

程序中，方法类型不使用花括号。另外，方法类型可看成是一种数据类型，并用于声明常量或变量。例如，val calc: (Int, Float) -> Float = {x: Int, y: Float -> x*y}，在这样的示例中，calc 实质上是一个类型为(Int, Float) -> Float 的运算，而具体的实现则被定义为{x: Int, y: Float -> x*y}。

在 Kotlin 中，所谓高阶方法是指方法中的参数是方法，或者方法的返回值是方法。例如，在下列程序中，calc1 和 calc2 为高阶方法：

```
fun main(args: Array<String>){
    fun calc1(n:Int, f: (Int)->Int): Int{ //输入参数为方法
        return f(n)
    }
    println(calc1(10,{it+1}))
    println(calc1(10,{i -> i-1}))

    fun calc2(n:Int, fn: Float, f: (Int, Float)-> Float): Float{
        return f(n,fn) //返回值为方法
    }
    println(calc2(10, 0.2f, {i: Int, fl: Float -> i*fl}))
}
```

上述程序中，calc1 方法使用 f: (Int)->Int 作为参数（即名称为 f，参数类型为(Int) -> Int，这样的结构表示 f 是一个输入为整型，返回值为整型的函数）。上述程序第 5 行和第 6 行中，f 被指定为具体的运算方法，而这些方法使用 Lambda 表达式来说明，即第 5 行的{it + 1}，以及第 6 行的{i -> i+1}。

上述程序第 5 行中，使用了关键字 it，该关键字指代方法的输入参数（即 calc1 中 f 的输入参数）。Kotlin 的方法中，当方法的输入参数只有一个时，可使用 it 来对参数进行访问。上述示例程序中，calc2 方法使用了 f: (Int, Float) -> Float 参数，该参数名称为 f，有两个输入参数类型：Int 和 Float，并返回一个单精小数。

Kotlin 的高阶方法还有一种形式，例如，在下列示例程序中，times 方法为一个高阶方法：

```
fun main(args: Array<String>){
    fun times(t:Int) = { x: Double -> x * t }
    println(times(2)(0.2))
}
```

上述程序中，当 times(t:Int)方法使用参数时，该方法实质上变为函数 times(t)(x: Double):Double。而示例程序运行的结果为 0.4。

1.2.4 匿名方法和闭包

匿名方法是没有名字的方法，除了 Lambda 表达式可用来定义匿名方法外，匿名方法还可直接被定义。例如：

```
fun (x: Int, y: Float): Float = x*y

fun (x: Int, y: Float): Float{
    return x * y
}
```

上述声明可作为表达式赋给变量或常量，例如，val m= fun (x: Int, y: Float): Float = x*y。另外，匿名方法和 Lambda 表达式可访问它们的闭包，也就是说可访问外部范围的变量。下列程序展示一种简单的闭包访问（程序运行的结果为 101）：

```
fun main(args:Array<String>){
    var n = 100
    fun p(){
        n = n+1
    }
    p()
    println(n)
}
```

上述程序中 n 可被看成一个 main 方法范围内的公共变量，而方法 p 与 n 在同一个方法内，所以该方法可以直接访问 n，并进行计算。基于上述程序，一个闭包还可以这样使用：

```
val print = println("testing")

fun main(args:Array<String>){
```

```
    print
}
```

上述程序将 print 定义为一个语句，然后在 main 中直接调用，程序运行结束，输出窗口会输出“testing”。程序中 print 和 main 在同一个文件内，所以 print 可被视为文件内的公共变量，而 main 方法可直接使用 print。

Kotlin 程序可基于 Lambda 表达式定义“自执行闭包”，例如：

```
fun main(args:Array<String>){
    {a:String->println(a)}("testing")
}
```

上述程序首先定义一个 Lambda 表达式，然后通过()运算符号直接调用该表达式，然后运行。所以，程序运行结束，输出窗口会输出“testing”。

再例如下述程序：

```
1   fun extend():() -> Unit{
2       var content = "string"
3       return {
4           content += ": string"
5           println(content)
6       }
7   }
8
9   fun main(args:Array<String>){
10      val ext = extend()
11      for (i in 1..3){
12          ext()
13      }
14  }
```

程序第 1 行定义一个函数为 extend，该函数没有输入参数，输出参数是一个方法类型()->Unit，即一个类型为()->Unit 的函数；程序第 2 行定义一个字符串变量 content；第 3 行至第 6 行返回一个匿名函数（体），该函数对 content 所包含的字符串进行修改，并打印修改过的字符串。程序第 2 行到第 6 行可理解为 content 是匿名函数的全局变量。程序第 10 行将匿名函数赋值给 ext，使得 ext 为一个函数（该函数没有输入参数）。程序第 11 行至第 13 行执行结束，程序会显示以下内容：

```
string: string
string: string: string
string: string: string: string
```

1.3 类与对象

面向对象编程思想中，类是一个封装好的程序模块。该模块具有一定业务功能，能完成指定的工作，而且类可以被其他程序重用。一个类具有两种技术特征：动态特征和静态特征。类的静态特征通过类中的属性（也称为成员变量）来体现，而类的动态特征通过类的方法（也称为成员函数）来体现。类中的属性用于记录与业务功能有关或与类实例状态有关的数值，而类中的方法则可实现一定的业务功能，并能实现对类属性值的访问、维护和计算。

类是通过程序来描述客观事物的结果。类本身不会被计算机运行，应用程序中，类需要被实例化以后才能运行。类实例化的过程实际上是系统为类分配相关计算资源的过程，一个类被实例化以后成为对象。对象是类的实例化结果，而一个类可以被实例化成为多个对象。对象是计算机系统中实际可运行的实体。

本节将主要讨论 Kotlin 面对对象的程序实现方法。相关内容涉及类、继承、接口、扩展等。

1.3.1 类的声明

Kotlin 在定义类时，使用关键字 class，类声明的基本格式如下：

```
class 类名{
    …
}
```

类中的属性可以使用 var 或 val 来直接定义。其中，var 用于定义变量，val 用于定义常量，基本格式为：

```
class 类名{
    var 属性名:属性类型 = …
    …
    val 属性名: 属性类型 = …
    …
}
```

1.3.2 类的构建器

类的构建器是一种特殊的方法。构建器在类被实例化时由系统调用，构建器的主要工作是对类中变量或所需资源进行赋值或申请。Kotlin 程序中的类具有两种构建器：主构建器和非主构建器。

（1）主构建器

Kotlin 类的主构建器使用 constructor 关键字说明，语句位置位于类声明处，基本形式为：

```
class 类名 constructor(参数列表){
    var 属性名:属性类型 = …
    …
    val 属性名:属性类型 = …
}
```

若主构建器不包含注释（annotation）或访问权限说明，则关键字 constructor 可省略，则程序结构为：

```
class 类名(参数列表){
    var 属性名:属性类型 = ...
    ...
    val 属性名:属性类型 = ...
    ...
}
```

若主构建器包含注释（annotation）或访问权限说明，则关键字 constructor 不可省略，例如：

```
class Machine public @Inject constructor(type:String){
    …
}
```

主构建器参数列表中的参数可用于初始化类中的属性；例如，在下列程序中，构建器中的变量 t 被用于初始化类中的属性 type：

```
class Machine (t:String){
    val type:String = t
}
```

主构建器参数列表中的参数还可以在类中的初始化块中使用，基本形式为：

```
class 类名(参数列表){
    init{//初始化块
        关于主构建器中参数列表的执行语句
    }
}
```

最后，主构建器参数列表中的参数可作为类的属性直接使用。

（2）非主构建器

非主构建器的定义位于类定义的内部，使用关键字 constructor 说明，基本结构为：

```
class 类名{
    …
    constructor(参数列表){
        …
    }
}
```

若一个类存在主构建器，在定义非主构建器时，该构建器要么需要调用主构建器，要么需要调用另一个已定义的非主构建器。例如：

```
1   class Machine(t:String, n:Int){
2       val type = t
3       val sum = n
4       //非主构建器 1
5       constructor(t:String) : this(t, 0)
6       //非主构建器 2
7       constructor(n:Int) : this("equipment", n)
8       //非主构建器 3
9       constructor() : this(0)
10  }
```

上述程序包含 1 个主构建器和 3 个非主构建器。其中，程序第 5 行和第 7 行中的非主构建器 1 和 2 是调用主构建器来完成初始化工作（使用 this 操作符）；程序第 9 行中的非主构建器 3 则调用非主构建器 2 来完成初始化工作。需要说明的是，在构建器调用说明中，使用冒号并使用关键字 this

来实现基本的自调用；例如第 5 行中“…:this(t, 0)”，以及第 7 行中“…: this("equipment", n)”等。

一般情况下，构建器用于初始化类中的属性。但若在程序创建时还无法确定属性的具体值时，相关属性需要使用 lateinit 进行说明，且 lateinit 所修饰的变量只能是可变更变量，例如：

```
lateinit var txt: TextView
```

1.3.3 类的实例化

类在实例化时，可使用的基本形式为：

```
val 对象名 = 类名 (参数列表)
var 对象名 = 类名 (参数列表)
```

当一个类被实例化为一个对象以后，对象中的属性和方法通过点操作符（.）来访问，基本的形式有**对象名.属性**、**对象名.方法名(参数列表)**。

1.3.4 设值器和取值器（setter 和 getter）

Kotlin 类针对类属性可使用相应的设值器和取值器。设值器是用来设置类中指定属性的数值，而取值器则是用来帮助外部程序访问特定属性的数值。Kotlin 类中的属性分为两种：普通变量和只读变量。针对普通变量属性，在定义变量时，系统会指定默认的设值器和取值器；针对只读变量属性，在定义常量时，系统会指定默认的取值器（不指定设值器）。

若应用程序想修改系统指定的设值器和取值器，则可采用以下结构来完成工作：

```
class 类名 (参数列表) {
    var 变量: 变量类型 = 赋值语句
        变量取值器定义
        变量设值器定义
    …
    val 只读变量: 常量类型 = 赋值语句
        变量取值器定义
    …
}
```

取值器在定义时使用关键字 get；设值器在定义时使用关键字 set。下列示例程序展示了设值器和取值器的修改过程：

```
class SimpleClass (str:String){
    var att1 = str
    var att2: String? = null
        get(){ //自定义取值器
            if (field == null){
                return "an attribute"
            }else{
                return field
            }
        }
```

```
11          set(s: String?){ //自定义设值器
12              field = "att2 again"
13          }
14  }
```

上述程序定义了一个名为 SimpleClass 的类，该类中有两个属性 att1 和 att2，其中，att1 属性使用了系统默认设值器和取值器；而 att2 则自定义了设值器和取值器。程序第 4 行至第 10 行，定义了 att2 的取值器，该取值器可根据属性的情况返回不同的结果；当 att2 为空值时，取值器会自动返回字符串“an attribute”；若 att2 不为空值时，取值器返回实际值。程序第 11 行至第 13 行定义了 att2 的设值器，而从程序可见，该设值器会将 att2 设置为“att2 again”。程序第 4 行至第 13 行中，程序使用了 field 关键字，该关键字指代一个属性实例；而在上述示例程序中，field 实际指代的是类属性 att2。

下列程序展示了使用 SimpleClass 类属性设值器和取值器的方法：

```
1   fun main(args: Array<String>){
2       var cls = SimpleClass("a class")
3       println(cls.att1)
4       cls.att1 = "a value"
5       println(cls.att1)
6
7       println(cls.att2)
8       cls.att2 = "att"
9       println(cls.att2)
10  }
```

上述程序中，第 3 行中的 println(cls.att1)语句是调用 att1 的默认取值器；第 4 行中 cls.att1 = "a value"调用 att1 的默认设值器；第 5 行中 println(cls.att1)语句再次调用 att1 的默认取值器。第 7 行中的 println(cls.att2)语句会调用 att2 的自定义取值器，获得的值为“an attribute”。第 8 行中 cls.att2 = "att"调用 att2 的自定义设值器，该设值器设置了参数“att”；然而，根据程序定义，设值器中的参数并没有被使用（程序中直接使用 field = "att2 again"）。因此，第 9 行中的 println(cls.att2)语句调用 att2 的自定义取值器，获得的结果为“att2 again”。程序运行结果如下：

```
a class
a value
an attribute
att2 again
```

1.3.5 类的继承

类的继承机制是实现类重用的重要方式之一。通过继承，父类中的方法和属性在子类中得以重用。Kotlin 中的所有类从 Any 类开始继承。Any 类包含几个基本方法：equals、hashCode、toString 等[2]。需要注意的是，在 Kotlin 程序中，类在默认状态下是不能被继承的，允许被继承的类必须使用 open 关键字来进行说明。实现继承的基本程序结构如下所示：

```
open class 父类名(参数列表){
    …
}
```

```
class 子类名(参数列表): 父类名(参数列表){
    …
}
```

上述结构中，父类在声明时使用了 open 关键字，说明该类可被继承。Kotlin 类的继承结构为“…子类名(…):父类名(…)”。继承实现时，若父类定义了主构建器，则子类必须在声明时直接调用父类主构建器。例如：

```
open class SimpleClass (str:String){
    var att1 = str
}

class MyClass(s:String): SimpleClass(s)
```

上述程序中，子类 MyClass 在定义时直接调用了父类 SimpleClass 的主构建器。另外，上述程序中，MyClass 没有程序内容，因此，该类在声明时没有使用程序体（即{…}），这样的语法在 Kotlin 编程中是允许的。若在继承过程中，父类没有使用主构建器，则子类可在声明时调用父类非主构建器，子类也可在自己的非主构建器定义时调用父类中的非主构建器（使用关键字 super），例如：

```
open class SimpleClass{
    var att1:String
    constructor(s: String){
        att1 = s
    }
    constructor(n: Int){
        att1 = n.toString()
    }
}

class MyClass(n: Int): SimpleClass(n)

class MyClass2: SimpleClass{
    constructor(s: String): super(s)
}
```

上述程序中，MyClass 子类在声明时调用了父类的非主构建器，而 MyClass2 子类在定义非主构建器时，使用 super 调用父类的非主构建器。

1.3.6　继承中方法的覆盖

Kotlin 类在继承过程中，父类中的方法可以被子类中的方法覆盖。方法覆盖时，子类的方法签名必须和父类中的方法签名相同。而通过覆盖，子类可为被覆盖方法提供一种新的技术实现。Kotlin 类中允许被覆盖的方法必须使用 open 关键字进行说明（若类中某方法没有包含 open 关键字，则说明该方法不能被覆盖）。如果子类覆盖了父类中的某个方法，则该方法必须使用 override 关键字进行说明。下列程序说明了继承中方法覆盖的情形：

```
open class SimpleClass(str: String){
```

```
    var att1:String = str
    open fun service(): String {
       return att1
    }
}

class MyClass(s: String): SimpleClass(s){
    override fun service(): String{
       return "serivce"
    }
}
```

上述程序中 MyClass 类中的 service 方法覆盖了父类 SimpleClass 中的 service 方法。需要特别说明的是，在子类中的方法如果使用了 override 关键字，则该方法还可被其子类覆盖。若想杜绝这样的现象，则可在 override 前增加 final 关键字，这样的声明可禁止该方法被进一步覆盖。方法覆盖时，若被覆盖的方法中某参数包含默认值，则覆盖方法中该参数不能定义新的默认值，即覆盖方法中该参数的默认值与被覆盖方法对应参数默认值相同。

1.3.7　继承中属性的覆盖

Kotlin 类中的属性允许被覆盖（这个技术特点与 Java 程序不同）。父类中允许被覆盖的属性必须使用 open 关键字进行说明。如果子类覆盖了父类中的某个属性，则该属性必须使用 override 关键字进行说明。属性覆盖时，可使用 var 属性（普通变量）覆盖 val 属性（只读变量），但不能使用 val 属性（只读变量）覆盖 var 属性（普通变量）。

1.3.8　抽象类与接口

区别于普通类，抽象类是一种包含了抽象方法的类。所谓抽象方法，是指只有方法签名，但没有实现定义的方法。抽象类使用 abstract 关键字进行说明，最基本语法为 **abstract class 抽象类名(参数列表) {…}**。抽象类不能被实例化，不能直接参与程序运行。抽象方法在定义时需通过 abstract 关键字进行说明。下列示例程序定义了一个抽象类：

```
abstract class MyClass {
    abstract fun service()
    fun other(){
       print("MyClass is an abstract class.")
    }
}
```

上述示例中，因为 MyClass 中包含了一个抽象方法 service，所以 MyClass 是一个抽象类。抽象类中可以包含非抽象方法，例如，MyClass 中的 other 方法为一个非抽象方法。Kotlin 允许使用抽象方法覆盖非抽象方法。例如，在下列程序中，抽象类 MyClass 中的 service 方法覆盖了父类 ClassA 中的 service 方法：

```
open class ClassA{
    open fun service(){println("service")}
}

```

```
abstract class MyClass: ClassA() {
    abstract override fun service()
}
```

抽象类可用于构建其他类，基本的语法为 **class 类名: 抽象类名(参数列表) {...}**。下列示例程序中，AClass 是一个基于抽象类 MyClass 所定义的类：

```
abstract class MyClass {
    abstract fun service()
    fun other(){
        print("MyClass is an abstract class.")
    }
}

class AClass:MyClass(){
    override fun service(){
        print("this is a service")
    }
}
```

在抽象类基础上定义一个类时，抽象类中的抽象方法必须被完整定义，并使用 override 关键字进行说明。上述示例程序中，AClass 中的 service 方法提供了方法的定义，并使用 override 来说明该方法是 MyClass 中 service 方法的一个具体实现。

面向对象程序中，接口（interface）的程序结构与类的程序结构相似。但接口中的所有方法必须是抽象方法，而且接口中的属性一般为不带具体数值的抽象属性。声明一个接口时，必须使用 interface 关键字，但接口中所包含方法或属性声明不需要包含 abstract 关键字。接口不能被实例化，不能直接参与程序运行。在程序中，接口是实现类的一种约定或规范，这意味着可以基于接口来定义一个具体的类，但所定义的类必须提供所有抽象方法的完整定义。

程序实现中，基于接口定义的类必须在声明中使用冒号，并指定接口名称，基本的形式为 **class 类名:接口名{...}**，以下示例程序展示了定义接口并基于接口定义一个类的过程：

```
interface MyInterface{ //MyInterface 是一个接口
    fun service1()
    fun service2()
}

class MyClass:MyInterface{ //MyClass 是 MyInterface 接口的一种实现
    override fun service1(){
        print("service1")
    }
    override fun service2(){
        print("service2")
    }
}
```

基于 Kotlin 语言定义一个接口时，可为接口中的属性定制相关的设值器和取值器；另外，Kotlin 允许为接口中的抽象方法提供默认的实现（定义）。例如：

```
interface MyInterface{
    val att: String
    var att1: Int
    fun service1()
    fun service2(){
        println("service #2")
    }
}
```

上述示例程序中，接口 MyInterface 中包含 service1 和 service2 方法声明，其中，service2 方法具有一个默认实现定义。针对这样的接口，可采用以下方式定义一个类（MyClass 未对 service2 方法进行额外定义）：

```
class MyClass(n: Int): MyInterface{
    override val att = "myclass"
    override var att1 = n
    override fun service1() {
        println(att+": "+ att1)
    }
}
```

1.3.9　多重继承

多重继承是指子类可同时继承多个父类。Kotlin 中的继承机制不支持直接实现类之间的多重继承关系，但是，定义一个类时，可通过以下方式来实现多重继承。

- 基于多个接口定义一个类；定义的基本格式为：

    class 类名(参数列表):接口 1 名称，接口 2 名称，…{…}

- 基于多个接口和一个父类定义一个类；定义的基本格式为：

    class 类名(参数列表):父类名称(参数列表)，接口 1 名称，接口 2 名称，…{…}

需要特别注意的是，按上述方法实现多重继承过程中，可能存在方法签名冲突的问题，即父类或接口中可能存在多个签名相同的方法。在这样的条件下，子类声明中必须对存在签名冲突的方法进行覆盖。例如，在下列程序中，ClassA 类和接口 Comp 都包含一个 service 方法和一个 show 方法，当基于它们定义 MyClass 时，这些方法之间会存在冲突。因此，在定义 MyClass 时，所有的 service 和 show 方法必须被覆盖。

```
open class ClassA(str: String){
    var att1:String = str
    open fun service(): String = att1
    open fun show(){ println(att1) }
}

interface Comp{
    fun service(): String
    fun show(){ println("Component") }
}
```

```
class MyClass(s: String): ClassA(s), Comp{
    override fun service(): String{
        val str = super<ClassA>.service()
        return str
    }
    override fun show(){
        super<ClassA>.show()
        super<Comp>.show()
    }
}
```

上述程序中，由于存在多重继承，所以 super 需要使用<>操作来标识被继承的多个组成部分（类或接口）。

实现多重继承过程中，若某父类存在签名冲突的方法不允许被覆盖，则多重继承在实现时会出现程序语法错误。

1.3.10 程序对象的可见性说明

Kotlin 中可见性说明符有 public、internal、protected、private。程序在未指明具体可见性说明符时，程序对象的可见范围为 public，即任意外部程序代码都可访问该程序。

（1）包

包（package）中可直接定义的程序对象包含[2]函数、类和属性、对象和接口等，这些对象的可见范围如下。

- 当使用 public 时，所有程序都能访问；
- 当使用 private 时，声明文件内可见；
- 当使用 internal 时，模块（开发环境、构建等软件工具工作时指定的代码单元）内可见；
- protected 不可使用。

（2）类与接口

类与接口中成员的可见范围如下。

- 当使用 public 时，所有程序都能访问；
- 当使用 private 时，本类或本接口内可见；
- 当使用 internal 时，模块（开发环境、构建等软件工具工作时指定的代码单元）内的程序可见；
- 当使用 protected 时，本类和子类可见。

1.3.11 扩展

Kotlin 支持通过声明来对类进行直接扩展，扩展的内容项可以是类的属性和方法。扩展声明的基本形式为：

```
fun 类名.方法名(参数列表): 返回值类型{
    执行语句
    ...
    return 返回值
}
```

```
val 类名.属性名
    取值器声明
```

下列示例程序展示了扩展的实现方式。

```
class MyClass(s: String){ //待扩展的一个类
    var att = s
    fun show(){
        println(att)
    }
}
val MyClass.att1: String //扩展属性
    get()="att1"
fun MyClass.service(){ //扩展方法
    println("working with: " + att1)
    this.show()
}
fun main(args: Array<String>){
    val c = MyClass("cls")
    c.show()
    c.service()
}
```

上述程序中，MyClass 是一个预先定义的类，att1 是扩展属性，service 是扩展方法。

Kotlin 程序中的扩展语法所产生的结果不会改变原有类的结构；同时，在使用扩展技术时，类中所增加的属性和方法为静态类型，这也意味着被扩展的属性不能进行初始化赋值操作。

当扩展声明位于一个程序包中，且该包（带扩展定义语句的包）以外的程序需要访问这些扩展时，则需要首先使用 import 语句进行导入声明。扩展技术也可以在不同的类定义中使用，例如，定义一个类 A，再定义一个类 B，在类 B 定义中，可直接使用扩展声明来扩展类 A。另外，可基于扩展技术来定义匿名方法。例如，在下列程序中，匿名方法都是基于扩展技术来进行定义的：

```
fun main(args: Array<String>){
    val add1 = fun Int.(n: Int): Int = this + n
    val add2: Int.(n: Int) -> Int = {n -> this + n}
    println(6.add1(3))
    println(3.add2(6))
}
```

1.3.12　数据类

数据类是一个持有数据的简单类，定义的格式为 **data class 类名(参数列表)**。例如：data class Item(var name: String, val type: String)。编译器会为数据类增加以下内容[2]：

- equals 方法；
- hasCode 方法；
- toString 方法；
- copy 方法；

- componentN 方法（N 为参数列表中的参数序号）。

上述方法中，copy 方法用于复制一个数据类实例的数据，而且，该方法可以在执行时根据要求修改部分属性值。例如，下列程序运行的结果为“it: items”：

```
data class Item(var name: String, val type: String)
fun main(args: Array<String>){
    val c = Item("it", "item")
    val cc = c.copy(type = "items")
    println(cc.name+": "+cc.type)
}
```

数据类的定义必须满足下列要求[2]：

- 主构建器中至少有一个参数；
- 主构建器中的参数必须被定义为 val 或 var；
- 数据类不能是 abstract、open、sealed 和 inner 类型的类。

其中，sealed 类型的类为密封类。Kotlin 中的密封类必须使用关键字 sealed 进行说明。密封类是一种限制继承的类，具体而言，密封类的子类只能和密封类在相同文件中；除此之外，密封类是不能在其他文件中被继承的。

1.3.13 拆分结构

拆分结构的基本结构为（**变量或常量名, 变量或常量名, …, 变量或常量名**）。拆分结构可实现对一个对象中的多个数据项分拆使用。例如，在下列程序中，一个 Object 对象中的数据项被分别设置到 a、b 和 c 变量中。

```
data class Object(var it1: String, var it2: Int, var it3: Float)

fun main(args: Array<String>){
    var obj = Object("item", 1, 0.1f)
    var (a, b, c) = obj
    println(a+" : "+b+" : "+c)
}
```

拆分结构还可在循环语句中使用，例如 for((i, j) in collection){…}；此外，针对 Kotlin 的 Map 对象也可以拆分结构。

拆分结构还可在方法的返回值中使用，例如：

```
data class Object(var it1: String, var it2: Int, var it3: Float)
fun func(): Object{
    return Object("return", 2, 0.2f)
}
fun main(args: Array<String>){
    var (d, e, f) = func()
    println(d+" : "+e+" : "+f)
}
```

在拆分结构中，如果不使用某个变量或常量，可使用符号_（下画线）进行说明。例如，(_, e, f) = func()语句所运行的结果只包含两个值，分别为 e 和 f 所指代的值。

1.3.14　嵌套类和内部类

类可以在另一类的内部进行定义，这样的类称为嵌套类。与此相似，还可在一个类的内部定义内部类（也叫 inner 类）。两者的区别在于，嵌套类可通过外部类名来进行访问，而内部类必须通过外部类的实例来访问。例如，在下列程序中，A 类中定义了一个嵌套类 B；而 AA 类中定义了一个内部类 BB；B 类是通过 A.B 的方式进行访问的，而 BB 类是通过 AA().BB 的方式进行访问的：

```
class A{
    class B{}
}
class AA{
    inner class BB{}
}
fun main(args: Array<String>){
    val c = A.B()
    val cc = AA().BB()
}
```

一个类中还可使用匿名内部类，定义时需要使用“对象表达式”。

1.3.15　枚举类

枚举类被用于组织一组相互关联且类型相同的常量，例如，针对一周中的 7 天，可将周一至周日按常量的方式组织成一个枚举类。枚举类定义格式为：

```
enum class 类名{
    项目 1, 项目 2, …, 项目 n
}
```

例如：

```
enum class Transports{
    car, airplane, boat
}
```

枚举类的使用方法为**枚举类名.项目名**，如 Transports.car。枚举类中每个项目的位置都可通过 ordinal 属性获得，如 Transports.car.ordinal。枚举类中的项目还可进一步指定属性值，例如：

```
enum class Transports(val s: Int){
    car(60), airplane(1000), boat(40)
}
```

上述示例程序中，枚举类为 Transports，其元素为 car、airplane 和 boat，且它们被指定了具体的属性值，这些值被访问的方式类似于 Transportans.boat.s。

1.3.16　this 操作符

操作符 **this** 一般指代本类的实例。Kotlin 中的 this 在使用时还可有更多的操作，例如：

```
class SimpleClass{
    val s="sa"
}
class Outer{
    var o = 1
    fun func(){
        this@Outer.o //this@Outer 是指 Outer 的实例
        this.o //this 是指 Outer 的实例
    }
    inner class Inner{
        val i = "i"
        fun func(){
            this.i //this 是指 Inner 的实例
            this@Inner.i //this@Inner 是指 Inner 的实例
            this@Outer.o //this@Outer 是指 Outer 的实例
        }
        fun SimpleClass.service(){
            this.s //this 是指 SimpleClass 的实例
            this@service.s //this@service 是指 SimpleClass 的实例
            this@Outer.o //this@Outer 是指 Outer 的实例
            this@Inner.i //this@Inner 是指 Inner 的实例
        }
    }
}
```

上述示例程序中，this 在不同的语境中所指代的实例不尽相同。首先，需要特别说明的是：在类内部定义的其他类扩展方法时，this 是指代被扩展类的实例，例如，SimpleClass.service 方法中的 this 是指代 SimpleClass 实例；其次，由于 this 在程序中具有不同的含义，可在 this 后可使用 @操作符来进行实例的定位。

1.4 泛型、对象表达式和代理

1.4.1 泛型

泛型是类型参数化的一种实现方式。基于泛型技术可使用相同的程序来实现对不同类型的参数进行处理或计算。泛型在使用时需要加注符号：<>，并在符号内设置泛型参数（一般使用大写英文字母来表示），例如：T。Kotlin 语言可在定义类时使用泛型，下列示例程序展示了泛型的基本使用方法：

```
class SimpleClass<T>(v: T){
    var value = v //value 的类型与 v 的类型一致，而 v 的类型可被动态指定
}
```

```
4
5   fun main(args: Array<String>){
6       val n = SimpleClass<Int>(10)
7       val p = SimpleClass<Float>(12.23f)
8       println(n.value)
9       println(p.value)
10  }
```

上述程序中，T 为一个泛型。程序运行时，SimpleClass 类中的 value 类型会根据 T 类型的变化而变化。例如，程序第 6 行将 T 设置为 Int 类型，程序第 8 行所运行的结果为整型；而程序第 7 行将 T 设置成 Float 类型，程序第 9 行所运行的结果为小数。

Kotlin 泛型在声明时可使用关键字 out 和 in。当定义类的泛型声明中使用了关键字 out，则带有指定类型的对象可赋值给带有该指定类型的父类型的变量或常量。例如，SimpleClass<out T>声明中使用了 out，则在后续程序中，SimpleClass<TYPE>对象可赋值给 SimpleClass<TYPE 的父类型>变量或常量。下列示例程序说明了 out 的使用方法：

```
open class Su{
    var v: String = "cls"
}
class Super: Su()
class SimpleClass<out T>(v: T){
    val value: T = v
}
fun main(args: Array<String>){
    val s = Super()
    val c1 = SimpleClass<Super>(s)
    val c2: SimpleClass<Su> = c1
    val c3: SimpleClass<Any> = c2
    println(c2.value.v)
    println(c3.value)
}
```

上述程序中，SimpleClass 类的泛型声明中使用了 out，则 c1（SimpleClass<Super>对象）可赋值给 c2（SimpleClass<Su>常量），这是由于 Su 是 Super 的父类；另外，c2（SimpleClass<Su>对象）可赋值给 c3（SimpleClass<Any>常量），这是因为 Any 是 Kotlin 所有类的父类。

类似，当定义类的泛型声明中使用了关键字 in，则带有指定类型的对象可直接赋值给带有该指定类型的子类型的变量或常量。例如，在下列程序中，因为泛型声明中使用 in，所以 Super 类型可被当作 Su 类型来使用：

```
open class Su
class Super: Su()

class SimpleClass<in T>{
    var value="value"
    fun func(v: T): Unit{
        value = v.toString()
    }
```

```
}
fun main(args: Array<String>){
    var c = SimpleClass<Su>()
    val s = Super()
    c.func(s)
    println(c.value)
}
```

1.4.2 基于泛型声明方法和泛型限制

Kotlin 还可在方法定义时进行泛型声明，基本形式有以下两种：

```
fun <T> 方法名(v: T, …): …{ //具有泛型声明的方法
    …
}
fun <T> T.方法名(…): …{ //基于泛型的方法声明
    …
}
```

例如，可以基于泛型定义相应的方法，并在不同情况下使用这些方法：

```
fun <T> func(v: T): T{ //本方法可对不同的类型数据进行处理
    return v
}

fun <T> T.funct(): String{ //本方法可在不同的类中进行工作
    return "string"
}

fun main(args: Array<String>){
    println(func(10))
    println(func(12.34f))
    println(Int.funct())
    println(Double.funct())
}
```

上述程序中，func 和 funct 都是基于泛型技术定义的方法，而且，它们可以针对不同的数据类型完成相应的工作。

泛型在使用时可指定相关类型的上界，基本的语法为**<T:T 的类型上界>**。当需要为泛型变量指定多个类型上界时使用关键字 where，例如：

```
fun <T> 方法名称(参数列表):返回值类型
where T:类型 1, T:类型 2{
    …
}
```

1.4.3 对象表达式

对象表达式用于声明一个匿名对象。所谓匿名对象，是指没有命名的对象。基本的使用场景

包含：

```
方法名(object: 接口名{
        接口中方法的定义
        …
    }
)

方法名(object: 抽象类名(){
        抽象类中方法的定义
        …
    }
)
```

对象表达式还可用于直接定义简单数据结构，程序结构为：

```
val 常量名= object {
    变量声明列表
}
```

例如：

```
val t=object{
    val a = 100
    var b = 0.4
}
```

上述结构在使用时可以使用 t.a 或 t.b 来访问具体的数值。匿名对象可直接被类中的私有方法使用，但匿名对象不允许被赋值给类中的公有方法。例如：

```
class Simple{
    private fun func()=object{
        var v: String = "value"
    }
    public fun getValue(): String{
        return func().v
    }
}
```

1.4.4 对象声明

对象声明用于在程序中创建具有唯一运行实例的对象，对象声明不能在方法内部使用，但可在其他对象声明内部或内部类中使用[2]。基本语法为：

```
object 对象名称{
    属性声明列表
    …
    方法声明
}
```

对象声明可基于特定父类，语法结构为：

```
object 对象名称：父类名称(参数列表){
    属性声明列表
    …
    方法声明
}
```

基于对象声明以后的对象可直接在程序中使用，基本形式为**对象名.属性**、**对象名.方法名**（参数列表）。

1.4.5 伴随对象

在定义类时可在类的内部定义伴随对象，伴随对象的定义使用关键词 companion object，基本结构为：

```
class 类名称{
    companion object 伴随对象名称{
        伴随对象的属性声明列表
        …
        伴随对象的方法声明
    }
    类中其他程序
    …
}
```

上述结构中的“伴随对象名称”在编程时也可以省略。伴随对象中的方法可直接通过类名进行调用（一般程序中，类中的方法必须通过类的实例进行调用），即**类名.属性**、**类名.方法名**（参数列表）。

1.4.6 类代理

设计模式中的“代理模式”[3]在 Kotlin 中已被直接实现，相关技术的使用主要依赖于使用关键字 **by**。代理模式是可以实现对被受限（或未知）对象访问的一种程序结构，这种结构可有效保护被访问对象的技术特征。代理模式实现的基本结构如图 1.1 所示，图中，访问组件需要访问服务组件，但服务组件可不对外公布访问接口；为了达到访问的目的，可在访问组件和服务组件间建立一个代理组件，该组件接收访问组件的访问请求，并基于访问请求调用服务组件。

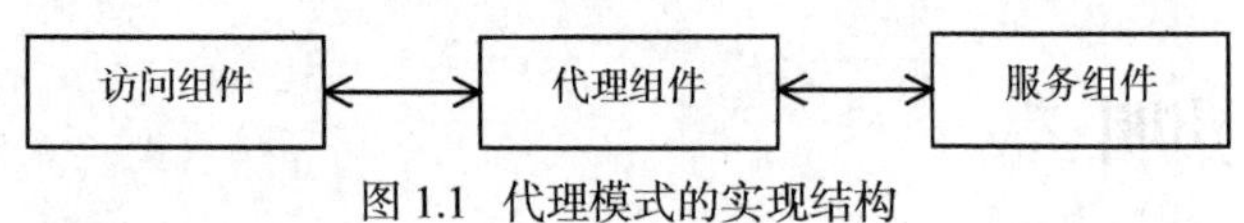

图 1.1 代理模式的实现结构

Kotlin 提供了代理模式的直接实现方法，下面的示例说明实现的方法。

```
interface Inter{ //可访问接口
    fun service()
}

class SimpleClass1: Inter{ //服务组件 1
    override fun service() {
```

```
        println("simple class one")
    }
}

class SimpleClass2: Inter{ //服务组件 2
    override fun service() {
        println("simple class two")
    }
}

class Agent(i: Inter): Inter by i //代理组件

fun main(args: Array<String>){
    var c: Inter = SimpleClass1()
    Agent(c).service() //通过代理组件访问服务组件 1
    c = SimpleClass2()
    Agent(c).service() //通过代理组件访问服务组件 2
}
```

上述程序中，class Agent(i: Inter): Inter by i 说明了：①Agent 类是代理组件；②SimpleClass1()和 SimpleClass2()为服务组件；③系统会自动实现与代理模式相关的后续技术工作。

1.4.7　代理属性

在类中，可以使用代理属性。对只读变量而言，语法为 **val 变量名: 变量类型 by 代理类名称()**；对普通变量而言，语法为 **var 变量名: 变量类型 by 代理类名称()**。例如：

```
import kotlin.reflect.KProperty

class SimpleClass{
    var v: String by Agent()
}
class Agent{
    var agent: String = ""
    operator fun getValue(thisRef: Any?, property: KProperty<*>): String{
        return "new value: $agent is for '${property.name} in $thisRef'."
    }
    operator fun setValue(thisRef: Any?, property: KProperty<*>, value: String) {
        agent = value
        println("new value: $agent has been assigned to '${property.name} in $thisRef.'")
    }
}

fun main(args: Array<String>){
    val e = SimpleClass()
    e.v ="str"
    println(e.v)
}
```

上述程序中，SimpleClass 类中的属性 v 被 Agent 类中的 agent 属性所替换。每当对 SimpleClass 对象的 v 进行取值或设值操作时，被执行的程序实例实际上是 Agent 对象。代理属性在实现时必须沿用 setValue 和 getValue 的方法名称，而且它们是和原属性值的 set()和 get()方法相对应的。如果程序中被代理的属性是常量，则代理类中只包含 getValue 定义。

针对只读属性，代理会提供 getValue 方法，该方法中使用两个参数：thisRef 和 property。其中，thisRef 为被代理对象的持有者（property owner），property 为被代理对象[2]。针对一般属性（如变量），代理会提供 setValue 和 getValue 方法，这些方法中会使用 3 个参数：thisRef、property 和 value。其中，thisRef 为被代理对象的持有者（property owner），property 为被代理对象，value 是被代理对象的值[2]。

1.4.8 预定义的代理工具

Kotlin 标准类库中预定义了很多可以直接使用的代理工具，如 lazy 和 observable。其中，lazy 方法是针对只读变量定义的代理，使用时直接基于 Lambda 表达式返回一个 Lazy<T>实例[2]。例如：

```
fun main(args: Array<String>){
    val v1 by lazy(){
        println("a string")
    }
    val v2: Int by lazy{
        100 + 100
    }

    v1
    println(v2)
}
```

上述程序中使用 lazy 来代理常量 v1 和 v2；其中，v1 未指定常量类型，而 v2 设定类型为整型。需要特别说明的是，Kotlin 目前的版本中，lazy{…}和 lazy(){…}无实质区别。

observable 位于 kotlin.properties.Delegates 包中，使用时该方法涉及 4 个参数：变量初始值、变量名、变量已使用的旧值、变量正使用的新值。在定义 observable 时，可设置变量的初始值；在 observable 定义中，还可以使用的参数包含变量名、变量已使用的旧值、变量正使用的新值。例如：

```
import kotlin.properties.Delegates

fun main(args: Array<String>){
    var v1:String by Delegates.observable("string0"){ //string0 为 v1 的初始值
        prop, old, new -> println("${prop.name} value: from $old to $new")
    } //prop 为 v1, old 为旧值, new 为新值

    v1 = "string1"
    v1 = "string2"
}
```

上述程序运行的结果为：

```
v1 value: from string0 to string1
v1 value: from string1 to string2
```

Kotlin 中还可以基于 Map 类（即所谓“字典”）代理类中的属性，例如：

```
class MyPair(map: Map<String, Any?>) {
    val left: String by map
    val right: Int by map
}
fun main(args: Array<String>){
    var p = MyPair(mapOf(
          "left" to "k",
          "right" to 100
    ))
    println(p.left)
    println(p.right)
}
```

上述程序中，MyPair 中定义了两个常量：left 和 right，在该类定义时使用了 Map 类型的参数 map 作为代理（程序中使用了关键字 by）。在 main 方法中，变量 p 被指定为 MyPair 的实例；p 初始化时，具体的值被指定到一个 map 实例中，而 map 实际包含了两个成员：{“left”: “K”, “right”: 100}。当调用 p 的属性时，程序实际上会返回 map 中的值。需要说明的是，当使用 Map 作为代理时，被代理的对象必须是只读变量；当针对普通变量使用 Map 代理时，则需要使用 MutableMap 类。

1.4.9　本地代理属性

对于方法内部的变量也可以使用代理，例如：

```
1  class SimpleClass{
2      fun service(): String{
3          return "service"
4      }
5  }
6  fun func(calc: ()->SimpleClass): String{
7      val value by lazy(calc)
8      return value.service()
9  }
10 fun main(args: Array<String>){
11     println(func({->SimpleClass()}))
12 }
```

上述程序中，方法 func 中的 value 常量使用 lazy 方法产生代理（即所谓本地代理属性）；具体而言，该代理是通过函数产生的 SimpleClass 实例（因为在 func 中使用的参数是 calc: ()->SimpleClass），程序第 8 行再调用实例中的方法工作。

1.4.10 注解

注解（Annotation）是关于程序的元数据（即描述程序的数据）。定义注解时使用关键字 annotation，例如，当要定义一个注解 Tag 时，则声明为 annotation class Tag。注解的相关特征可通过下列命令来指定[2]。

- @Target 指定注解标注的对象，可以是类、函数、属性、表达式等；
- @Retention 指定注解是否存储在编译后的 class 文件中，以及它在运行时能否基于反省技术可见（默认都为真）；
- @Repeatable 指定是否允许针对同一对象多次使用相同注解；
- @MustBeDocumented 指定注解是公共 API 的一部分，而且应该被包含在 API 文档中。

注解可使用参数。参数不能包含空值，但可使用的类型[2]包括 Java 中的主数据类型、字符串、类、枚举、其他注解类，以及这些数据类型的数组。例如：

```
@Target(AnnotationTarget.CLASS, AnnotationTarget.PROPERTY,
  AnnotationTarget.FUNCTION, AnnotationTarget.VALUE_PARAMETER,
  AnnotationTarget.EXPRESSION)
@Retention(AnnotationRetention.RUNTIME)
@MustBeDocumented
annotation class Tag(val name: String, val value: String) //声明 Tag 为一个注解

@Tag(name = "cls", value = "MyClass") //对类使用注解 Tag
class MyClass{
    @Tag(name="prop", value = "att") //对属性使用注解 Tag
    var att = ""
    @Tag(name="meth", value = "func") //对方法使用注解 Tag
    fun func(){
        println("func is working")
    }
}
```

Kotlin 中关于注解的使用位置对象主要包含[2]file、property、field、get、set、receiver、param、setparam、delegate。当注解的使用对象不确定时，系统指定的对象顺序为 param、property、field。注解信息的访问可通过反省技术来实现。

当针对类的构建器使用注解时，被注解的构建器必须使用关键字 constructor 进行说明。另外，还可针对 Lambda 使用注解。

1.4.11 反省

反省是针对程序或程序的运行实例进行分析和解释的技术。反省实现的基础是引用技术，当对类进行引用时，基本语法为**类名::class**；当对方法进行引用时，基本语法为**::方法名**；当对类中的方法进行应用时，基本语法为**类名::方法名**；当对变量或常量进行引用时，基本语法为**::变量名（或常量名）**；当对类中的属性进行引用时，基本的语法为**类名::属性名**。例如，当要查看上一节中 MyClass 类的注解内容时，则可基于反省实现。

```
1   fun main(args: Array<String>){
2       val mc = MyClass::class //引用类
3       val mf = MyClass::func //引用类中的方法
4       val mp = MyClass::att //引用类中的属性
5       for(a in mc.annotations){ //检查类的注解
6           var t: Tag = a as Tag
7           println("Tag: "+t.name+" = "+t.value)
8       }
9       for(a in mp.annotations){ //检查属性的注解
10          var t: Tag = a as Tag
11          println("Tag: "+t.name+" = "+t.value)
12      }
13      for(a in mf.annotations){ //检查方法的注解
14          var t: Tag = a as Tag
15          println("Tag: "+t.name+" = "+t.value)
16      }
17  }
```

上述程序第 2 行至第 4 行分别获得 MyClass 的类、方法和属性的引用；第 5 行至第 8 行检查类中的注解，并分别显示注解的相关内容；第 9 行至第 12 行检查类中所有属性的注解，并分别显示注解的相关内容；第 13 行至第 17 行检查类中所有方法的注解，并分别显示注解的相关内容。

另外，方法引用可被应用于实现动态替换程序中的计算方法。例如，在下列程序中，evaluate 中的 test 可被动态替换，程序第 13 行使用 Lambda 表达式实现 test 方法，程序运行时会将数组中的元素全部打印输出；而程序第 15 行基于方法引用实现 test 方法，程序运行时会将数组中的所有偶数进行打印输出。

```
1   fun evaluate(array: IntArray, test: (n: Int)->Boolean){
2       for (i in array){
3           if (test(i)){
4               print("$i ")
5           }
6       }
7   }
8   fun predicate(i: Int) = i%2 == 0
9
10  fun main(args: Array<String>){
11      val arr: IntArray = intArrayOf(1, 2, 3, 4, 5, 6, 7, 8)
12      print("all numbers: ")
13      evaluate(arr, {i: Int -> true})
14      println("\neven numbers:")
15      evaluate(arr, ::predicate)
16  }
```

对类的构造器也可以使用引用，例如，在下列程序中，程序第 6 行声明 builder 时使用了::SimpleClass，则 builder 变成了一个类的引用。

```
class SimpleClass(str: String){
    val att = str
}

fun main(args: Array<String>){
    val builder = ::SimpleClass
    var c = builder("string")
    println(c.att)
}
```

本章练习

1．Kotlin 语言在 Android 应用程序开发中相对于 Java 语言有哪些优势？

2．空指针异常（NullPointerException 或 NPE）指的是什么？Kotlin 程序中如何避免 NPE？

3．什么是 Lambda 表达式？为什么要使用 Lambda 表达式？

4．什么是 Kotlin 类的扩展？

5. Kotlin 语言中位数短的数据类型可以直接转换成为位数长的数据类型吗？如何实现安全的类型转换？

6．请分析：==和===的区别是什么？

7．什么是数据类？定义数据类需要满足哪些条件？

8．什么是类代理？类代理常用的实现方法有哪些？

9．请编写一个方法（或函数）实现阶乘运算 n!，并计算：5!。

10．请基于 Lambda 表达式分别输出一个数组的偶数值、奇数值和全部值。

11．请使用 Kotlin 语言完成以下程序。

（1）实现 3 个类，类名 1 为 Vehicle，类名 2 为 Car，类名 3 为 Truck，其中 Truck 类和 Car 类是 Vehicle 类的子类；

（2）Vehicle 类包含 2 个属性及 1 个方法。属性为：车轮个数 wheels、车重 weight，方法则用于输出车辆信息；

（3）Car 类包含 3 个属性及 1 个方法。属性为：车轮个数 wheels、车重 weight、载人数 loader，方法则用于输出车辆信息；

（4）Truck 类包含 3 个属性及 1 个方法。属性为：车轮个数 wheels、车重 weight、载重量 payload，方法用于输出车辆信息。

12. 请使用 Kotlin 语言完成：基于两个长度相同的可读写列表编写一个函数建立 Map 类型的数据集合。例如，基于字符串列表['1','2','3'，…]和['abc','def','ghi',…]，建立数据集合：{"1:abc"，"2:def"，"3:ghi",…}。

13．什么是反省技术？请编写程序完成以下内容。

（1）定义一个 Person 类，Person 类包含 2 个属性，分别为：姓名 name、年龄 age，Person 类中有一个 getInfo 方法；

（2）基于反省技术输出 Person 类中属性和方法的相关信息。

第2章 Android 应用开发概述

Android是目前使用量最大的移动设备软件平台之一，该平台目前主要由Google公司开发并维护。Android以Linux内核为基础开发，可被应用于手机、平板电脑、智能手表、车载应用环境、物联网中。Android平台最初由Android公司开发，后于2005年左右被Google公司收购。2007年开始陆续发布不同的版本，第一个发布版本是随着“开放手机联盟”（Open Handset Alliance）的成立而发布的，2018年Android已发布的版本为9（API 28）。

本章会对Android平台的基本结构进行介绍，并基于集成开发环境介绍如何构建、运行简单的Android应用程序。相关内容组织为4个部分，分别为：①Android平台与开发环境；②开发项目的创建；③构建可交互的简单应用；④日志工具的使用。

2.1 Android平台与开发环境

Android平台包含了很多软件工具，这些工具被组织到以下几个层次中：Linux内核层、硬件抽象层（Hardware Abstract Layer，HAL）、Android运行层、C/C++类库层、系统框架层和应用程序层[4]。整个平台的结构如图2.1所示。其中，Linux内核层为平台运行提供操作系统级别的底层功能。硬件抽象层为一个中间过渡层次，该层次为平台上层提供统一的硬件访问接口；同时，该层屏蔽并简化了平台中上层对下层功能的访问。Android运行层为应用程序的运行提供必要的技术环境。C/C++类库层为平台提供必要的C或C++类库支持（如Android运行层和系统框架层中所需要使用的C/C++类库）。系统框架层由多个软件类库或模块组成，这些类库或模块大部分都基于开源软件进行架构；系统框架层为应用程序的开发、应用、管理等提供必要的技术支撑。最后是应用程序层，Android平台上的应用程序都属于这个层次。

Android应用开发一般基于XML（eXtensible Markup Language）[5]、Kotlin或Java语言。程序编写完成以后，基于Android SDK（Android软件开发工具包）所提供的工具进行编译、打包并部署。每个应用的源程序编译结束以后会被组织成一个APK（Android Package的缩写）文件，APK文件一般包含编译以后的字节码、相关资源和第三方支持库等内容。APK文件可被部署到不同的设备上运行。每个Android应用在运行时具有独立的运行环境（也被称为“沙盒”）。Android平台工作过程中，系统针对应用程序会完成以下管理工作[4]。

- Android的基础是Linux，所以每个应用程序被看成是操作系统的一个用户；
- 默认情况下，操作系统会给每个应用程序分配一个用户标识；系统会给应用程序中的每个文件设置访问权限，这些文件只能通过应用程序的用户标识进行访问；

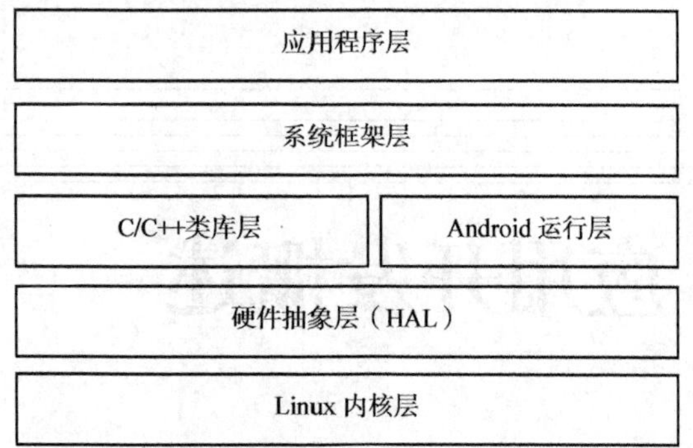

图 2.1　Android 平台结构

- 每个应用程序运行独立于其他应用程序；
- 默认情况下，每个应用程序拥有独立的系统进程，系统会根据需求启动进程，并在程序结束以后或不需要的情况下结束进程并回收相关系统资源。

Android 应用程序通过应用组件构成，Android 应用组件包含[4]Activity（活动，即可显示在设备上的界面，本书后续内容将 Acitivity 组件或相关实现称为“窗体”）、Service（服务）、Content Provider（内容提供者）和 BroadcastReceiver（广播接收者）。一个活动（Activity）是在屏幕上独立显示的可交互组件（或窗体），Android 应用中的窗体类都必须从 Activity 类继承而得。服务（也可称为应用服务）是在系统后台可长期运行的组件，一个服务不具备可交互的用户界面；Android 应用中的服务类都必须从 Service 类继承而得。内容提供者可为其他应用程序提供数据、资源的存储和管理服务，该类组件必须从 ContentProvider 类继承而得。广播接收者是对系统广播进行响应的组件，系统可以广播方式发送多种信息，如屏幕、电池使用状态，硬件工作情况等；这一类型的程序需要以 BroadcastReceiver 类为基本的实现基础。

Android 应用程序的开发环境需要使用两个基础工具，分别为 JDK（Java Development Kit）和 Android SDK（Android Software Development Kit）；在开发工具方面，Google 公司推荐使用 Android Studio 软件。

1. Android SDK

Android SDK 全称为 Android 软件开发工具包（Android Software Development Kit）。工具包中包含了程序开发所需要的软件、类库、设备模拟器等工具，以及文档、程序等技术资料。其中，特别需要关注的内容如下。

- SDK Platforms（SDK 平台），即不同版本的 Android 开发平台；
- SDK Tools（SDK 工具），即与开发相关的软件工具，具体包含调试、测试、程序安装、模拟器等工具；
- Android supports libraries（支持类库），即标准类库以外的其他开发类库；
- Documents（文档），即与开发相关的文档和教程等；
- Sample Apps（示例程序）。

2. Android Studio

Android Studio 是 Google 公司推荐的 Android 应用程序集成开发环境，该工具基于 IntelliJ IDEA 构建。Android Studio 支持个性化定制，基于插件管理工具，开发人员可根据实际需要选择并安装多种工具插件。

使用 Android Studio 时，可直接通过集成开发环境来安装 Android SDK；也可通过环境设置，调用工作环境中已安装的 Android SDK。

2.2 开发项目的创建

Android 应用程序的开发一般以工程项目的方式进行。在 Android Studio 中，新建项目有以下两种方法。

（1）默认情况下，启动 Android Studio 后，系统会显示一个对话框（标题为 Welcome to Android Studio）；在对话框中选择 “Start a new Android Studio project”（新建 Android Studio 项目）后，可进入项目新建向导；

（2）若在 Android Studio 环境中，也可通过系统菜单 “File”，选择 “New”，再选择 “New Project...” 以后进入项目新建向导。

项目新建向导启动后，首先会显示一个对话框（标题为 Create New Project），在该对话框中可以填写项目名称、公司域名、项目位置等内容；其中，公司域名用于帮助生成程序所需要使用的名称空间，即程序的包信息；项目位置是指项目在硬盘上的存储位置。Android Studio 3.0 以上的版本中，项目创建向导下方会有两个选项，分别为 C++开发支持（Include C++ support）和 Kotlin 开发支持（Include Kotlin support）。当选择 “Kotlin 开发支持” 以后，项目开发的工作是通过 Kotlin 语言来完成的。

在向导后续显示的对话框中，开发工具会询问当前项目的运行环境，可选择的条目有 Phone and Tablet（手机与平板）、Wear（智能手表）、TV（智能电视）、Android Auto（汽车）、Android Things（物联网应用）。对于一般应用程序开发，可选择 Phone and Tablet 项，同时，运行环境选项下方会有一个 “Minimum SDK” 选项。该选项是用于指定应用程序可运行的最低 Android 平台版本，例如，如果选择 “API 17: Android 4.2 (Jelly Bean)”，则表示本应用程序可在 Android 4.2 以上版本中运行。需要特别说明的是，由于不同版本的 Android 平台所提供的应用编程接口（API）之间可能会存在差异，所以，有时在程序实现时会使用到特定版本的平台；在这样的情况下，应用程序最低运行版本需根据开发的情况来指定。

在后续步骤中，向导会提示多个应用程序的界面模板。本步骤可根据实际需要来选择所使用的模板。一般情况下可选择 “Empty Activity” 作为程序的界面模板。之后，向导会要求填写 “Activity Name” 和 “Layout Name”；其中，Activity Name 指应用程序默认主窗体的程序文件名，Layout Name 是默认主窗体所使用的界面布局文件名。程序运行时，设备所显示的独立交互界面为窗体（Activity）。在程序实现时，一个 Activity 对象可包含多个可交互组件，这些组件在窗体中的显示位置、外观、行为等特征一般有两种实现方式：①直接通过类程序实现；②基于布局文件实现。其中，第 2 种方法在程序开发中较为常见。布局文件是一个标准的 XML 文件，文件中一般会包含与界面相关的布局、组件、配置、相关资源的使用等信息。

项目创建向导结束后，开发环境会自动生成一个应用程序项目。在 Android Studio 中的左侧选择 Project（项目窗口），并在该窗口顶部选择显示类型为 “Android”，此时，项目相关的文件组织为两个部分：app 和 Gradle Scripts，如图 2.2 所示。其中，app 是项目源程序文件的组织结构，Gradle Scripts 则包含了项目构建所需要使用的脚本程序。单击 app 节点，节点中包含了 3 个子目录，分别为 manifests、java、res。其中，manifests 中包含了应用程序的主配置文件 AndroidManifest.xml；每个 Android 应用程序只有一个主配置文件，该配置文件为标准的 XML 文件；java 目录主要包含两类文件：程序源文件（文件扩展名为.java 或.kt）、程序开发相关单元测试文件；res 目录主要包含应用程序所使用的资源文件。默认情况下，资源文件分为 4 个子目录，分别为 drawable、layout、mipmap、values。其中，drawable 目录用于存储图片或图形定义；layout 目录用于存储布局文件；mipmap 目录用于存储应用程序使用的图标；values 目录用于存储可定义的文本资源，在该目录中可以定义的资源包含颜色、字符串、界面风格等。

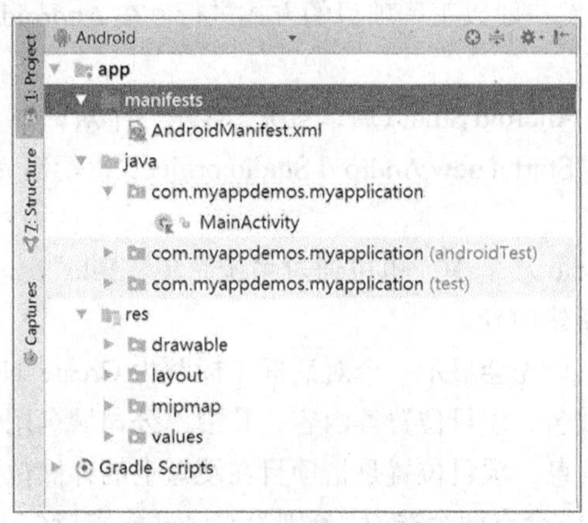

图 2.2　Android 项目的基本结构

在实际的存储中，一个 Android 项目被组织在一个文件夹中，该文件夹中包含.gradle、.idea、app、build 和 gradle 文件夹；此外，项目文件夹中还包含了与项目相关的其他文件。其中，app 文件夹存放的是项目源程序的存储位置；app 中的子目录包含 build、libs 和 src。子目录 build 用于存放程序编译相关的文件及编译、构建的结果；libs 文件夹用于存放项目开发所需要的第三方类库；src 文件夹用于组织管理与项目相关的程序文件。在 src 中，androidTest 和 test 子目录是用于存放与项目测试有关的源程序，而 main 文件夹用于存储项目有关的主要源程序。目录 main 有 3 个组成，分别为 AndroidManifest.xml、res 和 java；其中，AndroidManifest.xml 是当前项目的主配置文件，res 是资源文件夹，java 是源程序文件夹（Kotlin 程序文件也存放在这个文件夹内）。

2.2.1　新建项目中的源程序

初始状态下，新建项目中包含了以下 3 个自动生成的源程序。manifests 中的 AndroidManifest.xml 文件；java（文件夹）中的主窗体程序，在默认情况下，程序文件为 MainActivity.kt；在 res 中，layout 文件夹中会包含一个 MainActivity 窗体所对应的布局声明文件（XML 格式），在默认情况下，文件为 activity_main.xml。

单击布局文件 activity_main.xml，开发工具会显示布局设计界面，该界面支持两种布局定义方式：可视化定义，文本（程序）定义。当选择文本定义时，开发工具会显示布局文件中的 XML 代码，基本的内容如下：

```
<?xml version="1.0" encoding="utf-8"?>
<android.support.constraint.ConstraintLayout
xmlns:android="http://schemas.android.com/apk/res/android"
   xmlns:app="http://schemas.android.com/apk/res-auto"
```

```
4       xmlns:tools="http://schemas.android.com/tools"
5       android:layout_width="match_parent"
6       android:layout_height="match_parent"
7       tools:context="com.myappdemos.myapplication.MainActivity">
8       <TextView
9           android:layout_width="wrap_content"
10          android:layout_height="wrap_content"
11          android:text="Hello World!"
12          app:layout_constraintBottom_toBottomOf="parent"
13          app:layout_constraintLeft_toLeftOf="parent"
14          app:layout_constraintRight_toRightOf="parent"
15          app:layout_constraintTop_toTopOf="parent" />
16  </android.support.constraint.ConstraintLayout>
```

在上述程序中，第 1 行为 XML 文件声明，包含 XML 的版本（1.0）和程序文件的编码方式（utf-8）；程序第 2 行为本 XML 文件的根标签，具体为一个名为 ConstraintLayout 的布局声明；程序第 5 行和第 6 行用于设置布局的宽度和高度，其中，值“match_parent”表示布局与承载布局的容器组件（使用 parent 来表示该组件）可显示区域的宽度和高度相同；第 7 行声明了布局对应的程序类名称，其中，com.myappdemos.myapplication 是项目程序的包名，MainActivity 是具体类的名称。

布局文件的第 8 行至第 15 行声明了一个交互组件，组件类型为 TextView，用于在界面中显示文本信息。TextView 组件使用<TextView>标签（结束为</TextView>）进行声明；程序第 9 行和第 10 行用于设置组件的宽度和高度，当值为“wrap_content”时，表示组件的宽度和高度需能容纳其所显示的文本内容；程序第 12 行至第 15 行用于设置当前组件的对齐方式，例如，当 layout_constraintBottom_toBottomOf 属性项设置为“parent”时，说明当前组件的底部与外部容器组件（使用 parent 来表示该组件）的底部相对齐；与此相似，app:layout_constraintTop_toTopOf="parent"表示当前组件的顶部与外部容器组件（使用 parent 来表示该组件）的顶部相对齐。由于程序第 12 行至第 15 行的约束，TextView 实际上会在界面的中心位置显示。程序中第 11 行用于设置 TextView 组件显示的内容，android:text="Hello World!"表示组件中显示的内容为“Hello World!”。

选择 MainActivity 主程序，开发环境会显示下列代码：

```
1   package com.myappdemos.myapplication
2   import android.support.v7.app.AppCompatActivity
3   import android.os.Bundle
4
5   class MainActivity : AppCompatActivity() {
6       override fun onCreate(savedInstanceState: Bundle?) {
7           super.onCreate(savedInstanceState)
8           setContentView(R.layout.activity_main)
9       }
10  }
```

上述程序中第 1 行为源程序的包信息；第 2 行至第 3 行是程序导入的包信息，第 5 行定义了主窗口类为 MainActivity，从程序可以看出，该类从 AppCompatActivity 类继承；程序第 6 行为 MainActivity 的初始化方法 onCreate，该方法在类被初始化时被系统调用；程序第 7 行调用父类的初始化方法（通过 super 操作符）；第 8 行加载布局文件。

Android 开发工具会为项目中的所有资源项指定一个唯一标识，这些标识被组织到一个名为 R 的类中，这个类在程序开发中可被直接访问。R 类的创建、管理和维护不需要人工干预，相关工作由开发工具完成。R 类调用格式为：**R.资源名**。在例程中，R.layout.activity_main 指 activity_main 是 layout 目录中的布局文件资源；而 setContentView(R.layout.activity_main)语句实际上完成的工作为：在 MainActivity 中加载并应用布局文件 activity_main.xml。

2.2.2 程序的运行与修改

开发工具中新建的项目在不修改任何内容的情况下可直接运行。程序运行的方式分为两种：①在虚拟设备中运行；②在实体机中运行。若开发环境中未设置虚拟设备，则在需要使用虚拟设备管理工具中构建一个虚拟设备。虚拟设备构建的步骤如下。

- 单击 AVD Manager（Android 虚拟设备管理器）工具（系统工具栏中，或在系统菜单中选择“Tools”，选择“AVD Manager”项），开发环境会显示虚拟设备构建向导；
- 选择虚拟设备种类，一般情况下选择“手机或平板”，再选择设备型号；
- 选择系统镜像（该镜像与 Android SDK 中安装的镜像一致）。

虚拟设备建立完成以后，在开发环境中单击“Run”工具（快捷键 Shift+F10），在部署目标中选择合适的设备，应用程序会自动部署并运行。若使用实体机运行程序，则在开发环境中单击“Run”工具，之后在部署目标中选择已和开发工具进行连接的实体机设备，程序会自动在实体中运行。

Android 应用从开发、部署到运行的基本过程为：编写源程序；编译源程序；编译结果打包，生成 apk 文件；安装部署 apk 文件。其中，apk 文件的部署可基于 adb（Android Debug Bridge）工具来实现。

针对本节已构建的示例程序，程序运行时会在显示界面中显示一个“Hello World!”字符串。整个程序运行的基本过程为：系统启动应用程序；主窗体类被初始化；窗体类加载对应的布局文件，程序根据布局声明显示组件。

在已构建的示例程序基础上，可以使用两种方式来修改程序运行所显示的文本内容：①在布局文件中，修改<TextView>标签的 android:text 属性；例如：若使用 android:text="my first app"语句，程序运行时会显示“my first app”。②在布局文件中使用字符串资源。

Android SDK 的资源管理机制能对项目中的资源进行统一管理，例如，可基于资源文件来组织程序所需要使用的所有字符串。

针对已构建的示例程序，为了能基于字符串资源在界面中显示“my first app”字符串，相关工作包含以下两项。

- 声明字符串资源；
- 加载字符串资源。

在开发工具左侧“Project”（项目）窗口中选择 res 的 values 目录；起始状态下，values 目录中有 3 个文件，分别为：colors.xml、strings.xml、styles.xml。其中，colors.xml 用于定义程序中所使用的颜色，styles.xml 用于定义程序的界面风格，strings.xml 用于定义程序中使用的字符串资源。strings.xml 在起始状态下包含以下内容：

```
<resources>
    <string name="app_name">My Application</string>
</resources>
```

上述程序定义了程序所使用的一个字符串资源，该资源的名称为“app_name”，字符串为：“My Application”。字符串 app_name 被应用于 AndroidManifest.xml 中<application>标签的 label 属性值部分。这字符串实际上是应用程序的显示名称。

现在，可在 strings.xml 文件中添加新的字符串资源。假设新资源的标识为 my_text，值为 my first app，则程序为：

```
<resources>
    <string name="app_name">My Application</string>
    <string name="my_text">my first app</string>
</resources>
```

基于上述声明，可在 activity_main.xml 中加载“my_text”字符串，具体来说，需要将<TextView>标签中的 android:text 属性值设置成：android:text="@string/my_text"。其中，@string 为资源类型标识，而资源标识为 my_text。当“@string/my_text”执行成功后，“my first app”为实际的资源值。

经过上述调整，再次编译运行程序，程序运行时，界面窗体中的 TextView 组件中将显示“my first app”。

在 strings.xml 中可声明字符串数组资源，例如：

```
<resources>
    <string-array name="weather">
        <item>晴</item>
        <item>多云</item>
        <item>阴</item>
    </string-array>
</resources>
```

在布局中使用字符串数组时，基本的结构类似于："@array/weather"。一般情况下，字符串数组可以被特定的交互组件加载，例如：Spinner（一种下拉列表组件）可直接加载字符串数组。

2.3　构建可交互的简单应用

本节将建立一个示例程序，程序命名为 Devices（版本 1）。该程序配备了一个可交互界面，界面中有 3 个交互组件，分别为下拉列表（Sppiner）、按钮（Button）和文本显示组件（TextView）。Devices（版本 1）能提供的功能为：①下拉列表中提供了 Android 平台可运行的设备类别选项，具体为：TV（电视）、Wear（可穿戴设备）、Phone（手机）和 Tablet（平板电脑）；②当下拉列表中的设备类别被选择以后，单击界面中的按钮，界面中的文本显示组件会显示：与指定设备类别有关的（多个）设备名称及相关信息。示例程序的界面结构如图 2.3 所示，该界面基于 AppCompatActivity 类来构建，主窗体的类名为 MainActivity。

Devices（版本 1）的实现包含 3 个部分，分别为 MainActivity.kt、activity_main.xml 和 strings.xml。它们之间的关系如图 2.4 所示。程序的实现分为 3 个基本步骤：新建项目，配置 MainActivity 的布局文件，基于组件完成 MainActivity 类程序。

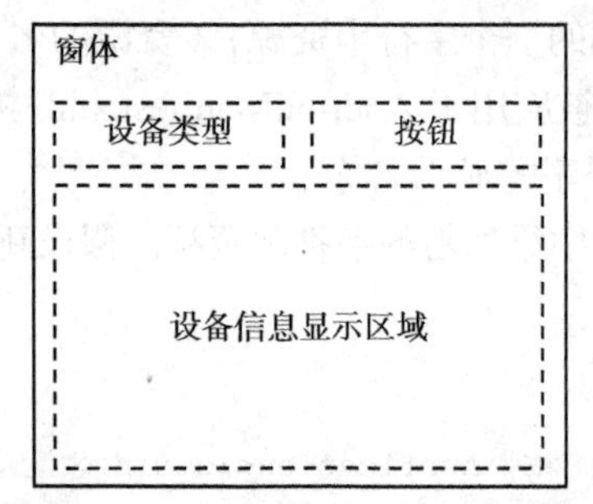

图 2.3 Devices（版本 1）的界面结构

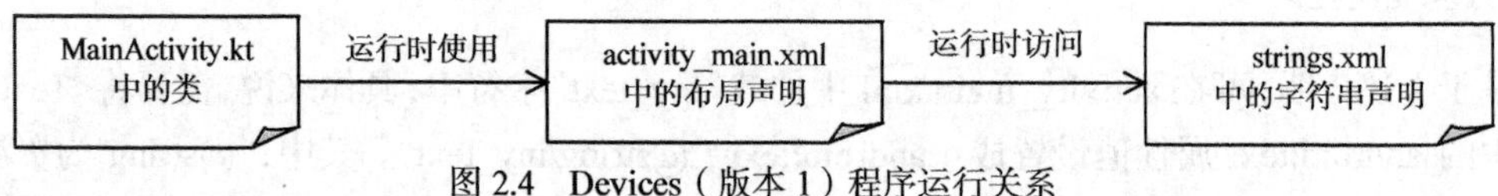

图 2.4 Devices（版本 1）程序运行关系

程序编写前，首先新建项目；在新建项目向导的第一个页面中设置项目名称为 Devices，在公司域中填写 myappdemos.com，选择“包含 Kotlin 支持”，设置项目的存储位置；在运行环境选项中选择“Phone and Tablet”，Minimum SDK 中选择“API 17: Android 4.2”；Activity 选项中选择“Empty Activity”；在主窗体文件名和布局文件名设置部分，保持默认设置，结束新建项目向导。

注：myappdemos.com 是作者虚构的一个域名。本书在成稿和出版过程中，该域名并没有被使用；书中使用的 myappdemos.com 以及对应的包名“com.myappdemos.*其他文字*”，并不代表本书作者赞同或支持该域名（及网址 www.myappdemos.com）中所包含的任何内容。

2.3.1 配置主窗体的布局文件

项目建立成功以后，在 Android Studio 左边项目窗口中选择 layout 中的布局文件 activity_main.xml，程序编辑窗口会显示该文件所包含的源程序。默认情况下，除了 XML 文件声明之外，布局文件中包含一个根标签<android.support.constraint.ConstraintLayout>（结束为</android.support.constraint.ConstraintLayout>），根标签中包含一个<TextView>标签（结束为</TextView>）。

为了实现图 2.3 中的界面效果，在 activity_main.xml 文件中增加两个组件声明，分别为 Spinner（下拉列表）和 Button（按钮），所对应的 XML 标签为<Spinner>（结束为</Sprinner>）和<Button>（结束为</Button>）。<Spinner>和<Button>标签必须放置在根标签<android.support.constraint.ConstraintLayout>内。

在添加标签时，程序编辑窗口会要求设置每个标签的 android:layout_width 属性和 android:layout_height 属性；这些属性分别用于设置组件显示时的宽度和高度。在本节的示例中，这些属性的值都设置为 wrap_content，即指定这些组件显示的宽度和高度需要能够保证完整显示相关文本内容。

到目前为止，activity_main.xml 中已包含了 3 个组件，分别为 Spinner、Button 和 TextView。为了能方便访问这些组件，布局声明中需要为这些组件分别指定唯一的标识。每个组件的标识的设定需要使用组件标签中的 android:id 属性。

当在布局文件中为某个对象设置标识时，android:id 属性值的设置格式为**@+id/标识名**；其中，“@+id”表示在当前项目中新增一个唯一标识，“/”为分隔符，“标识名”为具体的标识名称。

Devices(版本 1)中，Spinner 组件的标识指定为 list，Button 组件的标识指定为 button，TextView 组件的标识指定为 text。基于上述讨论，activity_main.xml 实现为：

```
1  <?xml version="1.0" encoding="utf-8"?>
2  <android.support.constraint.ConstraintLayout
3     xmlns:android="http://schemas.android.com/apk/res/android"
4     xmlns:app="http://schemas.android.com/apk/res-auto"
5     xmlns:tools="http://schemas.android.com/tools"
6     android:layout_width="match_parent"
7     android:layout_height="match_parent"
8     android:padding="10dp"
9     tools:context="com.myappdemos.devices.MainActivity">
10    <Spinner android:id="@+id/list"
11       android:layout_width="wrap_content"
12       android:layout_height="wrap_content"
13       app:layout_constraintLeft_toLeftOf="parent"
14       app:layout_constraintTop_toTopOf="parent"
15       />
16    <Button android:id="@+id/button"
17       android:layout_width="wrap_content"
18       android:layout_height="wrap_content"
19       android:layout_marginLeft="10dp"
20       app:layout_constraintLeft_toRightOf="@id/list"
21       app:layout_constraintTop_toTopOf="parent"
22       android:text="@string/button_text"
23       />
24    <TextView android:id="@+id/text"
25       android:layout_width="wrap_content"
26       android:layout_height="wrap_content"
27       android:layout_marginTop="10dp"
28       app:layout_constraintLeft_toLeftOf="@id/list"
29       app:layout_constraintTop_toBottomOf="@id/button"/>
30 </android.support.constraint.ConstraintLayout>
```

activity_main.xml 实际上包含 4 个部分，分别为 1 个布局声明，3 个组件声明。在布局声明中，程序第 3 行至第 5 行为 XML 元素名称空间声明；程序第 8 行中的 android:padding="10dp"语句设置布局四边（上、下、左、右）内部填充 10dp 的空白区域（dp 为单位）。

布局中的组件分别被设置了唯一标识（具体为 list、button 和 text），组件唯一标识的设置分别位于程序的第 10 行、16 行和 24 行中。关于组件，程序第 13 行和第 14 行指定 Spinner 组件的左边、上边与 MainActivity 显示区的左边和上边对齐；程序第 19 行设置了按钮（Button）组件左边填充 10dp 的空隙；第 20 行指定按钮（Button）组件的左边与 Spinner 组件的右边对齐；程序第 21 行指定按钮（Button）组件的上边与 MainActivity 显示区的上边对齐；第 22 行设定按钮（Button）的显示内容；程序第 27 行指定 TextView 组件上边填充 10dp 的空隙，第 28 行指定该组件的左边与 Spinner 组件左边对齐，第 29 行指定该组件的上边与按钮（Button）组件的下边对齐。需要注意的是，布局声明中，TextView 组件中没有包含 android:text 属性。

另外，布局定义的第 20 行、第 28 行和第 29 行代码中都出现了属性值“@id/…”，这是 Android 布局中基于唯一标识表示特定对象的方法。当“**@id/标识名**”出现时，说明代码需要通过系统唯一标识来表示特定的对象或组件，具体而言，“@id”表示“系统唯一标识”，“/”为分割符，而“标识名”一般为通过“@+id/...”已定义的唯一标识。例如，在布局文件中通过“@+id/target”语句定义一个组件的唯一标识为“target”；在文件的其他位置，可使用“@id/target”表示具有“target”标识的组件。

在 activity_main.xml 中，Spinner 组件的声明只包含基本的外观说明，而并未指定显示内容。该组件显示的内容可通过字符串数组来实现；另外，按钮（Button）组件的 android:text="@string/button_text"属性设定了组件显示的内容，而具体的文本信息是存放在字符串资源文件中。

在当前条件下，相关的字符串需通过 string.xml 文件来定义。在 Android Studio 左边项目窗口中选择 values 目录中的 strings.xml 文件。在 strings.xml 文件中新建两个资源，一个是字符串资源，名字为“button_text”，内容为“show devices”；另一个是字符串数组资源，该资源名称为“device_category”，数组中的元素分别为 TV、Wear、Phone 和 Tablet。编辑完成的程序如下：

```
<resources>
    <string name="app_name">Devices</string>
    <string name="button_text">show devices</string>
    <string-array name="device_category">
        <item>TV</item>
        <item>Wear</item>
        <item>Phone</item>
        <item>Tablet</item>
    </string-array>
</resources>
```

基于 strings.xml 文件，布局文件中的相关语句会自动加载已声明的文本资源；其中，按钮显示文本已可正常显示（对应于 string.xml 文件“button_text”标签内的文本）。对于 Spinner 组件，可在该组件标签中增加属性 android:entries，并将属性值设置为"@array/device_category"。修改完以后，完整的 Spinner 组件声明为：

```
<Spinner android:id="@+id/list"
    android:layout_width="wrap_content"
    android:layout_height="wrap_content"
    app:layout_constraintLeft_toLeftOf="parent"
    app:layout_constraintTop_toTopOf="parent"
    android:entries="@array/device_category"/>
```

完成上述工作后，界面中的列表组件可自动加载字符串数组。将项目编译、运行，可获得图 2.5 所示的运行结果。

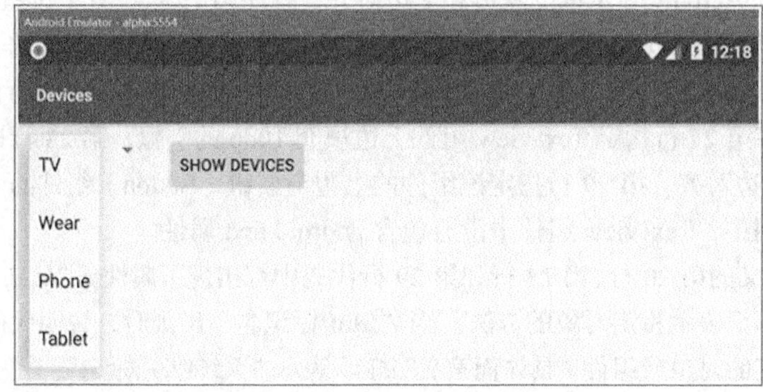

图 2.5　Devices（版本 1）界面效果

2.3.2 交互界面及功能实现

为了实现 Devices（版本 1）的业务功能，还需要为界面中的按钮（组件）增加交互功能。按钮交互功能实现的基础是组件的事件处理器。可通过两个步骤来实现一个按钮的事件处理器：①在布局文件中声明按钮的事件处理器名称（声明语句的位置必须在按钮组件标签内）；②在对应的窗体类中实现该事件处理器。

在布局文件中，按钮事件处理器的声明需在按钮标签中设置 android:onClick 属性，该属性值是一个事件处理器的名称。下列示例程序的第 8 行声明了一个事件处理器，该事件处理器的名称为 listDevices：

```
1  <Button android:id="@+id/button"
2      android:layout_width="wrap_content"
3      android:layout_height="wrap_content"
4      android:layout_marginLeft="10dp"
5      app:layout_constraintLeft_toRightOf="@id/list"
6      app:layout_constraintTop_toTopOf="parent"
7      android:text="@string/button_text"
8      android:onClick="listDevices"/>
```

在 MainActivity 类中必须定义一个名为 listDevices 的方法与布局中的事件处理器相对应。对于 listDevices 方法，方法的签名为（处理器中的参数必须为 View 类的实例）：

```
fun listDevices(view: View)
```

为了在 Devices（版本 1）界面中显示设备的信息，程序中需要设置相应的信息数据。设备信息使用 Kotlin 中的 Map 类型进行组织，基本程序为：

```
private val devices: Map<String, String> = mapOf(
    "TV" to "android tv(720p)\nandroid tv(1080p)",
    "Wear" to "Android Wear Square\nAndroid Wear Round Chin\nAndroid Wear Round",
    "Tablet" to "Pixel C\n7\" WSVGA(Tablet)\n10.1\" WXVGA(Tablet)",
    "Phone" to "Pixel XL\nPixel\n5.4\" FWVGA\n5.1\" WVGA\n4.7\" WXGA"
)
```

将上列数据在 MainActivity 类中进行声明（声明的类型为 private）。现在 MainActivity.kt 程序的主要内容为：

```
class MainActivity : AppCompatActivity() {
    private val devices: Map<String, String> = mapOf(
        //数据声明语句
        …
    )
    override fun onCreate(savedInstanceState: Bundle?) { //窗体初始化
        super.onCreate(savedInstanceState)
        setContentView(R.layout.activity_main)
    }
    fun listDevices(view: View) { //按钮的事件处理器
```

```
            //处理器中的程序语句
        }
    }
```

listDevices 方法需要完成以下任务：①获得下拉列表中被选定的选项；②根据选项信息检索设备信息；③将检索结果在界面上进行显示。

对 listDevices 方法的任务①，为了在程序中获得下拉列表被选定的选项，基本的程序工作包含查找工作组件和获得工作组件当前工作状态。其中，查找工作组件主要依赖于项目中预定义的 R 类。布局中，Spinner 组件的标识为 list，基于 R 类，程序可通过 R.id.list 语句来定位组件；同理，程序中 R.id.text 可定位界面中的 TextView 组件。在 MainActivity 类程序中，一般可使用 findViewById 方法查询布局中的组件，该方法的输入参数是一个组件的标识。对于 Spinner 组件，可使用属性 selectedItem 获得组件当前被选定的选项。所以，在 listDevices 方法中，与下拉列表有关的程序有：

```
val cat = findViewById<Spinner>(R.id.list) //查找组件
val c = cat.selectedItem as String //获得组件当前的选择状态
```

对 listDevices 方法的任务②，考虑到程序中的数据是一个 Map 类型的对象（devices），在 listDevices 方法中，可通过 devices 中的“键”信息查找相应的“值”数据。

对 listDevices 方法的任务③，为了在界面中显示信息，基本的程序工作包含查找工作组件和设置组件的显示内容。所以，在 listDevices 方法中，与 TextView 组件有关的程序有：

```
val txt = findViewById<TextView>(R.id.text) //查找组件
txt.text = devices[c] //设置组件中的显示内容
```

在上述讨论的基础上，listDevices 方法的具体实现为：

```
fun listDevices(view: View) {
    val cat = findViewById<Spinner>(R.id.list)
    val c = cat.selectedItem as String
    val txt = findViewById<TextView>(R.id.text)
    txt.text = devices[c]
}
```

将项目程序编译、运行，可获得图 2.6 所示的运行结果。上述程序运行的基本过程为：①程序启动，系统调用主窗体（MainActivity 对象），窗体加载布局，并显示；②用户与界面进行交互，选择设备类型，单击显示按钮；③按钮的事件处理器开始工作，并完成以下任务：获得被选择的设备类型、查询类型中的设备信息、在界面中显示信息。

关于 listDevices 方法，还可通过以下更为简单的程序来实现：

```
fun listDevices(view: View) { //按钮的事件处理器
    val c = list.selectedItem as String
    text.text = devices[c]
}
```

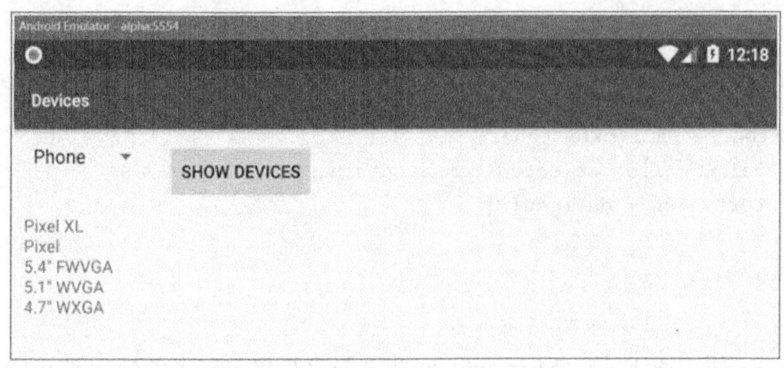

图 2.6　Devices（版本 1）程序运行结果

基于 Kotlin 语言开发 Android 应用时，在布局声明基础上查找界面中的组件程序可进一步简化，即程序可以不需要使用 findViewById 方法查找组件，而直接基于组件标识来访问组件。上述 listDevices 方法的简化版本中，程序第 2 行直接通过组件标识访问组件，其中，list.selectedItem 语句是通过标识 list 访问界面中的 Spinner 组件，并获得组件当前的选择项。与此相似，程序第 3 行也是基于标识 text 直接访问界面中的 TextView 组件。

因此，可以总结得出，在程序开发中，界面中组件的访问有两种方式：①直接访问；②通过 findViewById 方法来访问。其中，方法①的程序较为简练，但程序的可读性可能会下降；方法②的程序相对复杂，但程序更容易理解。

当程序直接通过组件标识访问组件时，开发环境会在程序中增加包的导入命令，例如：

```
import kotlinx.android.synthetic.main.activity_main.*
```

2.3.3　按钮功能的其他实现方法

按钮的事件处理还有另外一种实现方式，即基于事件监听器实现按钮的交互功能。事件监听器是监听器模式的程序实现，监听器模式源于观察者模式[3]。简单来说，监听器模式的实现包含几个基本组成，分别为事件、事件发生者、事件监听者、事件的处理者。其中，“事件”是系统中所发生的事情。“事件发生者”是产生事件的对象。针对不同的事件，系统可设置不同的监听器；一般而言，一个事件监听器只负责监听一类事件。系统工作时，一旦事件监听者监听到指定的事件，监听器会启动相应的事件处理器来响应相应的事件。

基于监听器模式，Devices（版本 1）中的 MainActivity.kt 还有一种实现方式，核心程序如下所示：

```
package …

import …
import kotlinx.android.synthetic.main.activity_main.*

class MainActivity : AppCompatActivity() {
    private val devices: Map<String, String> = mapOf(
        //数据声明语句
        …
    )

```

```
12      override fun onCreate(savedInstanceState: Bundle?) {
13          super.onCreate(savedInstanceState)
14          setContentView(R.layout.activity_main)
15          button.setOnClickListener{
16              val c = list.selectedItem as String
17              text.text = devices[c]
18          }
19      }
20  }
```

与 2.3.2 节中的程序相比较，MainActivity 类并没有直接定义事件处理器 listDevices，但相关的功能是基于按钮的事件监听器（OnClickListener）来实现的。程序第 15 行至第 18 行在按钮组件上设置了一个单击事件监听器：OnClickListener。在正常情况下，setOnClickListener 是一个方法，该方法的输入参数是一个 OnClickListener 类型的对象。Android SDK 中，OnClickListener 是一个接口，因此，OnClickListener 在程序中需要被实现成一个具体的类之后才能使用。基于完整的语法，在按钮上加装事件监听器的程序为：

```
button.setOnClickListener(object: View.OnClickListener{
    override fun onClick(p0: View?) {
        val c = list.selectedItem as String
        text.text = devices[c]
    }
})
```

上述程序中，OnClickListener 是一个接口，该接口包含了一个方法 onClick，该方法是 OnClickListener 的事件处理器。上述程序实质上是基于对象表达式实现一个 OnClickListener 类型的对象。由于 OnClickListener 接口中只包含了一个抽象方法 onClick。在 Android Studio 中，当一个接口只包含一个方法时，基于 Lambda 表达式，程序可以只关注接口中的方法。因此，上述程序可被简化为：

```
button.setOnClickListener({v ->
    val c = list.selectedItem as String
    text.text = devices[c]
})
```

在上述程序的 Lambda 表达式中，参数 v 并没有在箭头右边出现，因此，该参数可被省略。这时，程序变为：

```
button.setOnClickListener({
    val c = list.selectedItem as String
    text.text = devices[c]
})
```

在 Android Studio 中使用 Kotlin 时，当一个方法的输入参数是一个方法，则输入参数可被移动到方法外部，所以，上述程序可变为：

```
button.setOnClickListener(){
    val c = list.selectedItem as String
```

```
    text.text = devices[c]
}
```

在上述程序的基础上，若一个方法的输入参数唯一，则方法的括号可以省略，所以程序最终可简化为：

```
button.setOnClickListener{
    val c = list.selectedItem as String
    text.text = devices[c]
}
```

经过上述讨论，可以看到，基于 Kotlin 语言，setOnClickListener 部分的程序已被大量简化，现在的程序实现仅需要提供监听器中的处理器程序。

最后，如果程序基于事件监听器的方式实现按钮行为，则布局文件中，关于按钮组件标签中的 android:onClick="listDevices"属性可以省略。

2.4　日志工具的使用

Android SDK 为程序跟踪、调试提供了日志工具（android.util.Log）。日志工具一般在程序开发中常被用于对关键程序的运行情况进行记录和跟踪。常用命令如下。

- Log.v（tag:String, message:String），用于记录一条普通信息（verbose message）;
- Log.d（tag:String, message:String），用于记录一条调试信息（debug message）;
- Log.i（tag:String, message:String），用于记录一条信息（information message）;
- Log.w（tag:String, message:String），用于记录一条警告信息（warning message）;
- Log.e（tag:String, message:String），用于记录一条错误信息（error message）。

上述命令都包含了两个参数：tag 和 message。其中，tag 用于定义消息的标识，而 message 为日志消息。

在 2.3.2 节中的程序中，可以增加相应的日志记录语句，例如：

```
package …

import …

class MainActivity : AppCompatActivity() {
    private val devices: Map<String, String> = mapOf(
        //数据声明语句
        …
    )
    override fun onCreate(savedInstanceState: Bundle?) {
        Log.v("Devices v1","MainActivity onCreate")
        super.onCreate(savedInstanceState)
        setContentView(R.layout.activity_main)
        Log.i("Devices v1","MainActivity setContentView")
    }
```

```
    fun listDevices(view: View) {
        val cat = findViewById<Spinner>(R.id.list)
        val c = cat.selectedItem as String
        val txt = findViewById<TextView>(R.id.text)
        txt.text = devices[c]
        Log.w("Devices v1","MainActivity listDevices")
    }
}
```

程序运行时，可通过 Android Studio 中的 Logcat 工具（开发集成环境中的左下角位置）查看日志信息。针对上述程序，相关显示信息如图 2.7 所示。

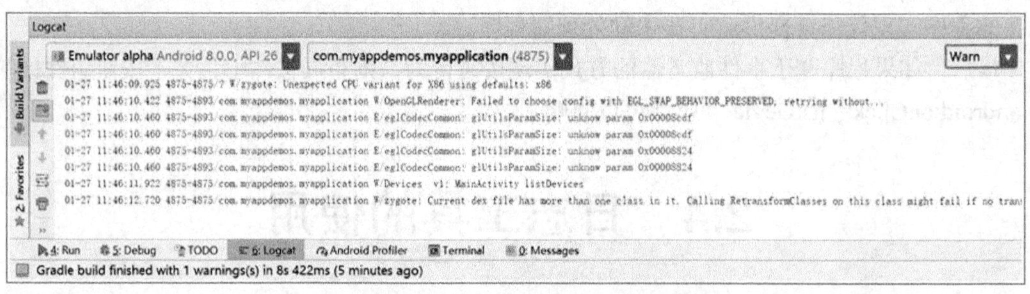

图 2.7　Android Studio 中查看 Logcat 的结果

本章练习

1．Android 平台分为多少个层次？每个层次的作用是什么？

2．Android Studio 中一个 Android 应用项目的基本结构包含哪些部分？每个部分的作用是什么？

3．什么是观察者模式？它包含哪些关键要素？

4．Android SDK 中日志工具常用的编程语句包括哪些？

5．请构建、使用一个 Android 虚拟设备，并尝试找到 Android 系统中所包含的“系统彩蛋”；要求：虚拟设备的型号为 Nexus 5X，Android API 版本为 8.1。

6．请使用 Android Studio 创建一个新的应用项目，并在上题（第 5 题）所构建的虚拟设备中运行该项目。

7．使用 Kotlin 语言完成一个 Android 程序，以两种方式实现 TextView 组件的 onclick 事件，要求如下。

（1）界面中有一个文本显示组件，默认显示内容“Hello world!”；

（2）单击文本框后，在文本框内显示“Hello world again!”；

（3）在程序中使用日志命令 Log.i 和 Log.w，要求使用 tag 标识为“textviewClick”，并在 Logcat 中利用 tag 过滤工具查看出相关输出信息。

第3章 多窗体应用

通常情况下，当移动应用所处理和展示的业务数据较为复杂时，应用程序中会设置并使用多个种类或级别的用户交互界面。当移动应用使用了多个窗体时，程序开发需要关注窗体的功能，以及它们之间的关系。本章将在 Devices（版本 1）基础上进行扩展，实现一个具有两个窗体的示例程序，相关内容的讨论会涉及以下几个技术点：①项目中多个窗体的设置与使用；②窗体间的协作；③下拉列表（Spinner）组件行为的实现；④程序运行环境中外部程序的驱动方法等。本章中的内容分为 3 个部分，分别为：①窗体类的实现；②窗体间的消息传递；③基于 Intent 对象启动运行环境中其他应用程序。

本章所讨论的示例程序命名为 Devices（版本 2）。该应用包含了两个窗体（窗体 1 和窗体 2）。其中，窗体 1 基于本书第 2 章所介绍的程序来实现，而窗体 2 为新建窗体。窗体 1 包含 3 个组件：下拉列表（Sppiner）、按钮（Button）和文本显示组件（TextView）。其中，下拉列表用于显示设备类型，文本显示组件显示设备信息。区别于 Devices（版本 1），Devices（版本 2）在窗体 1 中的按钮具有新的功能，它被用于启动窗体 2。而窗体 2 包含一个文本显示组件，该组件用于显示设备信息，而且所显示的内容来源于窗体 1 中已显示的信息。示例程序界面的基本结构如图 3.1 所示。

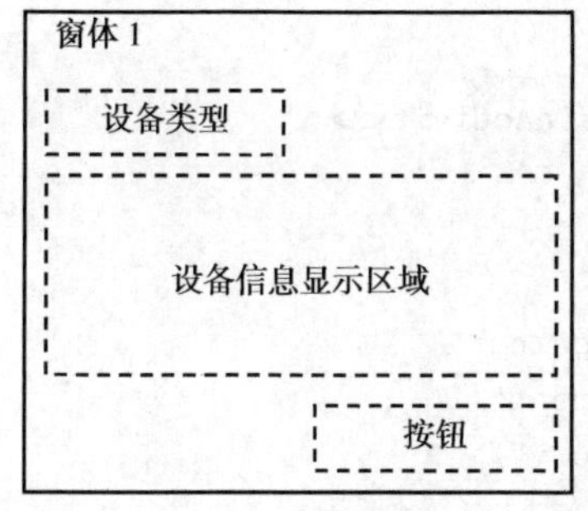

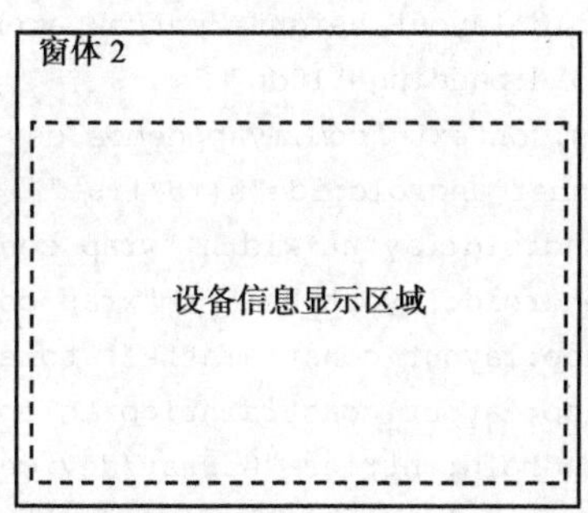

图 3.1　Devices（版本 2）的界面结构

Devices（版本 2）中的窗体都基于 AppCompatActivity 类构建，窗体 1 的实现类命名为 MainActivity，对应的布局文件为 activity_main.xml；窗体 2 的实现类命名为 InfoActivity，对应的布局文件为 activity_info.xml。Devices（版本 2）的实现包含 5 个部分，分别为 MainActivity.kt、activity_main.xml、strings.xml、InfoActivity.kt 和 activity_info.xml。它们之间的关系如图 3.2 所示。基于图 3.1 和图 3.2，程序的实现分为 3 个基本步骤：①创建窗体 1；②构建窗体 2；③实现两个窗体之间协作。

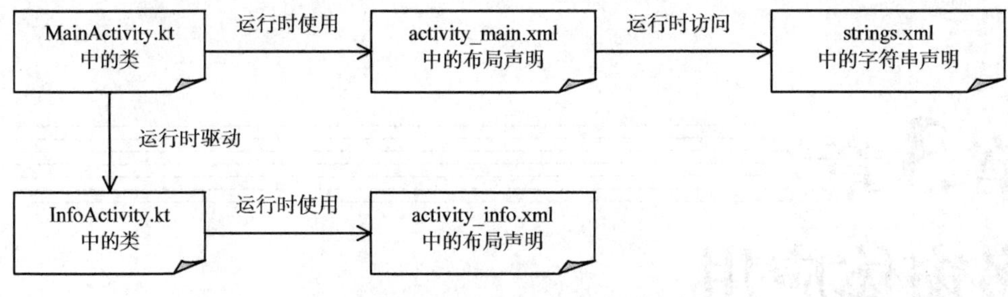

图 3.2　Devices（版本 2）程序运行关系

3.1　窗体类的实现

为了构建 Devices（版本 2），首先新建项目，在新建项目向导的第一个页中设置项目名称为 Devices，在公司域中填写 myappdemos.com，选择"包含 Kotlin 支持"，设置项目的存储位置；在运行环境选项中选择"Phone and Tablet"，Minimum SDK 中选择"API 17: Android 4.2"；Activity 选项中选择"Empty Activity"；在主窗体文件名和布局文件名设置部分，保持默认设置，结束新建项目向导。

项目建立完毕，选择布局文件 activity_main.xml，定义界面布局，具体程序如下：

```
<?xml version="1.0" encoding="utf-8"?>
<android.support.constraint.ConstraintLayout
    xmlns:android="http://schemas.android.com/apk/res/android"
    xmlns:app="http://schemas.android.com/apk/res-auto"
    xmlns:tools="http://schemas.android.com/tools"
    android:layout_width="match_parent"
    android:layout_height="match_parent"
    android:padding="10dp"
    tools:context="com.myappdemos.devices.MainActivity">
    <Spinner android:id="@+id/list"
        android:layout_width="wrap_content"
        android:layout_height="wrap_content"
        app:layout_constraintLeft_toLeftOf="parent"
        app:layout_constraintTop_toTopOf="parent"
        android:entries="@array/device_category"/>
    <Button android:id="@+id/button"
        android:layout_width="wrap_content"
        android:layout_height="wrap_content"
        app:layout_constraintRight_toRightOf="parent"
        app:layout_constraintBottom_toBottomOf="parent"
        android:text="@string/button_text"
        android:onClick="listDevices"/>
    <TextView android:id="@+id/text"
        android:layout_width="wrap_content"
        android:layout_height="wrap_content"
```

```
26         android:layout_marginTop="10dp"
27         app:layout_constraintLeft_toLeftOf="@id/list"
28         app:layout_constraintTop_toBottomOf="@id/list"/>
29 </android.support.constraint.ConstraintLayout>
```

上述定义中，第 10 行、第 16 行和第 23 行分别指定了组件的唯一标识（分别为 list、button 和 text）。第 8 行中的 android:padding="10dp"指定布局四边（上、下、左、右）内部填充 10dp 的空白(dp 为单位)。程序第 9 行设置布局文件所对应的类程序。程序第 13 行和第 14 行设定 Spinner 组件的位置，分别表示组件的左边和上边与可显示区域的左边和上边对齐；程序第 15 行设置组件的显示内容，该内容需要在字符串资源文件（string.xml）中定义；Spinner 中显示的内容为按字符串数组方式组织，在资源文件中，字符串数组的名称为“device_category”。程序第 19 行和第 20 行设置了 Button 组件的位置，分别表示组件的右边和下边与可显示区域的右边和下边对齐。在程序第 21 行中，按钮显示的内容需要在字符串资源文件（string.xml）中定义，相关资源的名称为“button_text”。程序第 22 行定义按钮的事件处理器名称为“listDevices”。程序第 26 行设定 TextView 组件的上方需要预留 10dp 的空隙（dp 为单位）。程序第 27 行和第 28 行指代 TextView 组件的位置；第 27 行说明该组件的左边与 Spinner 组件（标识为 list 的组件）的左边对齐；第 28 行说明 TextView 组件的上边与 Spinner 组件（标识为 list 的组件）下边对齐。

基于上述定义，在 Android Studio 的左边项目窗口中选择 values 目录中的 strings.xml 文件。在该文件中新建两个资源：一个是字符串资源，名字为“button_text”，内容为“show devices”；另一个是字符串数组资源，该资源名称为“device_category”，数组中的元素内容分别为 TV、Wear、Phone 和 Tablet。相关程序与 2.3.1 节中 Devices（版本 1）的 string.xml 所包含的程序相同。

3.1.1　项目的主配置文件

每个 Android 应用程序都有一个配置文件：AndroidManifest.xml。该文件用于记录应用程序的技术配置、版本、工作组件、程序工作权限等内容。针对 Devices（版本 2），项目创建以后的配置文件为：

```
<?xml version="1.0" encoding="utf-8"?>
<manifest
   xmlns:android="http://schemas.android.com/apk/res/android"
   package="com.myappdemos.devices">
   <application
       android:allowBackup="true"
       android:icon="@mipmap/ic_launcher"
       android:label="@string/app_name"
       android:roundIcon="@mipmap/ic_launcher_round"
       android:supportsRtl="true"
       android:theme="@style/AppTheme">
       <activity android:name=".MainActivity">
           <intent-filter>
               <action android:name="android.intent.action.MAIN" />
               <category android:name="android.intent.category.LAUNCHER" />
           </intent-filter>
       </activity>
   </application>
```

```
19  </manifest>
```

AndroidManifest 文件是一个标准的 XML 文件。文件第 1 行为 XML 版本声明，文件的根标签为<manifest>（结束时为</manifest>）。文件中的第 3 行为名称空间声明，第 4 行记录了本项目的程序包名。<manifest>标签中包含了<application>标签（结束时为</application>），该标签用于记录与应用程序相关的技术信息。配置文件第 6 行设置应用程序的数据备份权限，当 android:allowBackup 为 true（真）时，程序中的数据可被备份到外部设备，并能通过系统恢复。文件第 7 行至第 11 行是应用程序的外观设置，包含图标（android:icon 和 android:roundIcon）、程序显示名称（android:label）、主题（android:theme）、界面使用习惯（android:supportsRtl）等。

<application>标签（结束为</application>）中的子标签为程序组件声明。文件第 12 行到第 17 行是主窗体（MainActivity 类）声明；其中，<intent-filter>标签（结束为</ intent-filter>）用于设置窗体类的行为；文件第 14 行说明 MainActivity 是整个程序的起始界面（或起始组件），第 15 行说明 MainActivity 是应用运行的入口，而且，应用程序能在运行环境的启动器中显示。

3.1.2 下拉列表组件功能的实现

Devices（版本 2）中，窗体 1 中按钮的功能是启动窗体 2。所以，窗体 1 中的下拉列表（Spinner）可被赋予更多的功能；该组件除了能在界面中显示设备的类型，它还能根据用户选择更新界面中显示的信息。

下拉列表行为实现的基础是监听器。Devices（版本 2）中，程序需要监听下拉列表的选择事件，即所谓“ItemSelected”事件；并基于事件来完成后续的处理工作。对 Spinner 组件而言，“ItemSelected”事件的监听器为 OnItemSelectedListener，该监听器可对列表选项的选择行为进行监听，并能做出功能响应。OnItemSelectedListener 包含两个处理器，分别为 onNothingSelected 和 onItemSelected；其中，onItemSelected 负责提供组件选项被选中之后的行为，onNothingSelected 负责提供组件选项未被选中之后的行为。

在 MainActivity 类中，基于 OnItemSelectedListener，Spinner 的行为为：

```
1   list.onItemSelectedListener = object: AdapterView.OnItemSelectedListener{
2       override fun onNothingSelected(p0: AdapterView<*>?){}
3       override fun onItemSelected(p0: AdapterView<*>?, p1: View?, p2: Int, p3: Long) {
4           val c = list.selectedItem as String
5           text.text = devices[c]
6       }
7   }
```

上述代码中，程序第 1 行基于布局中声明的组件标识 list，在 Spinner 上加装事件监听器；OnItemSelectedListener 对象以匿名对象方式定义。在 onItemSelected 方法中，第 4 行用于获得下拉列表中当前的选项；程序第 5 行用于实现通过选项查找设备信息，并在 TextView 组件中显示信息。

Spinner 的行为可在 MainActivity 类的 onCreate 方法中实现。因此，MainActivity 类程序的基本结构为：

```
class MainActivity : AppCompatActivity() {
    private val devices: Map<String, String> = mapOf(
```

```
        //数据声明语句
        …
    )
    override fun onCreate(savedInstanceState: Bundle?) {
        super.onCreate(savedInstanceState)
        setContentView(R.layout.activity_main)
        list.onItemSelectedListener = object: AdapterView.OnItemSelectedListener{
            override fun onNothingSelected(p0: AdapterView<*>?){}
            override fun onItemSelected(…) {
                val c = list.selectedItem as String
                text.text = devices[c]
            }
        }
    }
    fun listDevices(view: View) {
        //处理器中的程序语句
    }
}
```

MainActivity 类中，devices（字典类型的数据）定义与 Devices（版本 1）中的 devices 数据相同。方法 listDevices 为界面按钮的处理器，当前该方法为空。

3.1.3 定义新窗体

在 Android Studio 系统菜单“File”中选择“New”（新建）项，然后选择“Activity”项，再单击“Empty Activity”。开发环境进入新建窗体向导。在向导中，设置 Activity 名字（Activity Name）为 InfoActivity，布局文件名称会自动变更，结束窗体新建向导（注意确保向导中“Source Language”项的值为 Kotlin）。

InfoActivity 的布局文件为 activity_info.xml。默认情况下，activity_info.xml 只包含 XML 文档声明和一个 XML 根标签（该标签名为 android.support.constraint.ConstraintLayout）。在根标签内部增加一个 TextView 组件，设置组件大小和唯一标识（标识为 info），相关程序如下：

```
<TextView  android:id="@+id/info"
    android:layout_width="match_parent"
    android:layout_height="match_parent" />
```

在开发环境中，单击查看主配置文件 AndroidManifest.xml。文件包含以下内容：

```
<?xml version="1.0" encoding="utf-8"?>
<manifest xmlns:android="http://schemas.android.com/apk/res/android"
    package="com.myappdemos.devices">
    <application
        android:allowBackup="true"
        android:icon="@mipmap/ic_launcher"
        android:label="@string/app_name"
        android:roundIcon="@mipmap/ic_launcher_round"
        android:supportsRtl="true"
        android:theme="@style/AppTheme">
```

```
11         <activity android:name=".MainActivity">
12            <intent-filter>
13               <action android:name="android.intent.action.MAIN" />
14               <category android:name="android.intent.category.LAUNCHER" />
15            </intent-filter>
16         </activity>
17         <activity android:name=".InfoActivity"></activity>
18      </application>
19   </manifest>
```

与 3.1.1 节中的配置文件相比，程序第 17 行为新增内容，该行程序是 InfoActivity 组件的一个记录项。Andorid 应用中，每个被使用的 Activity 组件都会在 AndroidManifest.xml 中被记录。程序实现中，Android Studio 会自动完成配置文件相关的维护和记录工作。

当前项目中已定义了两个窗体，分别为：MainActivity 和 InfoActivity。应用程序开始运行时，系统会启动和显示 MainActivity 对象。为了能够启动并显示 InfoActivity 对象，可在 MainActivity 类的 listDevices 方法中增加相应的程序代码。

Android 应用程序中，不同 Activity 对象之间基于 Intent 对象进行通信（或消息传递），与通信相关的消息需要被封装在 Intent 对象中；另外，Intent 对象可用于启动并显示一个 Activity 对象。基于 Intent，MainActivity 类的 listDevices 方法可实现为：

```
1   fun listDevices(view: View) {
2      val intent = Intent(this, InfoActivity::class.java)
3      startActivity(intent)
4   }
```

上述程序中，第 2 行声明一个 Intent 实例。Intent 初始化需要两个参数：①Context 实例；②Activity 对象。其中，参数①用于说明当前发送 Intent 对象的技术环境；参数②用于指定 Intent 对象的接收者。程序第 2 行中，第 1 个参数 this 指代 MainActivity 对象，也就是 Intent 对象的发送方，第 2 个参数 Intent 对象的接收者，记为 InfoActivity::class.java。第 3 行程序用于发送 Intent 对象，该语句执行时会启动 Intent 对象的接收者。startActivity 方法是 Activity 类的一个成员函数，该方法可以基于 Intent 对象启动一个新的 Activity 类对象。

编译运行程序，Devices（版本 2）运行效果如图 3.3 所示。当在 MainActivity 实例中单击“SHOW DEVICES”按钮，InfoActivity 实例会启动并显示。

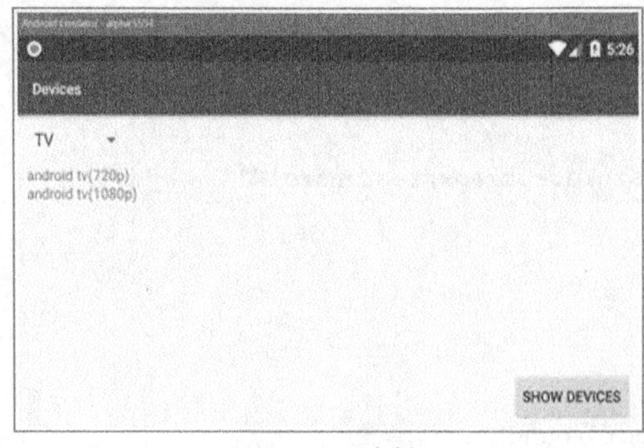

MainActivity 实例

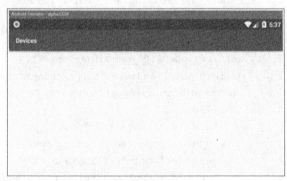

InfoActivity 实例

图 3.3　Devices（版本 2）的运行结果

现阶段，程序运行的基本过程为：程序启动，MainActivity 类被初始化并显示；界面中的下拉列表会根据用户的操作而更新界面显示；当用户单击界面中的按钮时，程序初始化一个 Intent 对象，并发送给运行环境（即 Android 平台）；运行环境根据 Intent 对象中的信息初始化并启动 InfoActiviy。

3.2 窗体间的消息传递

图 3.3 中，InfoActivity 实例在运行时并未显示任何内容。主要原因在于 listDevices 方法中的程序没有在 Intent 对象中封装消息。Intent 类支持封装多种形式的消息，封装工作使用 Intent 的 putExtra 方法来完成；另外，Intent 对象中被封装的消息一般按“键-值”对方式组织。Intent 对象被发送以后，接收者可从 Intent 对象中提取被封装的消息，提取工作一般基于消息中“值”的数据类型来完成。例如：在一个窗体使用 putExtra 方法在 Intent 中封装一条消息为“‘key1’ = ‘value1’”；其中，key1 为键，类型是字符串，“value1”为值，类型是字符串；其他窗体则使用 getStringExtra 方法来提取 Intent 中的消息，具体为 intent.getStringExtra("key1")。

putExtra 方法支持的数据类型包含[6]双精小数（Double）及双精小数数组、单精小数（Float）及单精小数数组、长整型（Long）及长整型数组、整型（Int）及整型数组、短整型（Short）及短整型数组、字节（Byte）及字节数组、字符（Char）及字符数组、字符串（String 和 CharSequence）及字符串数组、布尔值及布尔值数组、可序列化对象（Serializable 和 Parcelable 接口的实现类）及可序列化对象数组（Parcelable[]）、Bundle 类实例和 Intent 类实例。其中，Bundle 类是 Android 中的一个数据包装类，该类可封装多种类型的数据，使用该类可提供一个能容纳多种类型数据的容器；Bundle 类中数据的封装也是按“键-值”对方式进行。此外，Parcelable 接口是 Android 中特有的可序列化接口，该接口的设计和实现是为了在有限硬件计算资源条件下完成对象序列化的工作。

使用 putExtra 方法封装数据时，指示数据的键一般为字符串类型（String）。Intent 类中，提取封装数据的方法一般为 **get[TYPE]Extra(...)**，其中，[TYPE]为数据类型；例如，当 Intent 中封装了一个整型类型（Int）的数据，则使用 getIntExtra 方法提取数据；当 Intent 中封装了一个字符串类型（String）的数据，则使用 getStringExtra 方法提取数据；当 Intent 中封装了一个单精小数数组，则使用 getFloatArrayExtra 方法提取数据；当 Intent 中封装了一个长整型数组，则使用 getLongArrayExtra 方法提取数据。

为了在 InfoActivity 中展示 MainActivity 运行时显示的设备信息，相关信息可封装到 Intent 对象中。因此，MainActivity 程序可被调整为：

```
class MainActivity : AppCompatActivity() {
   private val devices: Map<String, String> = mapOf(
      //数据声明语句
      …
   )
   companion object { //Intent 中的消息标识
      val key = "devices"
   }
```

```
9   override fun onCreate(savedInstanceState: Bundle?) {
10      super.onCreate(savedInstanceState)
11      setContentView(R.layout.activity_main)
12      list.onItemSelectedListener = object: AdapterView.OnItemSelectedListener{
13         //监听器实现程序
14         …
15      }
16   }
17   fun listDevices(view: View) {
18      val intent = Intent(this, InfoActivity::class.java)
19      intent.putExtra(key, text.text) //Intent 中封装消息
20      startActivity(intent)
21   }
22 }
```

上述程序中，第 6 行至第 8 行定义了一个伴随对象，该对象中定义了一个属性 key，该属性用于标识 Intent 对象中的消息；使用伴随对象是为了方便接收 Intent 对象的组件通过 key 提取的数据信息。外部程序若要访问 MainActivity 的 key，则需使用 MainActivity.key 语句来达到目的。

listDevices 中，程序第 19 行用于在 Intent 对象中封装文本信息，从程序可以看出，所封装的文本信息为界面组件 text 所显示的信息（text 是 MainActivity 中 TextView 组件的标识，相关声明位于 activity_main.xml 中）。

InfoActivity 类现在可以提取 Intent 中的信息，并在界面中显示信息，相关程序可放置于 InfoActivity 类的 onCreate 方法中。程序所需要实现的工作任务为：获得 Intent 实例，提取信息，在界面上显示信息。相关程序实现为：

```
1  class InfoActivity : AppCompatActivity() {
2     override fun onCreate(savedInstanceState: Bundle?) {
3        super.onCreate(savedInstanceState)
4        setContentView(R.layout.activity_info)
5        val txt = intent.getStringExtra(MainActivity.key)
6        findViewById<TextView>(R.id.info).text = txt
7     }
8  }
```

Activity 对象在运行时，启动该对象的 Intent 实例会被记录到 Activity 对象，程序可直接在 Activity 对象中访问 intent 实例。在 Activity 对象中，Intent 实例访问的方法为 this.intent，或者直接使用 intent。

InfoActivity 中，程序第 5 行用于从 Intent 实例中提取数据；MainActivity 类使用 intent.putExtra (key, text.text)语句封装数据信息，所以，InfoActivity 应该使用 intent.getStringExtra(MainActivity.key) 提取信息。程序第 6 行是将提取的信息在 TextView 中进行显示，该语句还可以进一步简写成 info.text=txt。

项目进行编译、运行，Devices（版本 2）实现的结果如图 3.4 所示。至此，MainActivity 和 InfoActivity 已实现了简单的消息传递。

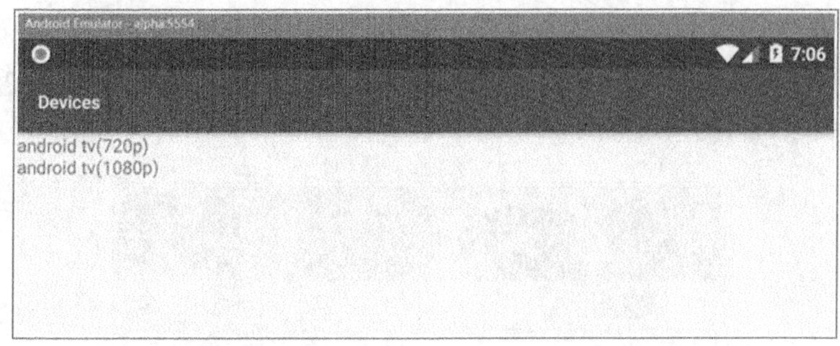

图 3.4　Devices（版本 2）中 InfoActivity 类实例的运行效果

3.3　基于 Intent 对象启动运行环境中其他应用程序

关于 Intent 对象，只需要对消息接收对象进行调整，并遵循标准的开发协议，使用 Intent 对象可以启动运行环境中（即 Android 环境中）的其他应用程序。所谓“遵循标准的开发协议”，主要需要考虑以下技术细节：运行环境中其他应用程序的情况，哪些应用程序是可被使用的，这些应用程序如何被调用。

Android 开发工具使用 Action 技术来应对这些问题，只需要在 Intent 中设置 Action 选项，运行环境会根据 Action 的设置情况执行相应的操作。

3.3.1　使用 Intent 对象启动短消息应用

通过设置 Intent 中 Action 的选项，MainActivity 可将相关信息发送给运行环境中其他的应用程序。例如，下列程序可以启动 Android 环境中的短消息应用：

```
1    fun listDevices(view: View) {
2        val intent = Intent(Intent.ACTION_SEND)
3        intent.type = "text/plain"
4        intent.putExtra(Intent.EXTRA_TEXT, text.text)
5        startActivity(intent)
6    }
```

在上述程序中，第 2 行初始化一个 Intent 对象，并设置对象的 Action 选项为 Intent.ACTION_SEND；第 3 行程序指定了封装数据的类型，“text/plain”表示普通文本；第 4 行程序指定了具体的封装数据，数据的键为 Intent.EXTRA_TEXT，值为 text.text（即界面中 TextView 中显示的信息）。

Intent.ACTION_SEND 选项表示将信息发送给其他应用程序，系统中的应用程序会根据 intent.type 所指定的数据类型来启动。当系统中针对某一个数据类型存在多个可运行的应用程序时，系统会显示应用程序列表（方便用户选择）。

将修改过的程序编译运行以后，单击 MainActivity 的“SHOW DEVICES”按钮，系统会提示能处理该 Intent 对象的应用程序列表，一旦用户选择应用程序以后，MainActivity 中的文本信息会被发送到所选择的应用程序中。例如，当界面按钮被单击以后，用户选择短消息发送应用程序 Messenger 后，程序运行的结果如图 3.5 所示。

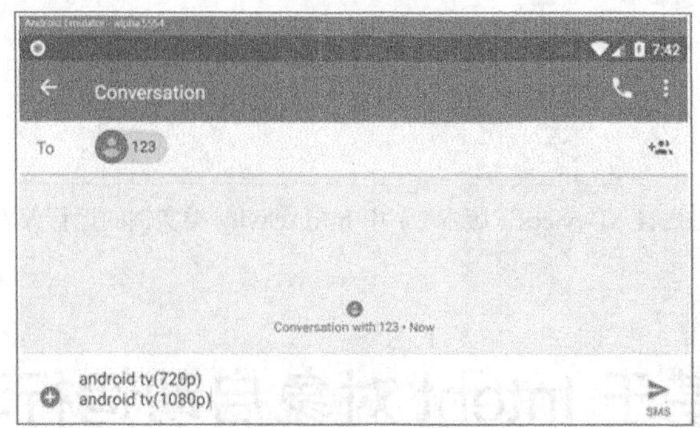

图 3.5　通过 Intent 对象调用短消息发送程序的结果

若想实现程序在运行环境中能够接收并处理其他应用程序所发送的消息，可在项目的主配置文件（AndroidManifest.xml）中进行声明。声明的位置在<activity>标签内，并使用<intent-filter>标签（结束为</intent-filter>）。需声明的内容包含接收 Intent 的类型、Intent 的行为类型、可接收的消息类型等。

Android 中，Intent 分为两类：显式和隐式。显式 Intent 对象指该对象在初始化时被指定了具体接收者，如 Intent(this, Target::class.java)。当 Intent 在初始化时未指定接收对象，Intent 对象为隐式，如 Intent(Intent.ACTION_SEND)。在应用程序开发中，若希望当前程序能够处理系统中其他应用的 Intent 对象，则需要将当前程序的 Intent 类型声明为隐式。例如，可以设置为：

```
<category android:name="android.intent.category.DEFAULT"/>
```

Intent 的行为类型使用<action>标签声明。例如，要应用程序可以接收 Intent.ACTION_SEND 类型的 Intent，则需要设置：

```
<action android:name="android.intent.action.SEND"/>
```

最后，<intent-filter>中使用<data>标签来声明可以接收的消息类型。若要应用可以接收其他程序发送的文本信息，可以设置为：

```
<activity android:name=".MainActivity">
    <intent-filter>
        <action android:name="android.intent.action.SEND"/>
        <category android:name="android.intent.category.DEFAULT"/>
        <data android:mimeType="text/plain"/>
    </intent-filter>
</activity>
```

3.3.2　使用 Intent 对象启动 Email 应用

基于 3.3.1 节所介绍的方法，还可通过 MainActivity 将信息发送给运行环境中 Email 应用。具体的实现如下：

```
1   fun listDevices(view: View) {
2       intent = Intent(Intent.ACTION_SEND)
3       intent.type = "message/rfc822"
4       intent.putExtra(Intent.EXTRA_EMAIL, arrayOf("mail@a.test"));
5       intent.putExtra(Intent.EXTRA_SUBJECT, "hello");
6       intent.putExtra(Intent.EXTRA_TEXT, text.text);
7       startActivity(intent)
8   }
```

在上述程序中，第 2 行程序在 Intent 中设置 Action 选项为 Intent.ACTION_SEND；第 3 行程序设置封装数据的类型，即"message/rfc822"（表示该类型为一个 Email 信息）；第 4 行程序设置 Email 的收件地址，使用字符串数组可实现多个邮件的发送功能；第 5 行程序设置邮件的标题，第 6 行程序用于设置邮件的内容。

上述程序编译运行以后，单击界面中的“SHOW DEVICES”按钮，系统会提示所有的邮件客户端程序，一旦用户选择以后，MainActivity 中的文本信息会被发送到所选择的邮件客户端中。

最后，若想在发送的 Email 中增加附件，则可通过 intent.putExtra(Intent.EXTRA_STREAM, path)来设置，其中，path 参数是一个 Uri 类实例。

本章练习

1．Android 应用项目的 Manifest.xml 文件中都包括哪些元素？

2．隐式 Intent 和显式 Intent 的区别是什么？两者的应用场景分别是什么？

3．什么是 URI？请分析总结 URI 的基本格式。

4．查看 Android SDK 中默认的 style.xml 文件源码（在资源文件的 values 目录中）。请尝试在资源文件 style 中，继承并扩展一个 Button 组件的预定义风格。

5．请使用 Kotlin 语言完成一个 Android 程序，基本功能如下。

（1）程序包含两个窗体；

（2）窗体 1 包含一个按钮，单击该按钮驱动显示窗体 2；

（3）窗体 2 定义整型变量并赋值为“1”；并基于窗体内的一个按钮将该变量值回传给窗体 1，并显示窗体 1；

（4）窗体 1 根据回传信息显示变量值。

6．请使用 Kotlin 语言完成一个 Android 程序，基本功能要求如下。

（1）在窗体 1 中添加一个按钮；

（2）单击该按钮可以启动设备中的默认浏览器，并显示“百度”网站的首页。

第4章 布局与界面交互组件

关于应用程序开发，本书前面的章节所涉及过的交互组件包含 TextView（文本显示组件）、Button（按钮）、Spinner（下拉列表）；同时，已使用的布局类型有 ConstraintLayout（约束布局）。除了这些工具，Android SDK 还包含其他的交互组件和布局工具。在布局方面，除了 ConstraintLayout 以外，常被使用的布局工具还有 RelativeLayout（相对布局）、LinearLayout（线性布局）和 GridLayout（网格布局）等。在交互组件方面，常用的包含 EditText（文本编辑）、ToggleButton（切换按钮）、Switch（开关组件）、CheckBox（复选框）、RadioButton（单选按钮）、ImageView（图片视图）、ImageButton（图片按钮）、ScrollView（滚动视图）、Toast（信息提示对话框）等。

本章将主要讨论 Android 平台中常用的界面交互组件和布局，主要涉及的内容包括：①布局的声明与使用；②交互组件的声明和使用。

Android SDK 中，界面交互组件和布局工具都是从 android.view.View 类继承而得[6]，与此相关的类结构如图 4.1 所示。其中，所有界面组件都是从 android.view.View 类直接或间接继承而得；而所有布局工具是从 android.view.ViewGroup 类（该类是 android.view.View 类的一个直接子类）直接或间接继承而得。android.view.View 类为应用开发提供了很多基础的方法，其中最值得关注有以下几个类别。

- 组件属性的设置、属性值的获取；
- 组件的尺寸和大小设置；
- 组件的用户焦点处理；
- 组件的事件处理。

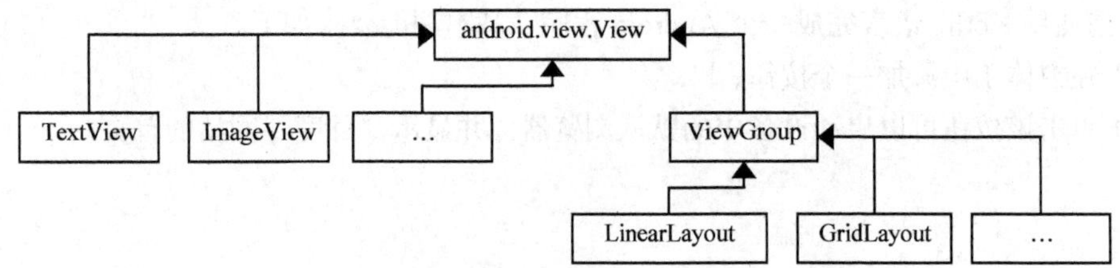

图 4.1 Android 界面组件类的基本结构关系

Android 界面实现中，常会用到与屏幕有关的单位，具体包含：px、in、mm、pt、dp（或 dip）、sp。它们的实际含义如下[7]。

- px 表示屏幕上的像素；

- in 表示物理长度，单位：英寸，1 in=2.54 cm；
- mm 表示物理长度，单位：毫米；
- pt 表示点，是屏幕中 1 英寸的 1/72 长度；
- dp 或 dip：全称为 Density-independent Pixels（密度独立点），是一个抽象单位，通过 dpi（dots per inch，每英寸物理点数）为 160 的值来进行计算，计算公式为 px = dp * (dpi / 160);
- sp：全称为 Scale-independent Pixels（缩放独立点），也是一个抽象单位，基于字符大小缩放情况进行计算，推荐将 sp 单位用于字符大小的设置。

4.1　布局

Android 的交互界面可包含多个交互组件，而交互组件在界面中显示的位置可通过布局工具来设置。

4.1.1　相对布局

相对布局（RelativeLayout）根据界面中组件间的相对关系组织安排组件的位置。使用该布局时，每个组件所摆放的位置会基于两类信息来确定：布局，布局中其他组件。声明相对布局时，需要在布局文件中指定<RelativeLayout>标签（结束时为</RelativeLayout>）。<RelativeLayout>标签的使用必须设置两个基本属性：layout_width 和 layout_height，分别指代布局显示的宽度和高度。相对布局可设置布局内部四边可填充的空隙，与之有关的属性包含 padding（四边内部都填充）、paddingLeft（左边内部填充）、paddingTop（上边内部填充）、paddingRight（右边内部填充）、paddingBottom（下边内部填充）。

图 4.2 显示了一个简单的界面，该界面中有 3 个按钮，分别为按钮 1、按钮 2 和按钮 3。其中，按钮 1 在布局的左上角；按钮 2 与按钮 1 在同一水平行上，而且，按钮 2 被安排在界面的右上角位置；按钮 3 与按钮 2 在同一竖直列上，而且，按钮 2 和按钮 3 之间有一定间隔。

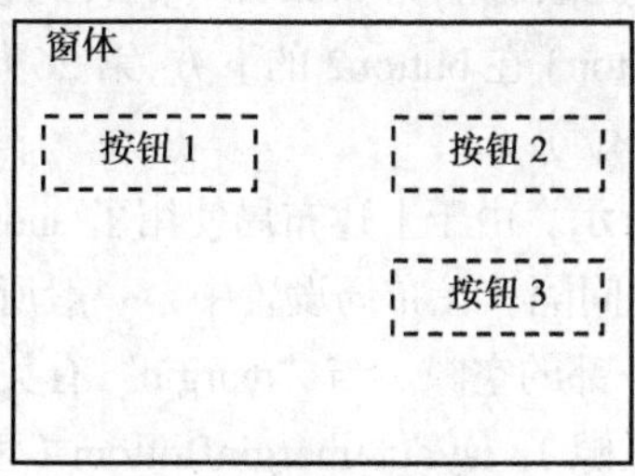

图 4.2　界面结构示例 1

基于相对布局，该界面使用的布局声明为：

```
<?xml version="1.0" encoding="utf-8"?>
<RelativeLayout xmlns:android="http://schemas.android.com/apk/res/android"
    xmlns:tools="http://schemas.android.com/tools"
    tools:context="com.myappdemos.myapplication.MainActivity"
    android:layout_width="match_parent"
    android:layout_height="match_parent"
```

```
7      android:padding="20dp">
8      <Button android:id="@+id/button1"
9          android:layout_width="wrap_content"
10         android:layout_height="wrap_content"
11         android:text="button1"
12         android:layout_alignParentTop="true"
13         android:layout_alignParentLeft="true" />
14     <Button android:id="@+id/button2"
15         android:layout_width="wrap_content"
16         android:layout_height="wrap_content"
17         android:text="button2"
18         android:layout_alignBottom="@id/button1"
19         android:layout_alignParentRight="true" />
20     <Button android:id="@+id/button3"
21         android:layout_width="wrap_content"
22         android:layout_height="wrap_content"
23         android:text="button3"
24         android:layout_alignLeft="@id/button2"
25         android:layout_below="@id/button2"
26         android:layout_marginTop="50dp"/>
27 </RelativeLayout>
```

上述布局声明中，程序第 1 行为 XML 版本声明，第 2 行为布局声明的根标签（即:<RelativeLayout>，该标签在第 27 行结束），程序第 2 行至第 3 行包含了名称空间的声明，第 4 行记录使用该布局的类信息。布局定义第 5 行和第 6 行指定了布局的宽度和高度；第 7 行指定布局内部四边的空隙填充为 20dp（dp 为单位）。

程序第 8 行声明一个按钮，命名为 button1；第 12 行设置按钮 button1 向界面显示区域的上边对齐，第 13 行设置按钮 button1 向界面显示区域的左边对齐。第 14 行声明一个按钮，命名为 button2；第 18 行设置按钮 button2 的下边与 button1 的下边对齐，第 19 行设置按钮 button2 向界面显示区域的右边对齐。第 20 行声明一个按钮，命名为 button3；第 24 行设置按钮 button3 的左边与 button2 的左边对齐，第 25 行指定按钮 button3 在 button2 的下方，第 26 行设置按钮 button3 上边与 button2 的下边间预留间隔 50dp（dp 为单位）。

该布局运行的结果如图 4.3 所示。由于上述布局使用了 android:padding="20dp"，所以，按钮 button1 与界面左上角间存在一定间隔。在布局设置中，一般所谓“padding”是指组件内部的空隙，而所谓“margin”是指组件外部的空隙。与“margin”有关的属性包含 layout_margin（四周空隙）、layout_marginTop（上部空隙）、layout_marginBottom（下部空隙）、layout_marginLeft（左边空隙）和 layout_marginRight（右边空隙）。

组件声明时，android:layout_width 和 android:layout_height 属性分别用于设置组件的大小，可以使用的值为：match_parent 和 wrap_content。其中，match_parent 指组件大小与外部组件（或外部容器组件）大小一致；wrap_content 表示组件大小需根据组件中所包含的内容来确定。相对布局中，组件位置相对于布局而言，可使用的属性如下。

- android: layout_alignParentBottom，表示：组件放置在显示区域的底部，可设置的值为 true 或 false；

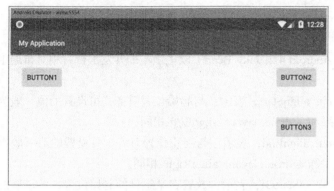

图 4.3　使用相对布局的界面示例

- android: layout_alignParentLeft，表示：组件放置在显示区域的左边，可设置的值为 true 或 false；
- android: layout_alignParentRight，表示：组件放置在显示区域的右边，可设置的值为 true 或 false；
- android: layout_alignParentTop，表示：组件放置在显示区域的顶部，可设置的值为 true 或 false；
- android: layout_centerInParent，表示：组件放置在显示区域的中心，可设置的值为 true 或 false；
- android: layout_centerHorizontal，表示：组件放置在显示区域中水平方向的中心，可设置的值为 true 或 false；
- android: layout_centerVertical，表示：组件放置在显示区域中垂直方向的中心，可设置的值为 true 或 false。

另外，针对 API 17（Android 4.2, Jelly Bean）以上版本的开发平台，相对布局中还可以使用的属性如下。

- android: layout_alignParentStart，表示：组件与显示区域的起始位置对齐，可设置的值为 true 或 false，该属性设置效果和 android: layout_alignParentLeft 相同；
- android: layout_alignParentEnd，表示：组件与显示区域的终止位置对齐，可设置的值为 true 或 false，该属性设置效果和 android: layout_alignParentRight 相同。

相对布局中，一个组件的位置相对于布局中的其他组件，可使用的属性设置如下。

- android: layout_above，表示：放置在某个组件的上部，可设置的值一般为：@id/目标组件标识；
- android:layout_below，表示：放置在某个组件的下部，可设置的值一般为：@id/目标组件标识；
- android:layout_alignTop，表示：上边对齐，可设置的值一般为：@id/目标组件标识；
- android:layout_alignBottom，表示：底边对齐，可设置的值一般为：@id/目标组件标识；
- android:layout_alignLeft，表示：左边对齐，可设置的值一般为：@id/目标组件标识；
- android:layout_alignRight，表示：右边对齐，可设置的值一般为：@id/目标组件标识；
- android:layout_toLeftOf，表示：放置在某组件的左边，可设置的值一般为：@id/目标组件标识；

- android:layout_toRightOf，表示：放置在某组件的右边，可设置的值一般为：@id/目标组件标识。

针对 API 17（Android 4.2, Jelly Bean）以上版本的开发平台，相对布局中还可以使用的属性如下。

- android:layout_alignStart，表示：与起始位置对齐，可设置的值一般为：@id/目标组件标识，该属性设置效果和 android: layout_alignLeft 相同；
- android:layout_alignEnd，表示：与终止位置对齐，可设置的值一般为：@id/目标组件标识，该属性设置效果和 android: layout_alignRight 相同；
- android:layout_toStartOf，表示：放置在某组件的起始位置，可设置的值一般为：@id/目标组件标识，该属性设置效果和 android: layout_ toLeftOf 相同；
- android:layout_toEndOf，表示：放置在某组件的起始位置，可设置的值一般为：@id/目标组件标识，该属性设置效果和 android: layout_ toRightOf 相同。

在布局声明中，还可以使用下列属性设置组件外部预留的空隙（区域）大小。

- android:layout_margin，表示：组件外部四周空隙；
- android:layout_marginBottom，表示：组件（外部）底部空隙；
- android:layout_marginLeft，表示：组件（外部）左边空隙；
- android:layout_marginRight，表示：组件（外部）右边空隙；
- android:layout_marginTop，表示：组件（外部）底部空隙。

针对 API 17（Android 4.2, Jelly Bean）以上版本的开发平台，还可以使用的属性如下。

- android:layout_marginEnd，表示：组件（外部）终止位置空隙，该属性设置效果和 android: layout_ marginRight 相同；
- android:layout_marginStart，表示：组件（外部）起始位置空隙，该属性设置效果和 android: layout_ marginLeft 相同。

4.1.2 线性布局

线性布局是一种较为简单、易于使用的工具。该布局在使用时，只需要指定所需的组件即可，而组件会以顺序的方式被组织在界面中。线性布局可以行（或水平）或列（或竖直）的方式来组织组件，声明时使用<LinearLayout>标签（结束为</LinearLayout>）。<LinearLayout>标签中必须需要设定 layout_width 和 layout_height 属性（分别用于控制布局的宽度和高度）；此外，<LinearLayout>还需要设定 orientation 属性，该属性用于说明布局中组件的排列方式，可设置的值为 horizontal（水平方式）或 vertical（竖直方式）。

图 4.4 显示了一个以行的方式放置 3 个按钮的界面。基于线性布局，该界面使用的布局声明为：

```
<?xml version="1.0" encoding="utf-8"?>
<LinearLayout xmlns:android="http://schemas.android.com/apk/res/android"
    xmlns:app="http://schemas.android.com/apk/res-auto"
    xmlns:tools="http://schemas.android.com/tools"
    tools:context="com.myappdemos.myapplication.MainActivity"
    android:layout_width="match_parent"
    android:layout_height="match_parent"
    android:orientation="horizontal"
```

```
    android:padding="20dp">
    <Button android:id="@+id/button1"
        android:layout_width="wrap_content"
        android:layout_height="wrap_content"
        android:text="button1"/>
    <Button android:id="@+id/button2"
        android:layout_width="wrap_content"
        android:layout_height="wrap_content"
        android:text="button2"/>
    <Button android:id="@+id/button3"
        android:layout_width="wrap_content"
        android:layout_height="wrap_content"
        android:text="button3"/>
</LinearLayout>
```

上述布局声明在界面中按行的方式组织了 3 个按钮。如果将界面中的组件按列的方式组织，则只将 android:orientation 的值设置为“vertical”。线性布局可指定组件的显示权重，权重设置属性为 layout_weight。例如，针对图 4.4，如果在标识为 button2 的按钮中使用属性 android:layout_weight="1"，则可实现图 4.5 所示的效果。

图 4.4　界面结构示例 2

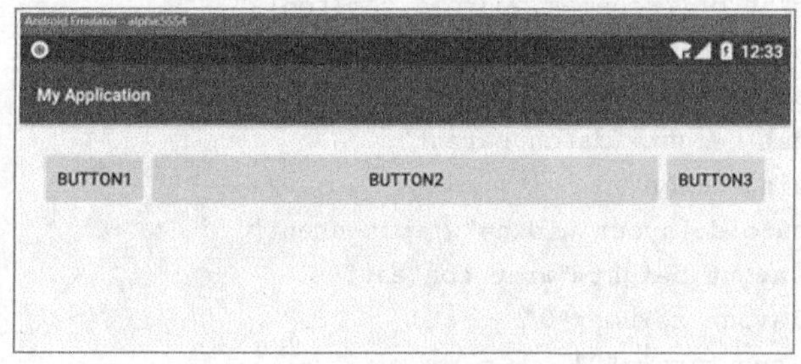

图 4.5　使用线性布局的界面示例

在图 4.5 中，由于其他按钮在声明时没有设置权重，而 button2 包含了值为 1 的显示权重，所以 button2 会尽可能地占据显示空间。同理，如果在程序中 3 个按钮都设置了值为 1 的权重，则 3 个按钮会同时占据所有的显示空间。

当组件尺寸较大时，组件中的显示内容可以通过使用 gravity 属性来设置显示位置（内容在组件内部的显示位置），该属性可以设置的值包含 top（上部）、bottom（下部）、left（左部）、right（右部）、center_vertical（竖直方向上的中部）、center_horizontal（水平方向上的中部）、center（中部）、fill_vertical（竖直填充）、fill_horizontal（水平填充）、fill（填充）、start（起始位置）、end（终止位置）等。

如果组件在其显示的位置附近还存在可用空间，可以使用 layout_gravity 属性设置组件在该空间内的摆放位置，具体的值包含 top（上部）、bottom（下部）、left（左部）、right（右部）、start

（起始位置）、end（终止位置）、center_vertical（竖直方向上的中部）、center_horizontal（水平方向上的中部）、center（中部）、fill_vertical（竖直填充）、fill_horizontal（水平填充）、fill（填充）等。

4.1.3 网格布局

对于更为复杂的界面，程序可使用网格布局。网格布局将整个界面按网格方式进行规划，界面中的组件可被设置到网格的具体（局部）位置中。线性布局声明时使用<GridLayout>标签（结束为</GridLayout>）；标签<GridLayout>需要设置 layout_width 和 layout_height 属性（分别用于控制布局的宽度和高度）。网格布局声明时，可使用 columnCount 和 rowCount 属性设置网格的基本结构，其中，columnCount 为网格的总列数，rowCount 为网格的总行数。

网格布局中，每个组件需要设置 layout_row 和 layout_column 属性，这两个属性分别指代网格的行数和列数。例如，界面中的第 0 行，设置使用 android:layout_row="0"；界面中的第 0 列，设置使用 android:layout_column="0"。网格布局中局部的格子可以被合并，例如，同一行中的几个格子可以合并成一个格子，或者，同一列中的几个格子可以合并成一个格子。合并格子时，布局声明中可使用的属性为 layout_columnSpan 和 layout_rowSpan；其中，layout_rowSpan 用于设置以行的方式合并的格子数，而 layout_columnSpan 用于设置以列的方式合并的格子数。

图 4.6 显示了一个界面的基本结构（该界面可用于收集的信息包含姓名、年龄、性别、描述等信息），该结构需要 9 个显示区域。为了实现图 4.6 中的结构，可将整个界面按网格方式分割为 6 行 2 列的网格（共 12 个区域）；之后，再将第 4 行、第 5 行和第 6 行中的网格进行合并，最终可获得所需要的 9 个区域。基于网格布局，界面结构为：

```
<?xml version="1.0" encoding="utf-8"?>
<GridLayout xmlns:android="http://schemas.android.com/apk/res/android"
    xmlns:tools="http://schemas.android.com/tools"
    tools:context="com.myappdemos.myapplication.MainActivity"
    android:layout_width="match_parent"
    android:layout_height="match_parent"
    android:padding="10dp">
    <TextView android:layout_width="wrap_content"
        android:layout_height="wrap_content"
        android:layout_column="0"
        android:layout_row="0"
        android:text="Name: " />
    <EditText android:layout_width="wrap_content"
        android:layout_height="wrap_content"
        android:layout_gravity="fill_horizontal"
        android:layout_column="1"
        android:layout_row="0"
        android:hint="John Doe" />
    <TextView android:layout_width="wrap_content"
        android:layout_height="wrap_content"
        android:layout_column="0"
        android:layout_row="1"
        android:text="Age: " />
    <EditText android:layout_width="match_parent"
        android:layout_height="wrap_content"
```

```
26          android:layout_column="1"
27          android:layout_row="1"
28          android:inputType="number" />
29      <TextView android:layout_width="wrap_content"
30          android:layout_height="wrap_content"
31          android:layout_column="0"
32          android:layout_row="2"
33          android:layout_gravity="center_vertical"
34          android:text="Gender: " />
35      <RadioGroup android:layout_width="match_parent"
36          android:layout_height="wrap_content"
37          android:layout_column="1"
38          android:layout_row="2"
39          android:orientation="horizontal">
40          <RadioButton android:layout_width="wrap_content"
41              android:layout_height="wrap_content"
42              android:text="Male" />
43          <RadioButton android:layout_width="wrap_content"
44              android:layout_height="wrap_content"
45              android:text="Female" />
46      </RadioGroup>
47      <TextView android:layout_width="wrap_content"
48          android:layout_height="wrap_content"
49          android:layout_column="0"
50          android:layout_row="3"
51          android:layout_columnSpan="2"
52          android:text="Description: " />
53      <EditText android:layout_width="wrap_content"
54          android:layout_height="wrap_content"
55          android:layout_gravity="fill"
56          android:gravity="top"
57          android:layout_row="4"
58          android:layout_column="0"
59          android:layout_columnSpan="2"
60          android:hint="enter content here…" />
61      <Button android:layout_width="wrap_content"
62          android:layout_height="wrap_content"
63          android:layout_row="5"
64          android:layout_column="0"
65          android:layout_gravity="center_horizontal"
66          android:layout_columnSpan="2"
67          android:text="Confirm" />
68  </GridLayout>
```

上述布局声明的运行结果如图 4.7 所示。布局声明第 10 行和第 11 行、第 16 行和第 17 行、第 21 行和第 22 行、第 26 行和第 27 行、第 31 行和第 32 行、第 37 行和第 38 行、第 49 行和第 50 行、第 57 行和第 58 行、第 63 行和第 64 行分别设置了组件在网格中的具体位置，例如，第一个 TextView 组件位于界面网格中的第 0 行第 0 列。

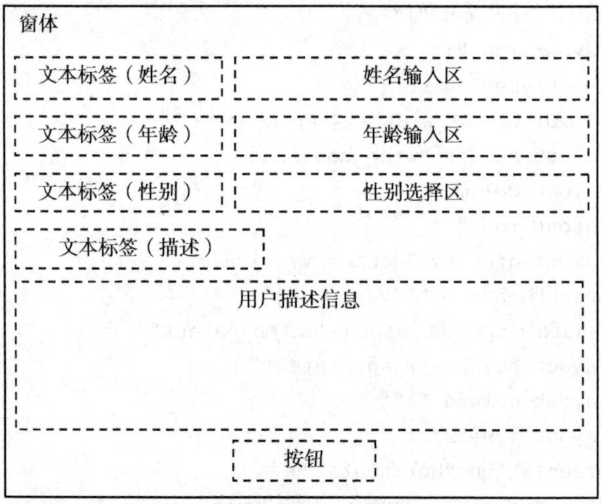

窗体
文本标签（姓名） 姓名输入区
文本标签（年龄） 年龄输入区
文本标签（性别） 性别选择区
文本标签（描述）
用户描述信息
按钮

图 4.6 界面结构示例 3

布局声明第 51 行、第 59 行及第 66 行均使用了 android:layout_columnSpan，分别实现在同一行中的两个网格合并。另外，文件第 33 行使用 android:layout_gravity 属性设置了 TextView 组件在格子中的位置；由于该局部位置有空白区域，所以 android:layout_gravity="center_vertical"指定了组件位于显示区域竖直方向上的中部。与此相似的设置还可在文件的第 15 行、第 55 行和第 65 行中找到。

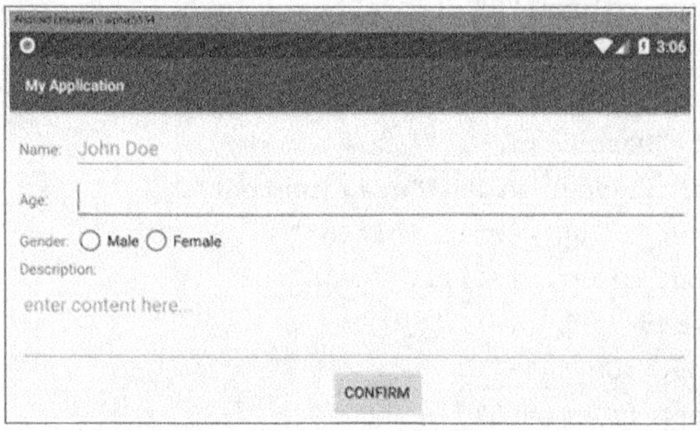

My Application
Name: John Doe
Age:
Gender: Male Female
Description:
enter content here...
CONFIRM

图 4.7 网格布局示例

网格布局声明示例中，EditText 组件是一个能实现输入的文字编辑组件。除了需要设置唯一标识、位置、大小等属性以外，EditText 组件中可通过 android:hint 属性设置组件（在使用时）的提示信息，例如，图 4.7 中第一行中的 EditView 所显示内容。android:hint 属性中所设置的信息会根据用户交互情况而自动显示或隐藏。EditText 组件可使用 android:gravity 属性设置组件内文本内容的显示位置；例如，网格布局声明文件第 56 行使用该属性设置 EditText 的显示位置。

除了 EditText，网格布局声明示例还使用了一个新组件：RadioButton，该组件是一个单选按钮。组件工作时，一个单选按钮只能显示一个选项；对于多选项的应用需求，可将多个 RadioButton 组织成一个 RadioGroup，而一个 RadioGroup 中的多个 RadioButton 中，同一时间只能有一个组件被选择。网格布局声明示例中的第 35 行至第 46 行之间声明了一个 RadioGroup 组件，RadioGroup 可使用 android:orientation 设置 RadioButton 的排列方式；当属性值为 horizontal 时，按钮以行的方式进行组织，而当属性值为 vertical 时，按钮以列的方式进行组织。

最后，RadioButton 组件声明 android:text 属性来设置组件显示的文本内容。

4.1.4　约束布局

约束布局是目前 Android Studio 应用程序项目中窗体组件的默认布局。该布局支持在开发环境中以可视化方式进行直接定义。相对于其他布局，约束布局可使用更多的设置属性。声明使用约束布局时，需要在布局文件中使用<ConstraintLayout>标签（结束时为</ConstraintLayout>）。<ConstraintLayout>标签必须设置两个基本属性：layout_width 和 layout_height，分别用于指定布局显示的宽度和高度。

约束布局的“约束”，是指当前组件与其他组件、布局、引导线之间的位置关系或对齐方式。在声明中，约束布局有关的主要约束如下。

（1）布局约束

布局约束指当前组件与显示区域之间的关系，常用的设置属性如下。

- app:layout_constraintLeft_toLeftOf="parent"，设置功能类似于相对布局中的 android: layout_alignParentLeft；
- app:layout_constraintStart_toStartOf="parent"，设置功能类似于相对布局中的 android: layout_alignParentStart；
- app:layout_constraintTop_toTopOf="parent"，设置功能类似于相对布局中的 android: layout_alignParentTop；
- app:layout_constraintRight_toRightOf="parent"，设置功能类似于相对布局中的 android: layout_alignParentRight；
- app:layout_constraintEnd_toEndOf="parent"，设置功能类似于相对布局中的 android: layout_alignParentEnd；
- app:layout_constraintBottom_toBottomOf="parent"，设置功能类似于相对布局中的 android: layout_alignParentButton。

另外，可使用 tools:layout_editor_absoluteX 和 tools:layout_editor_absoluteY 属性设置组件在布局中的绝对位置；这两个属性所设置的值为布局中的绝对坐标，即 *x* 轴（水平）坐标和 *y* 轴（竖直）坐标。

（2）位置约束

布局约束指当前组件与其他组件之间的关系，常用的设置属性（下列属性设置的值为目标组件的唯一标识，即@id/组件标识）如下。

- app:layout_constraintRight_toLeftOf，设置功能类似于相对布局中的 android: layout_toLeftOf；
- app:layout_constraintEnd_toStartOf，设置功能类似于相对布局中的 android: layout_toStartOf；
- app:layout_constraintBottom_toTopOf，设置功能类似于相对布局中的 android: layout_above；
- app:layout_constraintLeft_toRightOf，设置功能类似于相对布局中的 android: layout_toRightOf；
- app:layout_constraintStart_toEndOf，设置功能类似于相对布局中的 android: layout_toEndOf；
- app:layout_constraintTop_toBottomOf，设置功能类似于相对布局中的 android: layout_below；

（3）对齐约束

对齐约束指当前组件与其他组件之间的对齐关系，常用的设置属性（下列属性设置的值为目标组件的唯一标识，即@id/组件标识）如下。

- app:layout_constraintLeft_toLeftOf，设置功能类似于相对布局中的 android: layout_alignLeft；

- app:layout_constraintStart_toStartOf，设置功能类似于相对布局中的 android: layout_alignStart；
- app:layout_constraintTop_toTopOf，设置功能类似于相对布局中的 android: layout_alignTop；
- app:layout_constraintRight_toRightOf，设置功能类似于相对布局中的 android: layout_alignRight；
- app:layout_constraintEnd_toEndOf，设置功能类似于相对布局中的 android: layout_alignEnd；
- app:layout_constraintBottom_toBottomOf，设置功能类似于相对布局中的 android: layout_alignBottom。
- app:layout_constraintBaseline_toBaselineOf，设置功能类似于相对布局中的 android: layout_alignBaseline。

（4）引导线约束

引导线约束指当前组件与引导线之间的关系。约束布局中，可使用标签<android.support.constraint.Guideline>（结束为</android.support.constraint.Guideline>）定义界面中的引导线。引导线在界面中可以是横向或纵向的，界面中的组件可以基于引导线确定位置。使用引导线约束时，一般使用“位置约束”中的属性，而属性值则为引导线的唯一标识，即@id/引导线标识。

（5）偏移

在约束布局中，还可以通过以下属性设置当前组件的偏移量。

- app:layout_constraintVertical_bias（竖直方向上的偏移量）
- app:layout_constraintHorizontal_bias（水平方向上的偏移量）

除了上述几类约束，组件外部或组件之间可以设置空隙，除了与“margin”有关的属性（即 layout_margin、layout_marginTop、layout_marginBottom、layout_marginLeft 和 layout_marginRight），还可以使用的属性如下。

- app:layout_goneMarginLeft
- app:layout_goneMarginRight
- app:layout_goneMarginTop
- app:layout_goneMarginBottom
- app:layout_goneMarginStart
- app:layout_goneMarginEnd

这些属性在使用时，目标组件（与当前组件有关系的其他组件）的 visibility 属性必须为“gone”，也就是说，目标组件是不可见组件（由于 visibility 属性为 gone）。

最后，当多个组件在同一水平线或同一竖直线上，这些组件可以链（Chain）的方式进行组织。链的种类有 3 种，分别为 packed、spread 和 spread_inside；分别指代多个组件相互靠拢（对应 packed）、组件直线上均匀分布（对应 spread）、组件在直线上均匀最大间隔（对应 spread_inside）。以下两个属性可用于指定链的种类。

- app:layout_constraintHorizontal_chainStyle（水平链）
- app:layout_constraintVertical_chainStyle（竖直链）

4.1.5 ScrollView 组件

ScrollView 组件不是布局，但该组件可以和布局配合使用。当一个用户界面中的内容较多，硬件显示环境无法一次显示全部界面时，布局声明中可使用 ScrollView。Scrollview 组件能支持实现用户交互中的触摸滑动操作。

Scrollview 通过<ScrollView>标签进行声明，标签必须指定 layout_width 和 layout_height 属性。基于 ScrollView，一个简单的界面布局声明类似于：

```
1  <ScrollView xmlns:android="http://schemas.android.com/apk/res/android"
2     xmlns:tools="http://schemas.android.com/tools"
3     tools:context="com.myappdemos.myapplication.MainActivity "
4     android:layout_width="match_parent"
5     android:layout_height="match_parent">
6     <GridLayout
7        android:layout_width="match_parent"
8        android:layout_height="wrap_content"
9        android:padding="10dp">
10       …
11    </GridLayout>
12 </ScrollView>
```

上述示例中，<ScrollView>为布局文件的根标签，根标签中包含了 android、tools 等名称空间的声明；声明第 3 行说明了当前布局所对应的 Activity 类名称。

4.2 界面交互组件

Android 应用程序开发推荐在布局中声明交互组件，一般使用 XML 标签进行组件声明。组件声明中可指定组件的唯一标识，该标识在布局和应用程序中被其他对象或程序使用。标识声明使用 id 属性，基本格式为 **android:id="@+id/…"**；组件声明一般使用 layout_width 和 layout_height 属性指定组件的宽度和高度（一般情况下，这些属性的名称空间为 android）。本节后续部分将介绍 Android SDK 中常用的部分交互组件。

4.2.1 视图类组件

（1）EditText 组件

EditText 可提供文本输入及编辑的功能。布局文件中，该组件的声明使用<EditText>标签（结束为</EditText>）；组件声明可通过基于 hint 属性设置提示信息，并通过 inputType 属性设置组件中显示文本的类型。

具体而言，inputType 中的值可以是：phone（电话）、textPassword（密码）、textCapSentences（单词首字母大写句子）、textAutoCorrect（自动纠错文本）、number（数字）等。

在应用程序中，一般可基于组件的唯一标识（布局文件中所声明的标识）直接访问组件，也可以使用 Activity 类的 findViewById 方法获得组件实例。组件的 text 属性可用于设置或获得组件的显示内容。

（2）ImageView 组件

ImageView 用于在界面中显示图片。应用程序中使用的图片资源一般存在 res 的 drawable 目录中。

在项目文件中，可根据屏幕分辨率的具体情况分别组织并存放不同大小的图片。一般使用

“drawable-dpi 类别”的方式设定图片资源目录的名称，例如，drawable-ldpi 指低密度（120dpi 左右）屏幕使用图片资源。

Android 平台中，dpi 类别一般分为 ldpi（低密度，120dpi）、mdpi（中密度，160dpi）、hdpi（高密度，240dpi）、xhdpi（超高密度，320dpi）、xxhdpi（超超高密度，480dpi）、xxxhdpi（超超超高密度，640dpi）。程序在运行中，若未找到基于 dpi 分类的图片资源，系统会使用 drawable 目录中的默认图片资源。

ImageView 组件声明使用<ImageView>标签（结束为</ImageView>）。除了设置必要的 id、layout_width、layout_height 属性外，该标签使用 src 属性指定图片，并通过 contentDescription 属性设置图片的说明信息。ImageView 组件的声明如下所示：

```
1    <ImageView android:id="@+id/image"
2        android:layout_width="wrap_content"
3        android:layout_height="wrap_content"
4        android:src="@drawable/ic"
5        android:contentDescription="image"/>
```

上述示例第 4 行，android:src="@drawable/ic"说明图片在 drawable 目录中，图片的名称为 ic（布局声明不需要指定图片文件的扩展名；但所使用的图片一般为常见格式，如 png、jpg、bmp 等）。

在应用程序中，一般可基于组件的唯一标识（布局文件中所声明的标识）直接访问 ImageView 组件，也可以使用 Activity 类的 findViewById 方法获得组件实例。ImageView 对象可使用 setImageResource 方法设置图片资源名称（通常情况下，对于 drawable 中的图片资源，一般使用 **“R.drawable.图片名称”** 格式指定图片资源的名称），同时，可使用 contentDescription 属性设置图片的描述信息。

4.2.2 按钮类组件

（1）Button 组件

在布局中，Button 组件使用<Button>标签（结束时为</Button>）进行声明。除了组件的标识、尺寸，组件声明中可使用 text 属性设置按钮上的标题文本；另外，还可使用属性 drawableRight（图片或图标在标题文本的右边）、drawableLeft（图片或图标在标题文本的左边）、drawableTop（图片或图标在标题文本的上部）、drawableBottom（图片或图标在标题文本的下部）设置按钮上的图标或图片。

<Button>标签中的属性 onClick 可以用于指定处理器名称（一般情况下，onClick 的名称空间为 android）。处理器在源程序中的定义为：

```
fun 处理器名(view: View) {
    //处理器中的程序
    …
}
```

若想在处理器内部访问按钮（组件）的实例，可通过处理器的输入参数来实现，即 view（类型是 View）。该参数的使用一般为 val component = view as Button；view 对象实质上就是调用处理器的按钮对象。

（2）ImageButton 组件

ImageButton 是图片按钮，组件使用<ImageButton>标签（结束时为</ImageButton>）进行声明。除了标识、尺寸外，组件声明可使用 src 属性设置按钮上的图标或图片。<ImageButton>标签中可使用属性 onClick 指定按钮的处理器名称（一般情况下，onClick 的名称空间为 android），ImageButton 处理器的定义、使用与 Button 组件处理器的定义和使用相同。

（3）ToggleButton 组件

ToggleButton 是具有两种工作状态（开启或关闭）的按钮，外观如图 4.8 所示。在布局文件中，组件声明使用<ToggleButton>标签（结束时为</ToggleButton>）；声明可使用 textOn 和 textOff 属性分别设置开启状态时的显示文本，以及关闭状态时的显示文本。<ToggleButton>标签中的 onClick 属性可用于指定组件处理器（一般情况下，onClick 的名称空间为 android）的名称。

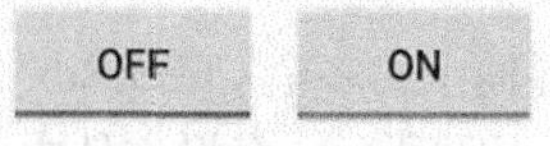

图 4.8　ToggleButton 的外观

ToggleButton 处理器的基本结构为：

```
1   fun 处理器名称(view: View) {
2       val checked = (view as ToggleButton).isChecked
3       if (checked) { //按钮状态为开启
4           //可执行的程序
5           …
6       } else { //按钮状态为关闭
7           //可执行的程序
8           …
9       }
10  }
```

上述结构中，第 1 行为处理器的名称（处理器的名称必须与组件声明中 onClick 的属性值相同）；结构中的第 2 行程序用于获得按钮当前的工作状态；程序第 3 行至第 7 行可针对按钮状态完成不同的工作。

（4）Switch 组件

Switch 类似于 ToggleButton，是一种具有两种工作状态（开启或关闭）的组件。该组件外观类似于“滑杆”，如图 4.9 所示。布局文件中，组件声明使用<ToggleButton>标签（结束时为</ToggleButton>）；声明可使用 textOn 和 textOff 属性分别设置组件开启状态的显示文本，以及组件关闭状态的显示文本；<ToggleButton>标签中的 onClick 属性可指定处理器（一般情况下，onClick 的名称空间为 android）的名称。

图 4.9　Switch 的外观

Switch 处理器的基本结构为：

```
fun 处理器名称(view: View) {
    val checked = (view as Switch).isChecked
    if (checked) { //按钮状态为开启
        //可执行的程序
        …
    } else { //按钮状态为关闭
        //可执行的程序
        …
    }
}
```

（5）CheckBox 组件

CheckBox 也称为复选框，同一界面中的多个 CheckBox 在工作过程时相互独立；交互过程中，多个 CheckBox 可被同时勾选，如图 4.10 所示。布局文件中，组件声明使用<CheckBox>标签（结束时为</CheckBox>），组件声明可使用 text 属性设置显示的文本内容。在程序中，一般可基于组件的唯一标识（布局文件中所声明的标识）直接访问 CheckBox 实例，也可以使用 Activity 类的 findViewById 方法获得组件实例。组件实例的工作状态可通过 isChecked 方法获得。若在程序中使用了一组 CheckBox 组件，可使用 onClick 属性指定 CheckBox 的处理器名称。

图 4.10 CheckBox 的外观

可在程序中定义一个处理器来实现一组 CheckBox 实例的行为，处理器按以下方法进行设置：

```
<CheckBox android:id="@+id/item1"
    …
    android:onClick="handler"/>
<CheckBox android:id="@+id/item2"
    …
    android:onClick="handler"/>
…
```

CheckBox 处理器的基本结构为：

```
fun 处理器名称(view: View ) {
    val checked = (view as CheckBox).isChecked
    when (view.id) {
        R.id.item1-> if (checked){ //item1 所对应的可执行程序
            //可执行的程序
            …
        }else{
            //可执行的程序
            …
        }
        R.id.item2-> if (checked){ //item2 所对应的可执行程序
```

```
12              //可执行的程序
13              …
14          }else{
15              //可执行的程序
16              …
17          }
18          //其他可执行的程序
19      }
20  }
```

CheckBox 处理器通过输入参数（View 类型对象）确定当前处理的 CheckBox 对象，并通过 isChecked 属性检查组件对象的选择状态。处理器的示例结构基于 when 结构为不同的 CheckBox 组件指定工作任务。when 结构基于“R.id.标识”分支区分不同的组件（示例中的第 4 行和第 11 行）；程序实现时，组件标识基于组件声明所包含的标识确定。例如，若组件声明中的标识为 android:id="@+id/id1"，则程序通过“R.id.id1”使用该标识。

（6）RadioButton 组件

RadioButton 也称为单选按钮；交互过程中，一组 RadioButton 中，一般只能有一个选项被选择。在布局中，RadioButton 组件使用<RadioButton>标签（结束为</RadioButton>）进行声明；组件声明中，可使用 text 属性设置组件的显示文本（一般情况下，text 的名称空间为 android）。

布局文件中，使用<RadioGroup>标签（结束为</RadioGroup>）声明一个单选按钮分组；分组声明中可使用 orientation 属性设置整个分组的显示方向，可设置的值包含：vertical（垂直）和 horizontal（水平）。在<RadioGroup>标签中，使用<RadioButton>标签声明 RadioButton 组件。4.1.3 节中，网格布局示例程序第 35 行至第 46 行展示了 RadioGroup 和 RadioButton 组件的使用方法。

应用程序中，一般可基于组件的唯一标识（布局文件中所声明的标识）直接访问 RadioGroup 实例，也可以使用 Activity 类的 findViewById 方法获得组件实例。RadioGroup 实例的 checkedRadioButtonId 属性可用于检查当前组件的选择状态；若一个分组（RadioGroup）中没有任何组件被选择，checkedRadioButtonId 的值为–1。

通常情况下，事件处理器通过<RadioButton>标签中的 onClick 属性设置，每个 RadioButton 组件都需要指定处理器。RadioButton 处理器的基本结构如下所示：

```
fun 处理器名称(view: View ) {
    val group = findViewById<RadioGroup>(R.id.group)
    val id = group.checkedRadioButtonId
    when (id) {
        R.id.item1 -> {//选项 1
            //可执行的程序
            …
        }
        R.id.item2 -> {//选项 2
            //可执行的程序
            …
        }
        else ->{//其他
```

```
14              //可执行的程序
15              …
16          }
17      }
18  }
```

上述结构中，程序通过 findViewById 方法查询 RadioGroup 对象，并通过 checkedRadioButtonId 属性获得处于选择状态的 RadioButton 对象标识；基于 when 结构和对象标识，程序可为不同的 RadioButton 对象提供功能实现。

需要特别说明的是，在上述处理器的示例程序中，程序第 2 行可被省略，因为程序可基于组件标识直接访问组件实例。

4.2.3 信息提示组件

（1）Toast 组件

Toast 是一种简单的对话框，一般用于显示文本信息。Toast 组件不能提供其他更多的交互功能。在 Activity 类中，Toast 可按下列方式实现：

```
val txt = "Hello"
Toast.makeText(this, txt, Toast.LENGTH_SHORT).show()
```

如上述程序所示，可直接调用 makeText 方法初始化一个 Toast 对象。makeText 方法的第一个参数为 Context 类型，用于说明显示 Toast 的组件；第二个参数为文本类型，用于设置 Toast 中的显示内容；第三个参数用于设置 Toast 的显示时间，可设置的值包含 Toast.LENGTH_SHORT（短期）和 Toast.LENGTH_LONG（长期）。最后，程序需要调用 show 方法来显示 Toast 实例。

（2）Snackbar 组件

Snackbar 是 Android Design Support Library 中的一个组件（使用该类库时，需要确保 Android Studio 项目依赖库中包含“com.android.support:design:...”库）。Snackbar 也是一种简单的对话框，一般用于显示文本信息；组件工作时，一般在界面的底部显示。在 Activity 类中，SnackBar 可按下列方式实现：

```
val txt = "Hello"
Snackbar.make (view, txt, Snackbar.LENGTH_SHORT).show()
```

如上述程序所示，可直接调用 make 方法初始化一个 Snackbar 对象。make 方法的第一个参数为 View 类型，用于说明显示 Snackbar 的组件；第二个参数为文本类型，用于设置 Snackbar 中的显示内容；第三个参数用于设置 Snackbar 的显示时间，可设置的值包含 Snackbar.LENGTH_SHORT（短期）和 Snackbar.LENGTH_LONG（长期）。最后，程序需要调用 show 方法显示 Snackbar 实例。

区别于 Toast，SnackBar 组件支持实现简单的交互；实现时，需要调用 Snackbar 的 setAction 方法。setAction 方法的第一个参数为文本类型，用于设置交互在界面中显示的内容；第二个参数为一个 View.OnClickListener 类型的事件监听器（对象）。在 Snackbar 中增加交互行为的示例如下所示：

```
1    Snackbar.make(view, "Hello", Snackbar.LENGTH_LONG)
2            .setAction("Action", View.OnClickListener{
3                val txt = "Hello"
4                Toast.makeText(this, txt, Toast.LENGTH_SHORT).show()
5            }).show()
```

上述程序第 1 行首先初始化一个 Snackbar 对象；第 2 行在对象中增加一个单击行为，该行为在界面上显示“Action”，单击以后 OnClickListener 中的处理器被执行；程序第 5 行显示 Snackbar 实例。示例程序显示的效果如图 4.11 所示。

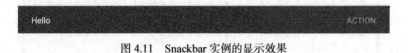

图 4.11　Snackbar 实例的显示效果

本章练习

1．计算像素为 1920 × 1080，5.5 英寸手机的 dp 值。

2．在布局文件中，属性值“match_parent”和“wrap_content”的区别是什么？另外，属性“layout_gravity”和“gravity”有什么不同？

3．请列举 Android 应用程序常见布局，并了解帧布局（FrameLayout）的用法。

4．使用 Kotlin 语言完成一个 Android 程序，基本要求如下。

（1）利用 GridLayout 实现计算器数字面板；

（2）能够进行基本的加、减、乘、除、百分号运算；

（3）实现负数运算和小数运算；

（4）可以在当前结果基础上实现后续运算；

（5）如果除数为 0，系统显示“不能除以 0”；

（6）键盘面板包含 c 键和后退键；其中，按 c 键可以实现清除当前计算结果，按后退键可以消除一位数字；

（7）当小数点后没有数字时，则当前数字按整数参与计算。

5．利用 ConstraintLayout 实现如下登录页面，要求在开发环境中使用可视化交互方式定义布局，并基于引导线将“注册”和“登录”按钮组织到垂直方向的屏幕中部，界面布局如下。

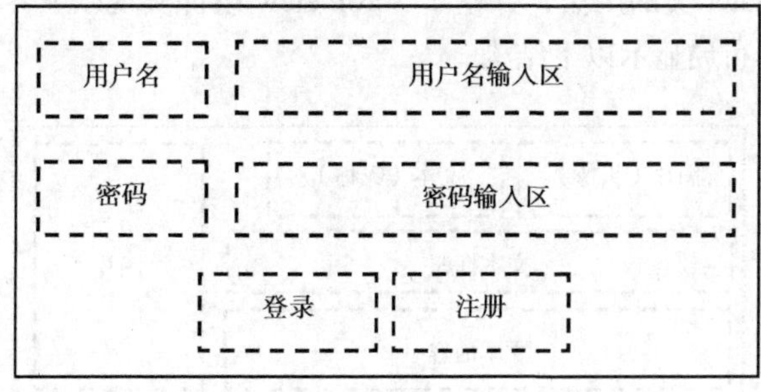

6. 请实现两个窗体，要求如下。

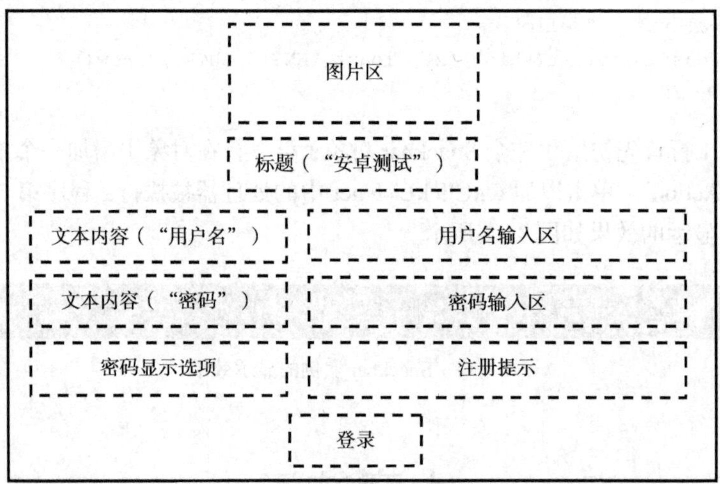

（1）按上图所示结构实现登录窗体；其中，请使用 CheckBox 组件实现“密码显示选项”；在 CheckBox 组件的右部添加 TextView 组件，显示文字为“还未注册，去注册”，单击可进入注册窗体。

（2）注册窗体结构如下。

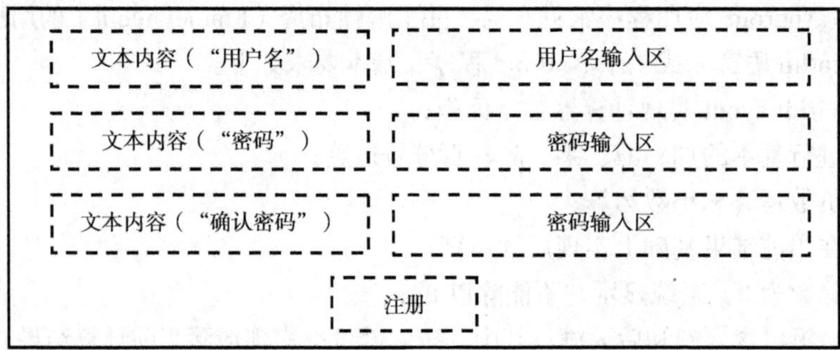

其中，注册登录成功时都利用 Toast 组件进行提示；页面中，用户名和密码区域背景色为白色，其余部分背景色为灰色。

（3）学习使用 SharePreferences 工具，并将用户名和密码在 SharePreferences 中进行存储和访问。

7. 学习 LayoutInflater 类的用法，并基于 ScrollView 组件实现以下界面。

（1）首先定义一个布局显示以下结构；

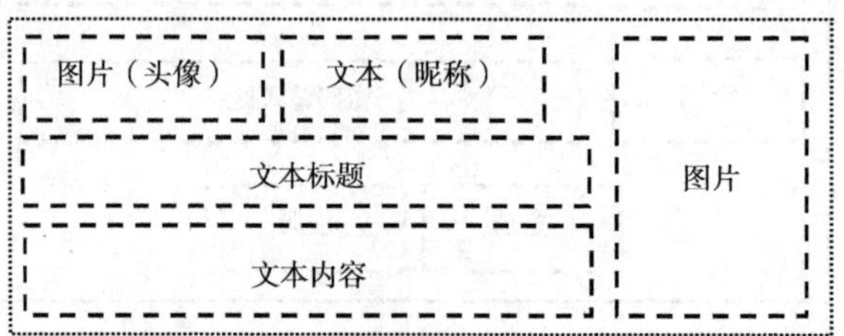

（2）使用 LayoutInflater 工具将（1）中布局添加至窗体中，结构如下；

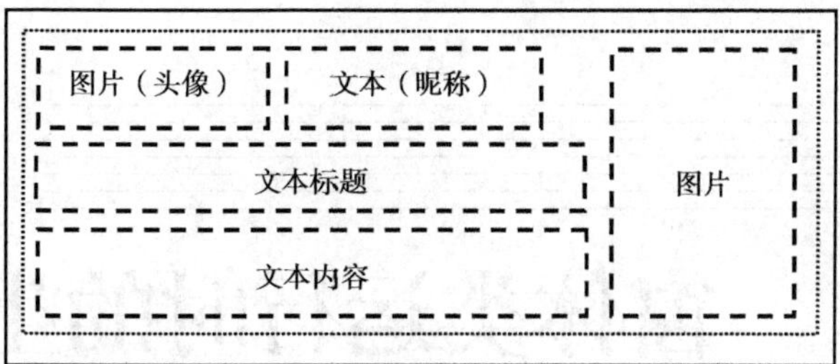

（3）在界面中连续加载 5 个（1）中的布局；

（4）尝试通过程序控制文本内容区域的显示格式，要求为：文本内容最多显示两行文字，其余部分使用省略号表示。

8．在第 7 题基础上实现“收藏”功能，要求如下。

（1）界面结构如下；

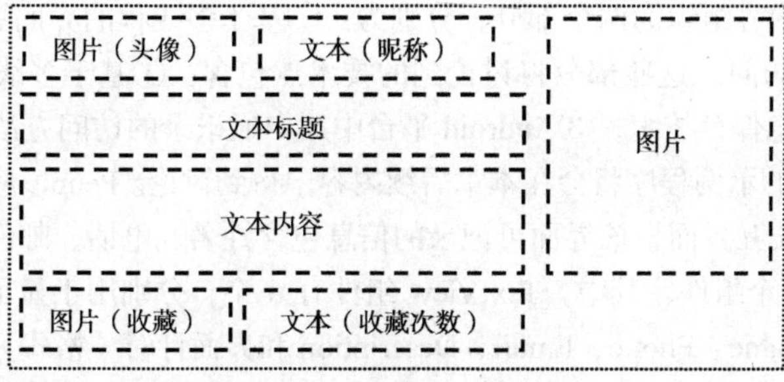

（2）基于 ImageButton 组件实现界面中“图片（收藏）”；

（3）单击 ImageButton 时，收藏次数增加数值 1。

第5章 窗体类运行时的生命周期

程序中的用户界面除了可以显示业务信息以外，还可以用于收集和存储业务数据。本章以能接收用户输入的交互界面为讨论对象，分析和介绍应用程序中所涉及的界面更新、状态保存的方法。另外，关于业务数据的保存，本章还会通过具体的示例介绍如何将业务数据存储到其他外部工作组件中。后续的内容组织为两个部分，分别为：①基于多线程的界面更新；②Android 平台中通讯录（组件）的访问。这些部分将讨论到的技术点包含：①基于多线程的界面更新技术；②界面状态及状态信息保存技术；③Android 平台中用户通讯录的访问方法等。

一个名为 People 的示例程序将会在本章后续内容中得到讨论。People 应用配备了一个可用于记录用户基本信息的交互界面，该界面可记录的信息包含姓名、电话、邮件地址和描述信息。交互界面一共包含了 11 个组件，其中，TextView 组件有 5 个，分别用于显示文本信息，具体内容有 First Name、Last Name、Phone、Email、Description 和界面计时（格式为 hh:mm:ss）；EditText 组件有 5 个，分别用于填写姓名、电话、邮件地址和描述信息；另外，界面中 Button 组件有 1 个，该组件用于启动界面中业务数据的存储过程。People 应用中交互界面的结构如图 5.1 所示。

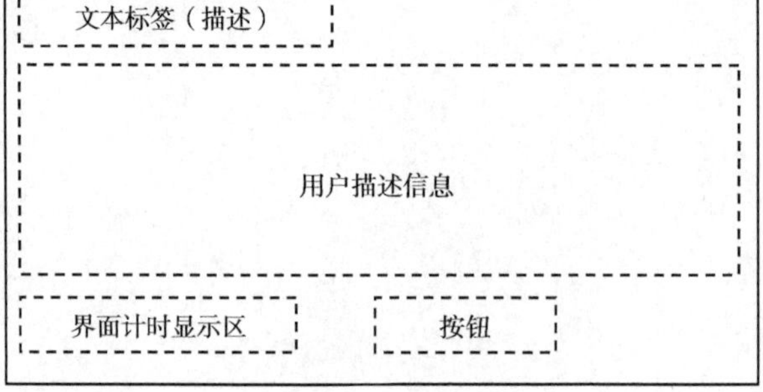

窗体
文本标签（姓名） 姓名输入区
文本标签（电话） 电话输入区
文本标签（邮件） 邮件地址输入区
文本标签（描述）
用户描述信息
界面计时显示区 按钮

图 5.1　People 应用的界面结构

应用中的窗体基于 AppCompatActivity 类构建，实现类的名称为 MainActivity，对应的布局文件为 activity_main.xml。窗体类与布局文件之间的关系如图 5.2 所示。

图 5.2　People 应用程序运行关系

基于图 5.2，People 应用的实现分为 2 个基本步骤：①配置 MainActivity 的布局文件；②基于组件实现应用中的业务功能。

5.1　基于多线程的界面更新

以图 5.1 为依据，People 应用中的窗体可基于网格布局来组织。具体而言，整个界面可划分为 6 个行，2 个列；技术方面，布局声明如下：

```
<?xml version="1.0" encoding="utf-8"?>
<GridLayout xmlns:android="http://schemas.android.com/apk/res/android"
   xmlns:tools="http://schemas.android.com/tools"
   tools:context="com.myappdemos.people.MainActivity"
   android:layout_width="match_parent"
   android:layout_height="match_parent"
   android:padding="10dp">
   <TextView android:layout_width="wrap_content"
      android:layout_height="wrap_content"
      android:layout_column="0"
      android:layout_row="0"
      android:layout_gravity="center_vertical"
      android:text="Name: " />
   <LinearLayout android:layout_width="match_parent"
      android:layout_height="wrap_content"
      android:layout_column="1"
      android:layout_row="0">
      <EditText android:id="@+id/fn"
         android:layout_width="0dp"
         android:layout_height="wrap_content"
         android:layout_weight="1"
         android:hint="First name" />
      <EditText android:id="@+id/ln"
         android:layout_width="0dp"
         android:layout_height="wrap_content"
         android:layout_weight="1"
         android:hint="Last name" />
   </LinearLayout>
   <TextView android:layout_width="wrap_content"
      android:layout_height="wrap_content"
      android:layout_column="0"
      android:layout_row="1"
      android:text="Phone: " />
```

```
    <EditText android:id="@+id/phone"
        android:layout_width="match_parent"
        android:layout_height="wrap_content"
        android:layout_column="1"
        android:layout_row="1"
        android:inputType="phone" />
    <TextView android:layout_width="wrap_content"
        android:layout_height="wrap_content"
        android:layout_column="0"
        android:layout_row="2"
        android:layout_gravity="center_vertical"
        android:text="Email: " />
    <EditText android:id="@+id/email"
        android:layout_width="match_parent"
        android:layout_height="wrap_content"
        android:layout_column="1"
        android:layout_row="2"
        android:inputType="textEmailAddress" />
    <TextView android:layout_width="wrap_content"
        android:layout_height="wrap_content"
        android:layout_column="0"
        android:layout_row="3"
        android:layout_columnSpan="2"
        android:text="Description: " />
    <EditText android:id="@+id/description"
        android:layout_width="wrap_content"
        android:layout_height="wrap_content"
        android:layout_gravity="fill"
        android:gravity="top"
        android:layout_row="4"
        android:layout_column="0"
        android:layout_columnSpan="2"
        android:hint="enter content here…" />
    <TextView android:id="@+id/timer"
        android:layout_width="wrap_content"
        android:layout_height="wrap_content"
        android:layout_row="5"
        android:layout_column="0"
        android:layout_gravity="center_vertical"
        android:text="00:00:00" />
    <Button android:id="@+id/confirm"
        android:layout_width="wrap_content"
        android:layout_height="wrap_content"
        android:layout_column="1"
        android:layout_row="5"
        android:layout_gravity="center_horizontal"
        android:text="Confirm"
        android:onClick="confirm"/>
</GridLayout>
```

上述布局使用网格布局来组织界面，界面中包含以下组件。

- 5 个 TextView 组件，分别显示 Name、Phone、Email、Description 和记时信息，其中，用于显示计时信息的 TextView 组件标识为 timer（布局声明第 67 行）；
- 5 个 EditText 组件，分别用于填写名（组件标识为 fn，布局声明第 18 行）、姓（组件标识为 ln，布局声明第 23 行）、电话（组件标识为 phone，布局声明第 34 行）、邮件地址（组件标识为 email，布局声明第 46 行）和描述信息（组件标识为 description，布局声明第 58 行）；
- 1 个按钮组件，标识为 confirm（布局声明第 74 行），事件处理器名称为 confirm（布局声明第 81 行）。

需要注意的是，布局声明第 39 行和第 51 行中，EditText 组件分别使用 android:inputType 属性指定组件可接收数据的类型；另外，在定义界面时，可根据实际情况综合使用布局工具，并能将多个布局工具组合使用，例如，activity_main.xml 中的网格布局中还嵌套了一个线性布局（声明第 14 行至第 28 行）。

5.1.1　界面计时功能的实现

在图 5.1 中，界面结构包含了一个“界面计时显示区”，该区域每隔 1 秒会自动更新一次计时信息。针对界面局部持续更新的问题，技术上一般会采用多线程技术来实现，因为使用多线程技术会提高程序主线程的工作效率。

Android SDK 中提供了一个名为 Handler 的工具类（android.os.Handler），该类工作时能使用新线程完成指定工作。Handler 类有两种工作模式：①消息发送模式；②直接工作模式。常用的实现方法如下[6]。

（1）直接工作模式，可使用以下方法。

- post 方法。通过本方法可直接执行一个线程，方法的输入参数为 Runnable 对象；
- postAtTime 方法。通过本方法可在指定的时间点执行一个线程，方法的输入参数为 Runnable 对象、时间（类型为长整型）；
- postDelayed 方法。通过本方法可在指定的时间间隔后执行一个线程，方法的输入参数为 Runnable 对象、时间间隔（类型为长整型）。

（2）消息发送方式，可使用以下方法。

- sendEmptyMessage 方法。本方法用于直接发送空消息，方法的输入参数为整型数值（该数值用于标识信息，并可作为判别可接收信息的依据）；
- sendMessage 方法。本方法用于直接发送信息，方法的输入参数为 Message 对象；
- sendMessageAtTime 方法。本方法用于在指定时间发送信息，方法的输入参数为 Message 对象、时间（类型为长整型）；
- sendMessageDelayed 方法。本方法用于在指定时间间隔后发送信息，方法的输入参数为 Message 对象、时间间隔（类型为长整型）。

在上述讨论中，Runnable 是 JDK（Java 开发工具）多线程技术中的一个基础接口。基于 Handler 的工作原理，People 应用可基于 Handler 更新界面中的计时信息。基本的实现原理为：在主程序中设定计时变量（变量名为 seconds，计时单位为：秒），使用 Handler 对象定时将计时信息更新，并显示在界面上。

在 MainActivity 中创建一个私有方法 timing，该方法用于创建并维护一个 Handler 实例，而且，Handler 实例需要完成的具体工作包含：①基于计时信息更新界面；②设定下一次程序工作的时间。

程序实现如下所示：

```
1  private fun timing(){
2      val handler = Handler()
3      handler.post(object:Runnable{ //使用 post 方法执行一个线程
4          private fun Int.format(d: Int) = String.format("%0${d}d", this)
5          override fun run() {
6              val h = seconds/3600
7              val m = (seconds%3600)/60
8              val s = seconds%60
9              val tt = "${h.format(2)}:${m.format(2)}:${s.format(2)}" //组织显示内容
10             timer.text = tt //更新界面
11             seconds += 1 //更新计时变量
12             handler.postDelayed(this, 1000) //1 秒后再次工作
13         }
14     })
15 }
```

上述程序的第 2 行创建一个 Handler 实例。程序第 3 行以匿名对象的方式实现了一个子线程（Runnable 对象）。程序第 4 行定义了一个数字格式化显示的方法，该方法可将一个整型数字组织成格式为“%0xd”的字符串；“%0xd”的含义为：显示 x 位的十进制数，若实际数字不足 x 位，则左边补 0。程序第 6 行至第 8 行分别将计时信息换算为“小时”“分钟”和“秒”，第 9 行将计时信息按“时:分:秒”格式进行组织。程序第 10 行将界面中的计时信息更新。程序第 11 行则更新计时信息；第 12 行计划 1 秒后重新执行本线程。

MainActivity 类加入 timing 方法以后的结构为：

```
class MainActivity : AppCompatActivity() {
    var seconds = 0
    override fun onCreate(savedInstanceState: Bundle?) {
        super.onCreate(savedInstanceState)
        setContentView(R.layout.activity_main)
        timing() //启动 Handler 实例
    }

    private fun timing(){
        val handler = Handler()
        handler.post(object:Runnable{
            private fun Int.format(d: Int) = String.format("%0${d}d", this)
            override fun run() {
                //方法 run 中的程序
                …
        })
    }

    fun confirm(v: View){
        //可执行程序
```

```
21          }
22    }
```

MainActivity 程序第 2 行定义了一个全局时间变量，第 6 行调用 timing 方法。程序运行的结果如图 5.3 所示。

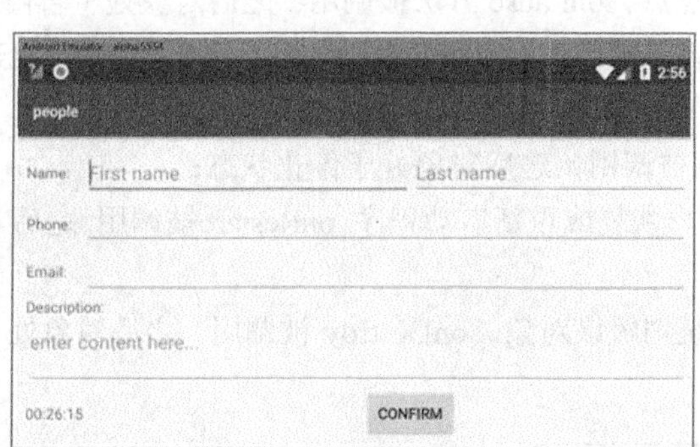

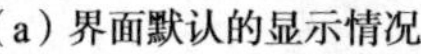

（a）界面默认的显示情况

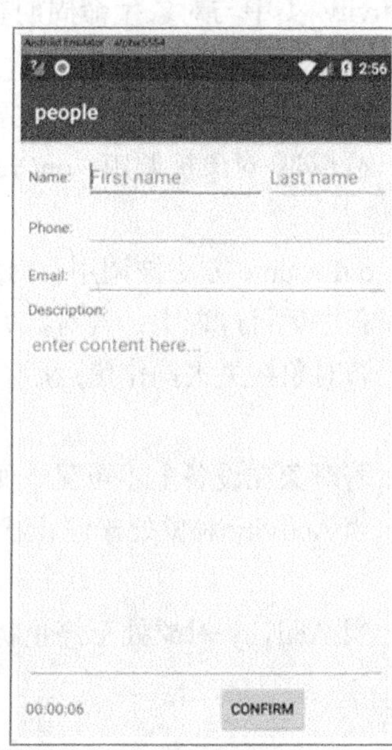

（b）界面旋转后的显示情况

图 5.3　People 应用中界面计时的实现

5.1.2　窗体界面状态的变化

People 应用在运行过程中，会出现一种情况，如图 5.3 所示。图 5.3（a）显示了一般情况下界面的工作状态，图 5.3（b）显示了屏幕旋转以后的状态。比较两个图，可以发现，界面计时信息在屏幕旋转以后会发生重置。另外，程序运行时，当单击模拟器或实体机的“返回”按键，程序界面会被隐藏；再次启动或恢复程序时，界面中包含的信息也会丢失。

上述现象发生的根本原因在于 Activity 类具有其特定的生命周期，程序的执行需要以该生命周期为依据。Android 中窗体组件的技术基础是 Context 类，而所有窗体实现类必须从 Activity 类继承而得，这些类直接的关系如图 5.4 所示[6]。

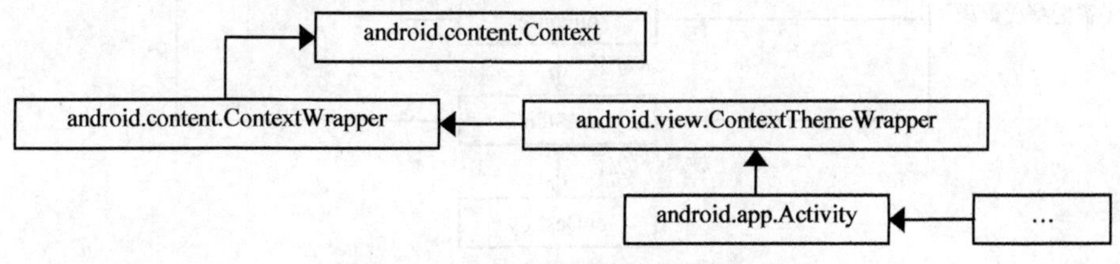

图 5.4　Activity 类与父类之间的关系

Activity 对象在工作时，存在以下 4 种工作状态[6]。

- 运行（或激活），表现为：Activity 对象在设备上正常显示，并获得操作焦点；
- 暂停，表现为：Activity 对象仍然可见或部分可见，但该组件失去焦点（即设备屏幕上有其他组件获得了操作焦点）；

- 停止，表现为：Activity 对象完全不可见；
- 销毁，当 Activity 对象处于“暂停”或“停止”状态，系统可根据运行情况将该对象进行销毁以释放系统资源。

Activity 类中与对象生命周期有关的主要方法有 onCreate、onStart、onRestart、onResume、onPause、onStop 和 onDestroy 等，这些方法与 Activity 对象的运行过程之间存在着紧密的联系，具体的情况如图 5.5 所示。图中主要包含以下工作过程。

- Activity 对象被调用，onCreate 和 onStart 方法被依次调用，对象达到可见状态，但还未获得操作焦点；
- onResume 方法被调用，对象获得操作焦点，对象处于运行状态；
- 程序运行过程中，若对象失去操作焦点，onPause 方法被调用，之后对象处于暂停状态；
- 若对象在失去操作焦点后，又重新获得操作焦点，则 onResume 被调用，对象恢复运行状态；
- 若对象在设备上不可见，则 onStop 被调用，之后对象处于停止状态；
- 当 Activity 对象处于停止状态，若用户恢复或重新启动程序，onRestart 被调用，之后 onStart 被调用；
- 当 Activity 对象处于停止状态，系统销毁该对象，onDestroy 被调用，之后对象处于销毁状态。

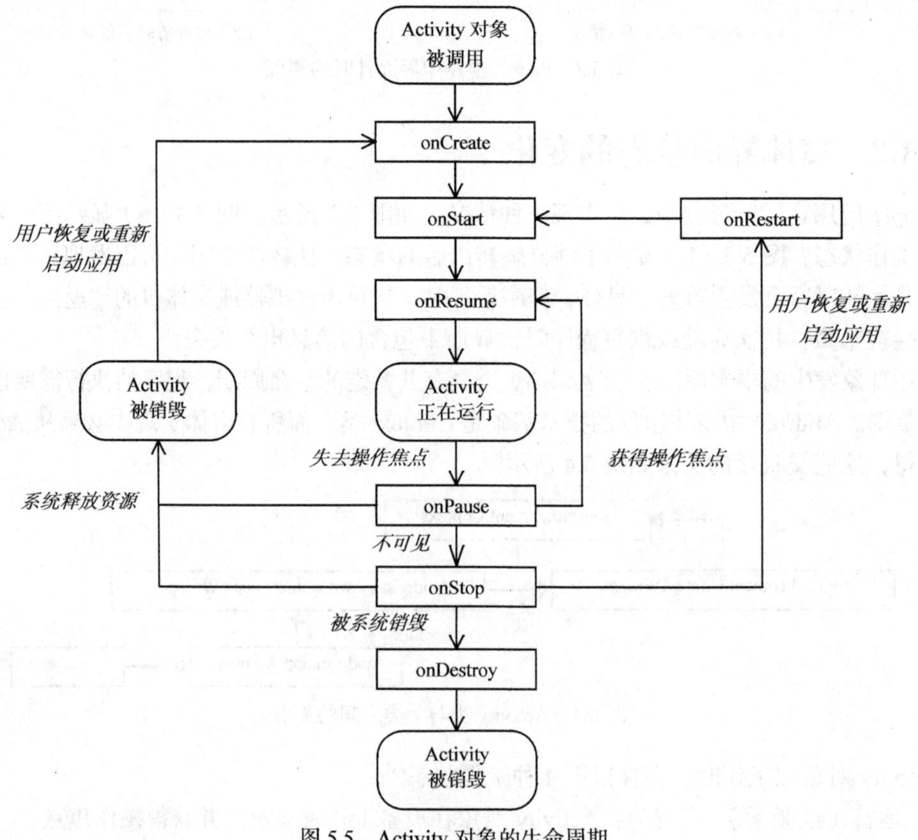

图 5.5　Activity 对象的生命周期

Activity 对象运行时，若设备屏幕发生旋转，对象会被重新创建；此时，onCreate 等方法会被再次调用，而界面工作所产生的临时信息会完全丢失。为了避免这样的问题，可采用以下两种方法应对。

方法一，在应用主配置文件 AndroidManifest.xml 的 Activity 声明（即<Activity>标签）中设置 configChanges 属性（一般为 android:configChanges）。该属性值可指定一些与设备使用相关的事件，当这些事件发生时，Activity 对象的 onConfigurationChanged 方法被调用。对于屏幕旋转，属性中可设置屏幕旋转事件（值为 orientation）；之后在类的 onConfigurationChanged 方法中实现处理程序。

方法二，在 Activity 中使用 Bundle 对象来存储程序运行时的业务数据。基本的实现分两步：①使用 Activity 类的 onSaveInstanceState 方法存储信息；②在 Activity 类的 onCreate 方法中恢复已存储的信息（基于方法的输入参数：Bundle 对象）。

Bundle 类是一个能容纳多种类型数据的容器；数据的存储按“键-值”对方式进行。Bundle 类能存储的数据类型包含[6]：单精小数（Float）及单精小数数组、整型数组列表、短整型（Short）及短整型数组、字节（Byte）及字节数组、字符（Char）及字符数组、字符串、字符串数组及字符串数组列表、可序列化对象（Serializable 和 Parcelable 接口的实现类）及可序列化对象数组（Parcelable[]）或可序列化对象数组列表、Bundle 类实例等。其中，Parcelable 接口是 Android 中特有的可序列化接口，该接口的设计和实现可在有限硬件计算资源条件下完成对象可序列化的工作。Bundle 类中，关于数据的存取方法的命名规则如下。

- 设置数据：put[TYPE](key:String, value:[TYPE])；其中，[TYPE]为具体的数据类型。例如，putFloat 方法为设置单精小数，putFloatArray 方法为设置单精小数数组，putIntegerArrayList 方法为设置整型数组列表等；
- 获取数据：get[TYPE](key:String)；其中，[TYPE]为具体的数据类型。例如，getParcelable 方法为获取 Parcelable 对象，getParcelableArray 方法为获取 Parcelable 对象数组，getParcelableArrayList 方法为获取 Parcelable 对象数组列表等。

基于上述讨论，为了屏幕旋转时界面计时仍可继续工作，可在 MainActivity 中增加 onSaveInstanceState 方法，并在 onCreate 方法中提取相关的计时信息，相关的程序为：

```
class MainActivity : AppCompatActivity() {
    var seconds = 0
    override fun onCreate(savedInstanceState: Bundle?) {
        super.onCreate(savedInstanceState)
        setContentView(R.layout.activity_main)
        if (savedInstanceState != null){ //恢复计时变量
            seconds = savedInstanceState.getInt("seconds")
        }
        timing()
    }

    override fun onSaveInstanceState(outState: Bundle?) {
        super.onSaveInstanceState(outState)
        if (outState!=null) outState.putInt("seconds", seconds) //存储计时变量
    }

    private fun timing(){
```

```
18          val handler = Handler()
19          handler.post(object:Runnable{
20              private fun Int.format(d: Int) = String.format("%0${d}d", this)
21              override fun run() {
22                  //方法 run 中的程序
23                  …
24              }
25          })
26      }
27
28      fun confirm(v: View){
29          //可执行程序
30      }
31  }
```

上述程序中，当设备屏幕发生旋转时，程序会调用 onSaveInstanceState 方法存储数据，数据存储于 Bundle 对象中（如程序第 12 行至第 15 行所示）；当 onCreate 被再次调用时，输入参数中的 Bundle 对象被访问，可从该对象中恢复已存储的信息（如程序第 6 行至第 8 行所示）。

经过程序修改，People 应用在运行时，屏幕旋转将不会影响到界面计时的正常显示。

5.2 Android 平台中通讯录（组件）的访问

Android 平台中有一个特别的应用程序类型，即内容提供者（Content Provider）。内容提供者一般是以数据为中心，具有结构化数据管理功能。内容提供者能提供用户交互界面，方便用户使用；另一方面，这种组件能为其他应用提供数据的管理和操作服务。这也意味着：其他程序可以通过内容提供者访问（内容提供者内部的）业务数据，并可执行一些业务操作（例如：数据的增加、删除、修改和查询操作等）。

Android 平台中的 Contacts 应用是一个典型的内容提供者。该应用可通过交互界面显示和管理相关通讯录信息；而且，该组件可被其他应用程序访问，并能实现通讯录的维护和管理功能。

本章所讨论示例程序 People 中，界面可以收集用户信息，而这些信息可被放置于 Contacts 中保存。

5.2.1 通讯录

Android 平台中的通讯录名为：Contacts，外观如图 5.6 所示。作为平台中的一个标准程序，Contacts 用于可记录与联系人有关的主要信息，包含照片、姓名、称谓、联系电话、邮件地址、地址、网络电话、社交软件、网址、描述信息等。

在技术环境中，Contacts 使用 SQLite 存储业务数据。SQLite 是一个开源的嵌入式数据库管理系统，该工具可用于建立和管理关系型数据库。SQLite 是 Android 平台中的一个标准工作组件。Contacts 应用中所使用的数据库文件存储于 Android 平台中的/data/data/com.android.providers.contacts/databases/contacts2.db 位置，如图 5.7 所示。该数据库中较为重要的表格包含：raw_contacts 表、mimetypes 表和 data 表。其中，raw_contacts 表用于存储联系人信息，表中每一个行对应于一个独立的联系人；mimetypes 表用于存储 Contacts 应用所涉及的数据类型，表中的每个项是数据类型的命名（常量）；data 表用于存储与联系人相关的信息，表中的每一行对应联系人的一个相关信息，如联系电话（占一行）、邮件地址（占一行）、地址（占一行）。data 表中，行数据包含的信息有：raw_contacts 表中的标识（用于表示联系人），mimitypes 表中的标识（用户表示信息类型），联系人相关的信息（电话、邮件地址等）。

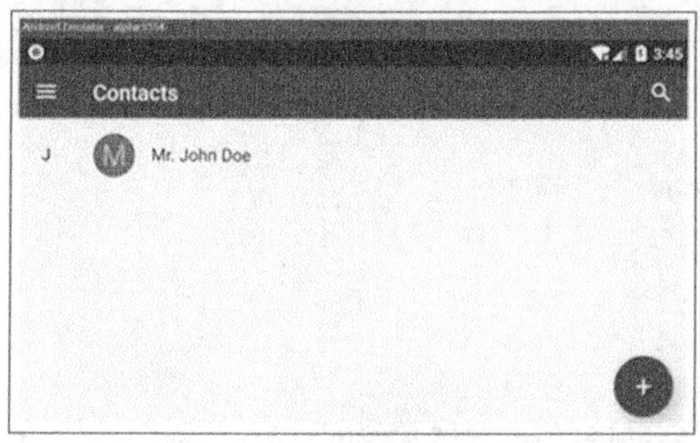

（a）Contacts 应用界面

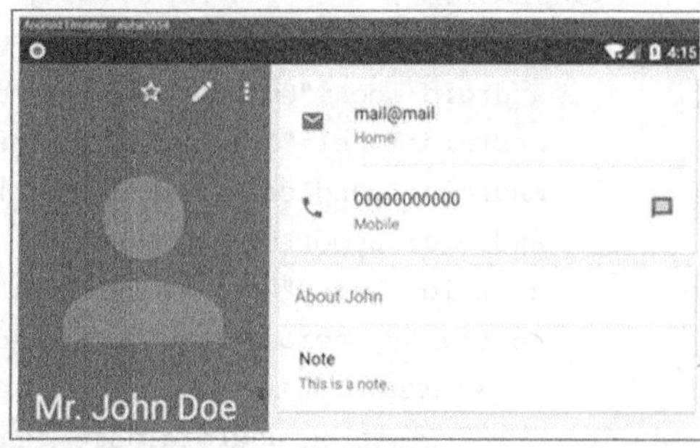

（b）Contacts 记录信息界面

图 5.6　Android Contacts 应用的外观

Threads | Heap | Allocation Tracker | Network Statistics | File Explorer | Emulator Control | System Information

Name	Size	Date	Time	Permissions	Info
com.android.emulator.smoketests		2018-02-05	06:06	drwxr-x--x	
com.android.exchange		2018-02-05	06:06	drwxr-x--x	
com.android.externalstorage		2018-02-05	06:06	drwxr-x--x	
com.android.fallback		2018-02-05	06:06	drwxr-x--x	
com.android.gallery		2018-02-05	06:06	drwxr-x--x	
com.android.gesture.builder		2018-02-05	06:06	drwxr-x--x	
com.android.htmlviewer		2018-02-05	06:06	drwxr-x--x	
com.android.inputdevices		2018-02-05	06:06	drwxr-x--x	
com.android.inputmethod.latin		2018-02-05	06:08	drwxr-x--x	
com.android.keychain		2018-02-05	06:06	drwxr-x--x	
com.android.launcher		2018-02-05	06:06	drwxr-x--x	
com.android.location.fused		2018-02-05	06:06	drwxr-x--x	
com.android.managedprovisioning		2018-02-05	06:06	drwxr-x--x	
com.android.mms		2018-02-05	06:06	drwxr-x--x	
com.android.mms.service		2018-02-05	06:06	drwxr-x--x	
com.android.music		2018-02-05	06:06	drwxr-x--x	
com.android.netspeed		2018-02-05	06:06	drwxr-x--x	
com.android.packageinstaller		2018-02-05	06:06	drwxr-x--x	
com.android.pacprocessor		2018-02-05	06:06	drwxr-x--x	
com.android.phone		2018-02-05	06:06	drwxr-x--x	
com.android.printspooler		2018-02-05	06:06	drwxr-x--x	
com.android.protips		2018-02-05	06:06	drwxr-x--x	
com.android.providers.calendar		2018-02-05	06:06	drwxr-x--x	
com.android.providers.contacts		2018-02-05	06:06	drwxr-x--x	
cache		2018-02-05	06:06	drwxrwx--x	
databases		2018-02-05	06:09	drwxrwx--x	
contacts2.db	331776	2018-02-05	06:09	-rw-rw----	
contacts2.db-journal	0	2018-02-05	06:09	-rw-rw----	
profile.db	331776	2018-02-05	06:06	-rw-rw----	
profile.db-journal	16928	2018-02-05	06:06	-rw-rw----	
files		2018-02-05	06:06	drwxrwx--x	
lib		2018-02-05	06:06	lrwxrwxrwx	-> /data/a...
shared prefs		2018-02-05	06:09	drwxrwx--x	

图 5.7　Android Contacts 应用存储数据的数据库

5.2.2　通讯录的访问

系统中通信录的访问，必须在系统授权的条件下进行。可访问系统通信录的程序在构建时，需要在项目主配置文件中声明程序的访问权限。与通信录访问有关的权限声明有：

```
<uses-permission android:name="android.permission.READ_CONTACTS"/>
<uses-permission android:name="android.permission.WRITE_CONTACTS"/>
```

其中，第 1 项是通讯录的读权限声明，第 2 项是通讯录的写权限声明。在 AndroidManifest.xml 中，权限声明的位置在<manifest>标签内部，具体如下所示：

```
1   <?xml version="1.0" encoding="utf-8"?>
2   <manifest xmlns:android="http://schemas.android.com/apk/res/android"
3       package="com.myappdemos.people">
4       <uses-permission android:name="android.permission.READ_CONTACTS"/>
5       <uses-permission android:name="android.permission.WRITE_CONTACTS"/>
6       <application
7           android:allowBackup="true"
8           android:icon="@mipmap/ic_launcher"
9           android:label="@string/app_name"
10          android:roundIcon="@mipmap/ic_launcher_round"
11          android:supportsRtl="true"
12          android:theme="@style/AppTheme">
13          <activity android:name=".MainActivity">
14              <intent-filter>
15                  <action android:name="android.intent.action.MAIN" />
16                  <category android:name="android.intent.category.LAUNCHER" />
17              </intent-filter>
18          </activity>
19      </application>
20  </manifest>
```

上述配置中，文件第 4 行和第 5 行为通信录访问权限声明。需要注意的是，当项目程序部署以后，需要在系统的应用权限管理中进行手工授权，之后，程序才能正常运行。

访问系统的内容提供者时，一般使用 ContentResolver（android.content.ContentResolver）实例作为客户代理。程序开发时，Context（android.content.Context）实例中已经包含了一个 ContentResolver 对象[6]，即在 Activity 类程序中可直接访问 ContentResolver 对象，一般访问的方式有：this.contentResolver，或直接使用 contentResolver。

ContentResolver 对象对内容提供者访问操作的基础是 Android 内置资源标识机制。Android 中，系统资源标识一般为 URI（统一资源定位）对象，格式为“content://…”。Android SDK 中，常用资源可通过预定义常量访问，例如：通讯录的 raw_contacts 表，可使用 RawContacts.CONTENT_URI 常量表示。

对 Android 通讯录进行写操作时，一般的开发流程如下。

- 对 raw_contacts 表进行新增数据操作，并获得通讯录中的唯一标识；
- 基于唯一标识完成其他数据操作。

在数据表格中增加数据可基于 ContentValues 对象来完成。ContentValues 类是一个数据容器类，类实例中可封装多种类型的数据项，每个数据项按“键-值”对形式组织。ContentValues 支持的数据类型包含[6]双精小数（Double）、单精小数（Float）、长整型（Long）、整型（Int）、短整型（Short）、字节（Byte）及字节数组、字符串等。

ContentValues 类关于数据的存取方法的命名规则如下。

- 设置数据：put (key:String, value:[TYPE])；其中，[TYPE]为具体的数据类型；
- 获取数据：get (key:String)或 getAs[TYPE](key:String)；其中，[TYPE]为具体的数据类型。

基于 ContentValues 对象在 Contacts 中增加信息的基本过程如下。

- 设置通讯录中已定义的唯一标识；
- 指定存储信息类型；

- 指定存储信息项的键和值；
- 执行数据添加操作。

例如，在通讯录中储存姓名信息，基本的程序如下。

```
1    val values = ContentValues()
2    values.put(RawContacts.Data.RAW_CONTACT_ID, contactId)
3    values.put(RawContacts.Data.MIMETYPE, StructuredName.CONTENT_ITEM_TYPE)
4    values.put(StructuredName.GIVEN_NAME, "…")
5    values.put(StructuredName.FAMILY_NAME, "…")
6    contentResolver.insert(ContactsContract.Data.CONTENT_URI, values)
```

其中，程序第 1 行初始化一个 ContentValues 对象；第 2 行设置数据的唯一标识（根据通讯录中已定义的唯一标识）；第 3 行程序用来说明当前存储的数据是联系人的名字（RawContacts.Data.MIMETYPE 为类型，StructuredName.CONTENT_ITEM_TYPE 为值）；程序第 4 行指定数据为人名中的“名”；第 5 行指定数据为人名的“姓”；第 6 行将数据存储到数据表中。

5.2.3 用户信息在通讯录中的保存

People 应用中的数据存储可直接存储到 Android 的通讯录中。功能的实现应放置在 MainActivity 中的按钮处理器中。因此，confirm 方法的实现如下：

```
fun confirm(v: View){
    //获取通讯录中新建记录唯一标识
    val values = ContentValues()
    val rawContactUri = contentResolver.insert(RawContacts.CONTENT_URI, values)
    val contactId = ContentUris.parseId(rawContactUri)
    //在通讯录中存储姓名
    values.put(RawContacts.Data.RAW_CONTACT_ID, contactId)
    values.put(RawContacts.Data.MIMETYPE,
        StructuredName.CONTENT_ITEM_TYPE)
    values.put(StructuredName.GIVEN_NAME, fn.text.toString())
    values.put(StructuredName.FAMILY_NAME, ln.text.toString())
    contentResolver.insert(ContactsContract.Data.CONTENT_URI, values)
    //在通讯录中存储电话
    values.clear()
    values.put(RawContacts.Data.RAW_CONTACT_ID, contactId)
    values.put(RawContacts.Data.MIMETYPE, Phone.CONTENT_ITEM_TYPE)
    values.put(Phone.TYPE, Phone.TYPE_MOBILE)
    values.put(Phone.NUMBER, phone.text.toString())
    contentResolver.insert(ContactsContract.Data.CONTENT_URI, values)
    //在通讯录中存储邮件地址
    values.clear()
    values.put(RawContacts.Data.RAW_CONTACT_ID, contactId)
    values.put(RawContacts.Data.MIMETYPE, Email.CONTENT_ITEM_TYPE)
    values.put(Email.TYPE, Email.TYPE_WORK)
    values.put(Email.ADDRESS, email.text.toString())
    contentResolver.insert(ContactsContract.Data.CONTENT_URI, values)
    //在通讯录中存储个人描述信息
```

```
28        values.clear()
29        values.put(RawContacts.Data.RAW_CONTACT_ID, contactId)
30        values.put(RawContacts.Data.MIMETYPE, Note.CONTENT_ITEM_TYPE)
31        values.put(Note.NOTE, description.text.toString())
32        contentResolver.insert(ContactsContract.Data.CONTENT_URI, values)
33        //界面提示
34        Toast.makeText(this,"Information is recorded!",Toast.LENGTH_LONG).show()
35    }
```

在 confirm 方法实现中，程序第 3 行创建一个 ContentValues 对象 values（未装填数据内容），程序第 4 行通过 contentResolver 在 raw_contacts 表（通过 RawContacts.CONTENT_URI 标识）中增加一个数据项 values；操作结束获得一个返回值。程序第 5 行根据第 4 行返回值获得一个通讯录中新增记录的唯一标识。

程序第 7 行至第 12 行，在通讯录中增加联系人的姓名（信息）。第 14 行，将 values 对象置空（为了重复使用该对象）。第 15 行设置数据的唯一标识（根据通讯录中已定义的唯一标识）；第 16 行指定当前数据项是联系人的电话（RawContacts.Data.MIMETYPE 为类型，Phone.CONTENT_ITEM_TYPE 为值）；第 17 行指定当前存储的电话为移动电话（Phone.TYPE 为类型，Phone.TYPE_MOBILE 为值）；第 18 行指定当前存储的电话号码（Phone.NUMBER 为类型，phone.text.toString() 为实际值）。第 19 行，将联系人电话信息存储到通讯录中。

与此类似，程序第 21 行至第 26 行，在通讯录中增加联系人的邮件地址信息。第 22 行设置数据的唯一标识（根据通讯录中已定义的唯一标识）；第 23 行指定当前数据项是联系人的邮件地址（RawContacts.Data.MIMETYPE 为类型，Email.CONTENT_ITEM_TYPE 为值）；第 24 行指定当前存储的邮件地址为工作邮件（Email.TYPE 为类型，Email.TYPE_WORK 为值）；第 25 行指定当前存储的邮件地址（Email.ADDRESS 为类型，email.text.toString()为实际值）；第 26 行，将联系人邮件地址信息存储到通讯录中。

程序第 28 行至第 32 行，在通讯录中增加联系人的描述信息。第 29 行设置数据的唯一标识（根据通讯录中已定义的唯一标识）；第 30 行指定当前数据项是联系人的描述信息（RawContacts.Data.MIMETYPE 为类型，Note.CONTENT_ITEM_TYPE 为值）；第 31 行指定当前存储的描述信息（Note.NOTE 为类型，description.text.toString()为实际值）；第 32 行，将联系人描述信息存储到通讯录中。

程序第 34 行，界面提示按钮工作完成信息。基于 confirm 方法，完整的 People 应用运行的实际结果如图 5.8 所示。

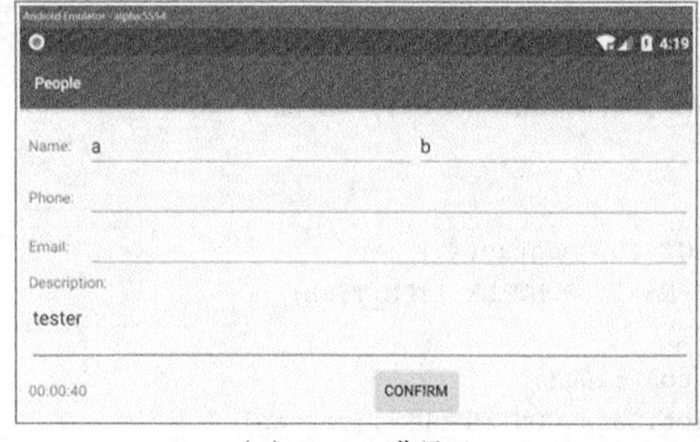

（a）People 工作界面

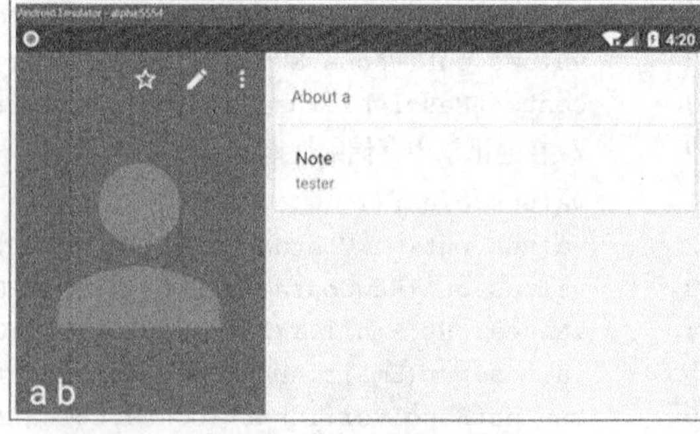

（b）通讯录中存储的信息

图 5.8　People 应用存储用户信息的结果

本章练习

1．请分析并总结 Activity 组件的生命周期。

2．请总结 AppCompatActivity 和 Activity 之间的区别和联系。

3．Bundle 的用途是什么？请尝试基于 Bundle 实现不同的数据类型存取。

4．协程是 Kotlin 语言特有的一种轻量级多线程技术。请了解 Kotlin 协程技术，总结该技术的技术特征，以及与 Java 常用多线程技术之间的区别和联系。

5．根据本章图 5.5 所示结构，尝试在程序与窗体生命周期有关的方法中使用 Log 工具记录程序行为，并基于记录信息分析 Activity 的工作过程。

6．基于协程技术改写 5.1.1 节所讨论的多线程功能。

第6章 列表与适配器

现代智能终端设备的显示条件和硬件配置都比较宽裕，这也促使应用程序能具备更为美观的外观和方便使用的功能。以列表方式组织的用户界面能较直接地展示业务数据，并能提供简洁的操作功能。本章主要讨论以列表为主的界面技术，涉及的技术点包含：①GridView 和 ListView 的使用；②适配器；③在界面中使用简单动画技术等。

本章内容将围绕一个名为 Devices（版本 3）的示例程序展开。区别于以前的版本，Devices（版本 3）设置了 3 个显示界面，基本的结构如图 6.1 所示。

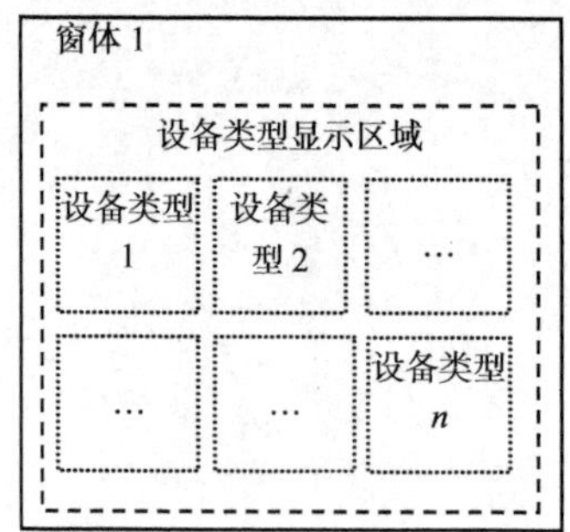

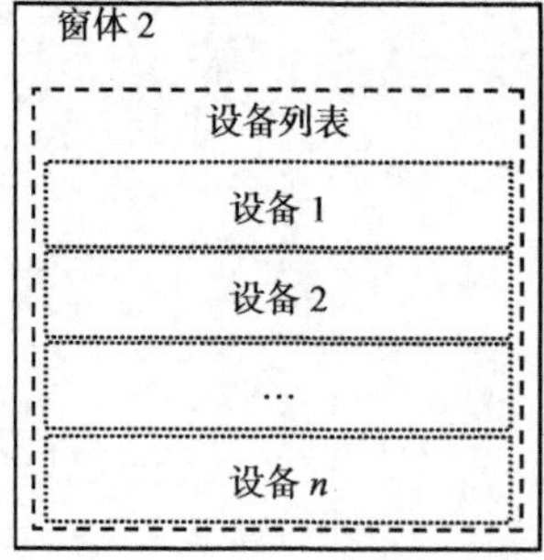

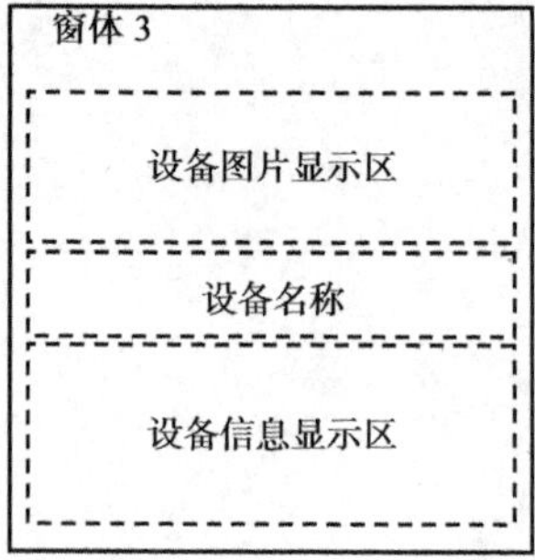

图 6.1　Devices（版本 3）的界面结构

程序启动运行时，首先会显示窗体 1。窗体 1 基于图标以“马赛克”方式显示设备的类型。窗体 1 显示的设备类型包含 Television（电视）、Wear（可穿戴设备）、Phone（手机）、Tablet（平板电脑）等。当窗体 1 中的图标被单击以后，窗体 2 被启动。窗体 2 中基于列表组件显示多个具体的设备名称。当窗体 2 中的特定设备被单击后，窗体 3 启动。窗体 3 将显示具体设备的图片、名称和详细信息。

Devices（版本 3）中的窗体都基于 AppCompatActivity 类来构建。窗体 1 的实现类命名为 MainActivity，对应的布局文件为 activity_main.xml；窗体 2 的实现类命名为 ItemActivity，对应的布局文件为 activity_item.xml；窗体 3 的实现类命名为 InfoActivity，对应的布局文件为 activity_info.xml。由于窗体 1 以“马赛克”方式显示设备类型，所以，该程序还会使用到一个命名为 cell.xml 的布局文件。该布局用于定义局部（即每个格子内）的显示结构。另外，Devices（版本 3）使用一个特别定义的数据类，命名为 Device；该类被用于提供程序相关的业务数据。综上所述，Devices（版本 3）包含 8 个实现部分，分别为 MainActivity.kt、activity_main.xml、cell.xml、ItemActivity.kt、activity_item.xml、InfoActivity.kt、activity_info.xml 和 Device.kt；它们之间的关系如图 6.2 所示。

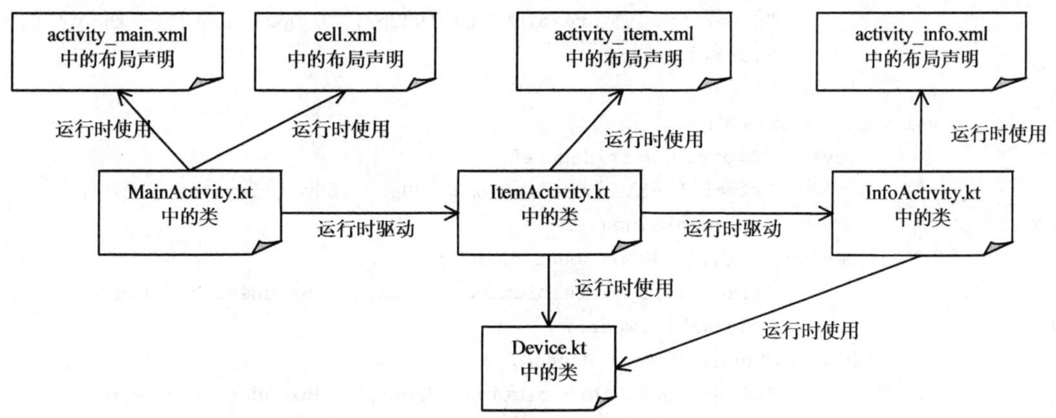

图 6.2　Devices（版本 3）程序运行关系

Devices（版本 3）实现的步骤为准备程序所使用的资源、构建数据类；实现示例中的界面；完成界面间的协作。基于上述讨论，本章被组织为 3 个部分，分别为：①项目的资源和数据准备；②应用中界面的实现；③界面显示内容的动画效果。

6.1　项目资源和数据准备

通过 Android Studio 新建项目以后，除了 MainActivity 类和对应的布局定义（activity_main.xml），Devices（版本 3）还需要使用两个窗体类。两个窗体类中的一个命名为 ItemActivity（生成对应文件包含 ItemActivity.kt 和 activity_item.xml），另外一个为 InfoActivity（生成对应文件包含 InfoActivity.kt 和 activity_info.xml）。

Devices（版本 3）在实现时会使用到图片资源，相关图片的命名分别为 phone.png、tablet.png、tv.png、wear.png，分别对应于显示的 Phone（手机）、Tablet（平板电脑）、Television（电视）和 Wear（可穿戴设备）信息类型。相关图片在程序实现前复制到*[项目目录]\app\src\main\res\drawable* 中。Android Studio 会自动识别这些资源，并将它们组织为项目的组成部分。

Devices（版本 3）中的数据类为 Device，类中有 3 个属性：name（类型为 String）、desc（类型为 String）、rid（类型为 Int）。这些属性分别用于描述设备的名称、描述信息、图片标识。其中，属性 rid 的类型为整型，相关的值来源于开发环境中的资源标识（即项目中的图片资源标识，基于项目的 R 类来确定，标识使用的结构为 **R.drawable.文件名**）。Device 类的实现如下所示：

```
class Device(n:String, d:String, r:Int){
  val name =n
  val desc =d
  val rid = r
  companion object{ //多个设备种类和设备
    val tvs = arrayOf(
            Device("Android TV - 720p",
                "size: 55.0\"\nresolution: 1280px, 720px\ndensity: tvdpi",
                R.drawable.tv),
```

```
10 .            Device("Android TV - 1080p",
11                      "size: 55.0\"\nresolution: 1920px, 1080px\ndensity: xhdpi",
12                      R.drawable.tv)
13          )
14          val wears = arrayOf(
15                  Device("Android Wear Square",
16                      "size: 1.65\"\nresolution: 280px, 280px\ndensity: hdpi",
17                      R.drawable.wear),
18                  Device("Android Wear Round Chin",
19                      "size: 1.65\"\nresolution: 290px, 320px\ndensity: tvdpi",
20                      R.drawable.wear),
21                  Device("Android Wear Round",
22                      "size: 1.65\"\nresolution: 320px, 320px\ndensity: hdpi",
23                      R.drawable.wear)
24          )
25          val tablets =arrayOf(
26                  Device(" 7\" WSVGA(Tablet)",
27                      "size: 7.0\"\nresolution: 600px, 1024px\ndensity: mdpi",
28                      R.drawable.tablet),
29                  Device("10.1\" WXVGA(Tablet)",
30                      "size: 10.1\"\nresolution: 800px, 1280px\ndensity: mdpi",
31                      R.drawable.tablet)
32          )
33          val phones = arrayOf(
34                  Device("5.4\" FWVGA",
35                      "size: 5.4\"\nresolution: 480px, 854px\ndensity: mdpi",
36                      R.drawable.phone),
37                  Device("5.1\" WVGA",
38                      "size: 5.1\"\nresolution: 480px, 800px\ndensity: mdpi",
39                      R.drawable.phone),
40                  Device("4.7\" WXGA",
41                      "size: 4.7\"\nresolution: 720px, 1280px\ndensity: xhdpi",
42                      R.drawable.phone)
43          )
44      }
45
46      override fun toString(): String { //toString被调用时，返回设备的名称。
47          return this.name
48      }
49  }
```

上述程序由 3 个部分组成：①Device 类的属性声明（程序第 2 行至第 4 行）；②数据对象声明（第 5 行至第 44 行）；③toString 方法声明（程序第 46 行至第 48 行）。数据对象声明部分，Device 类以伴随对象的方式定义了 4 个 Device 数组，分别记录了 4 类设备的详细信息（包含不同设备的名称、描述和图片信息）。在 toString 方法声明部分，该方法使用 Device 的 name 属性作为方法输出。

每个 Kotlin 类都有一个 toString 方法。该方法会在必要时被系统调用，用于获得与运行对象相关的字符串信息。在默认情况下，Device 类的 toString 方法会返回对象在运行环境中的标识信息。为了避免这样的结果，Device 类的 toString 方法被重新定义，并使用类的 name 属性作为方法返回值。

6.2　程序中界面的实现

6.2.1　主窗体的实现

Devices（版本 3）中，窗体 1 是以“马赛克”方式显示信息。这样的界面结构可以使用多种方式类实现。Android SDK 中有一种名为 GridView 的组件，该组件能以网格方式规划界面中的工作组件（该类从 android.view.ViewGroup 派生）；使用 GridView 时，需要在布局声明中使用<GridView>标签（结束时为</GridView>）。与<GridView>标签有关的重要属性如下[6]。

- android:columnWidth，用于指定每个横向行中格子的宽度。
- android:gravity，用于指定格子所包含内容的停靠方式；可设置的值包含 top（上部）、bottom（下部）、left（左部）、right（右部）、center_vertical（竖直方向上的中部）、center_horizontal（水平方向上的中部）、center（中部）、fill_vertical（竖直填充）、fill_horizontal（水平填充）、fill（填充）、start（起始位置）、end（终止位置）等。
- android:horizontallSpacing，用于指定横向行中格子之间的间隔。
- android:numColumns，用于指定横向行中显示的格子数；可设置的值为 auto-fit（自适应）等。
- android:stretchMode，用于设定横向行中格子的伸展方式（本属性特指在行中存在多余空间的情况下格子的填充方式）；可设置的值为 none（无）、spacingWidth（以格子间隔方式伸展）、columnWidth（以格子宽度方式伸展）、spacingWidthUniform（以格子的宽度和间隔方式同时伸展）。
- android:verticalSpacing，用于指定横向行之间的间隔。

MainActivity 中的布局可使用线性布局规划整个界面，界面内使用 GridView 分割显示区域。具体声明如下：

```
<?xml version="1.0" encoding="utf-8"?>
<LinearLayout xmlns:android="http://schemas.android.com/apk/res/android"
    xmlns:app="http://schemas.android.com/apk/res-auto"
    xmlns:tools="http://schemas.android.com/tools"
    android:layout_width="match_parent"
    android:layout_height="match_parent"
    android:orientation="vertical"
    android:padding="5dp"
    tools:context="com.myappdemos.devices.MainActivity">
    <GridView android:id="@+id/content"
        android:layout_width="match_parent"
        android:layout_height="match_parent"
        android:numColumns="auto_fit"
        android:columnWidth="100dp"
        android:stretchMode=" spacingWidth">
    </GridView>
```

```
17  </LinearLayout>
```

上述声明中，GridView 标识为 content；声明第 13 行说明界面在显示时可根据设备可显示区域确定网格的列数，第 14 行规定每个网格的宽度为 100dp，第 15 行设置界面在显示时的伸展模式通过格子间隔来实现。

GridView 将界面进行分割，分割后所形成的显示区域为多个格子。每个格子还需要根据显示需求详细定义。MainActivity 中，每个格子需要显示一个图标、一个文本标签（用于指示或说明图标）。因此，对每个格子可进一步进行布局声明。针对格子内显示的内容，Devices（版本 3）使用局部布局声明，声明文件为 cell.xml；该文件的存储位置与 activity_main.xml 的存储位置相同，详细内容为：

```
<?xml version="1.0" encoding="utf-8"?>
<LinearLayout xmlns:android="http://schemas.android.com/apk/res/android"
   android:layout_width="match_parent"
   android:layout_height="wrap_content"
   android:orientation="vertical"
   android:padding="10dp">
   <ImageView android:id="@+id/image"
      android:layout_width="wrap_content"
      android:layout_height="wrap_content"
      android:layout_gravity="center"/>
   <TextView android:id="@+id/label"
      android:layout_width="match_parent"
      android:layout_height="wrap_content"
      android:gravity="center_horizontal"/>
</LinearLayout>
```

在 cell.xml 中，格子显示的内容以线性布局（LinearLayout）来组织。每个格子都以竖直方式显示两个内容：图标（使用 ImageView 组件，标识为 image）和文本（使用 TextView 组件，标识为 label）；其中，图标用于展示设备的外观，文本用于显示文本标签。

布局文件 cell.xml 会被程序直接使用，所以在 layout_main 中不需要特别说明。基于布局声明，MainActivity 类的实现包含两个部分：①填充界面；②实现交互。

（1）填充界面中的内容

MainActivity 类在运行时会显示 4 个类别的设备种类。针对这些内容，界面的显示功能依赖于两个实现步骤：①组织数据；②显示数据。

在组织数据方面，程序使用两个数组（分别命名为 icons 和 labels）记录界面中的图标和文本标签；其中，icons 数组用于记录网格中的图标，labels 数组用于记录网格中的文本标签：

```
private val icons = intArrayOf(R.drawable.tv, R.drawable.wear, R.drawable.phone,
R.drawable.tablet)
private val labels = arrayOf("Television", "Wear", "Phone", "Tablet")
```

数组 icons 和 labels 是以类属性的方式进行定义。基于 icons 和 labels，定义一个 List 类型的数据列表，该列表中的数据会被加载到界面组件中。在 MainActivity 中增加一个私有方法 loadCells，该方法使用列表（ArrayList）加载 icons 和 labels 数组。具体程序如下：

```
private fun loadCells():ArrayList<Map<String, Any>>{
   val list = ArrayList<Map<String, Any>>()
   for (i in 0..3){ //在 list 中加装数组中的元素
      val map = HashMap<String, Any>()
      map.put("icon", icons[i])
      map.put("text", labels[i])
      list.add(map)
   }
   return list
}
```

通过 loadCells 方法，icons 和 labels 中的元素被组织成{{"icon":图片标识}和{"text":文本标签}, ...}结构的列表。MainActiviy 中，loadCells 方法在 onCreate 方法中调用，也就是说，类在初始化时，icons 和 labels 会被组织为一个列表结构。因此，onCreate 方法中需要实现：

```
val list = loadCells()
```

使用 ArrayList 组织 icons 和 labels 中的数据是为了以列表方式将显示数据填充到界面中。在列表基础上，MainActivity 中的 GridView 组件需要使用适配器技术完成显示内容的填充工作。适配器是适配器模式[3]的一种实现方式。适配器模式是面向对象程序设计中常用的一种程序结构，模式的工作原理如图 6.3 所示。具体而言，适配器在程序中被构建，并用于帮助实现两个接口不兼容组件间的交互和协作。

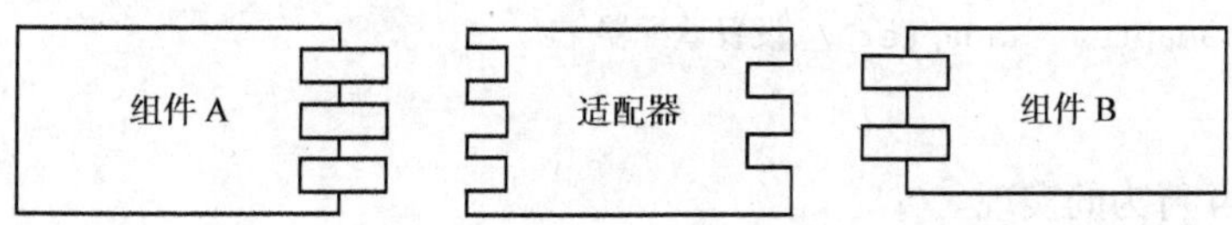

图 6.3　适配器模式工作原理

一般情况下，适配器可自主定义。但对于 GridView，可使用 Android SDK 中预定义的 SimpleAdapter 工具。对 MainActivity 而言，SimpleAdapter 的工作原理如图 6.4 所示。程序使用适配器将 list 中的资源分别放置到界面对应的显示位置中。

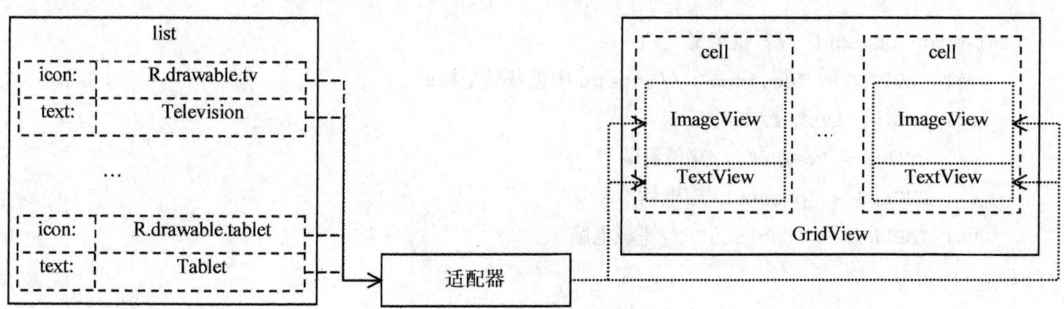

图 6.4　MainActivity 中 SimpleAdapter 的工作原理

SimpleAdapter 类的初始化需要使用 5 个参数，其中，第 1 个参数为运行环境（类型为 Context），第 2 个参数为资源（类型为 List），第 3 个参数为布局标识，第 4 个参数为资源标识数组，第 5 个参数为布局中的组件标识数组。

SimpleAdapter 初始化所使用的第 3 个参数特指能装填具体资源的布局声明文件；MainActivity 程序中，这个参数是 cell.xml 文件所对应的系统标识，具体为 R.layout.cell。另外，初始化中的第 4 个参数是数据列表组成元素的“键”值；以 loadCells 方法为依据，list 中元素包含的两个键，分别为 icon 和 text。

根据上述介绍，基于 SimpleAdapter 适配器的实现程序为：

```
val adapter = SimpleAdapter(this, list, R.layout.cell, arrayOf("icon", "text"),
            intArrayOf(R.id.image, R.id.label))
```

程序实现时，需要注意，资源标识数组元素与组件标识数组元素之间的顺序必须一一对应，也就是组件（以组件标识来表示）与其使用的资源（以资源标识来表示）之间必须对应。具体而言，程序中资源标识数组为["icon", "text"]，组件标识数组为[R.id.image, R.id.label]，则 R.id.image 组件显示的内容需要通过“icon”从 list 中获得；与之类似，R.id.label 组件显示的内容需要通过“text”从 list 中获得。

适配器定义完成后，在 GridView 对象中进行注册。至此，MainActivity 的 onCreate 方法程序为：

```
override fun onCreate(savedInstanceState: Bundle?) {
    super.onCreate(savedInstanceState)
    setContentView(R.layout.activity_main)
    val list = loadCells()
    val adapter = SimpleAdapter(this, list, R.layout.cell, arrayOf("icon", "text"),
        intArrayOf(R.id.image, R.id.label))
    content.adapter = adapter //设置适配器
}
```

（2）界面交互行为的实现

MainActivity 类实例能正常工作后，当单击界面中的某一设备类型时，程序需启动显示一个 ItemActivity 对象显示对应设备类型中的多个设备。

MainActivity 和 ItemActivity 间的交互通过 Intent 来实现，为了使得 ItemActivity 对象能识别 MainActivity 实例中的选择情况，Intent 对象中需要封装用户的操作信息。

为增加程序实现的规范性，可以在 MainActivity 中定义以下常量（以伴随对象为手段）：

```
companion object{ //常量定义
    val DEVICES = "devices" //Intent 中设备类型标识
    val TVS = "tvs" //电视
    val WEARS = "wears" //穿戴设备
    val PHONES = "phones" //电话
    val TABLETS = "tablets" //平板电脑
}
```

在程序运行中，上述常量被 ItemActivity 对象访问。

在 MainActivity 中，为了确定界面的工作状态，需要在 GridView 组件上加装监听器。具体而言，程序需要监听 GridView 中网格单元的单击事件，并基于事件完成后续工作。程序实现时，选择 OnItemClickListener（对应的事件处理器为 onItemClick 方法）作为基本的工具。基于 Lambda 表达式，监听器的加载为：

```
content.setOnItemClickListener { adapterView, view, i, l ->
    val intent = Intent(this, ItemActivity::class.java)
    when(i){ //i 为当前被单击的项目编号
        0 -> intent.putExtra(DEVICES, TVS)
        1 -> intent.putExtra(DEVICES, WEARS)
        2 -> intent.putExtra(DEVICES, PHONES)
        3 -> intent.putExtra(DEVICES, TABLETS)
    }
    startActivity(intent)
}
```

由于使用了 Kotlin 中的 Lambda 表达式实现监听器，{...}实际上是一个匿名方法定义。该方法在运行时对应 OnItemClickListener 接口中的 onItemClick 方法。监听器程序的{...}中分为 3 个部分：箭头操作符、箭头操作符左侧、箭头操作符右侧。其中，箭头操作符左侧为参数列表，箭头操作符右侧实现程序。

方法 onItemClick 有 4 个参数，第 1 个参数为事件发生的组件（类型为 AdapterView），第 2 个参数为组件项（类型为 View），第 3 个参数是组件项在组件中的位置（类型为 Int），第 4 个参数为组件项在组件中的序号（类型为 Long）。具体而言，onItemClick 的第 1 个参数是 GridView 实例，第 2 个参数是 GridView 中的网格单元（实例）。此外，onItemClick 的第 3 个参数和第 4 个参数的区别在于，第 4 个参数是组件项的绝对位置，第 3 个参数是组件项的相对位置；实际情况中，当显示环境能够显示所有选项时，则两个值是相同的；但当显示环境不能显示所有选项时，则两个值是不相同的。

监听器程序基于 when 结构实现，基本的工作过程如下。首先，实例化一个 Intent 对象；然后，根据交互状态设置 Intent 对象中的交互数据；最后，通过 startActivity 方法发送 Intent 对象。由于当前程序只有 4 个选项，程序可使用 onItemClick 的第 3 个参数（即 i 值）来获得 GridView 组件在交互时所确定的选择项。基于选择项，程序分别在 Intent 对象中设置不同的设备类型信息。

Intent 的 putExtra 方法有两个参数，第 1 个参数为信息的标识，第 2 个参数为信息的值。例如，intent.putExtra(DEVICES, TVS)表示 Intent 对象中包含了一个信息项，该信息项的标识为“devices”（伴随对象中使用 DEVICES 定义），信息项中的实际数据为“tvs”（伴随对象中使用 TVS 定义）。

Intent 对象封装数据后，可被发送并启动 ItemActivity 对象。

（3）实现总结

到目前为止，MainActivity 类中的主要内容包含：

```
package …

import …

class MainActivity : AppCompatActivity() {
    private val icons = intArrayOf(R.drawable.tv, R.drawable.wear, R.drawable.phone, R.drawable.tablet)
    private val labels = arrayOf("Television", "Wear", "Phone", "Tablet")
    companion object{
        val DEVICES = "devices"
        val TVS = "tvs"
```

```
        val WEARS = "wears"
        val PHONES = "phones"
        val TABLETS = "tablets"
    }

    override fun onCreate(savedInstanceState: Bundle?) {
        super.onCreate(savedInstanceState)
        setContentView(R.layout.activity_main)
        val list = loadCells()
        val adapter = SimpleAdapter(this, list, R.layout.cell, arrayOf("icon", "text"),
                intArrayOf(R.id.image, R.id.label))
        content.adapter = adapter
        content.setOnItemClickListener { adapterView, view, i, l ->
            val intent = Intent(this, ItemActivity::class.java)
            when(i){ //i 为当前被单击的项目编号
                0 -> intent.putExtra(DEVICES, TVS)
                1 -> intent.putExtra(DEVICES, WEARS)
                2 -> intent.putExtra(DEVICES, PHONES)
                3 -> intent.putExtra(DEVICES, TABLETS)
            }
            startActivity(intent) //启动 ItemActivity
        }
    }

    private fun loadCells():ArrayList<Map<String, Any>>{
        val list = ArrayList<Map<String, Any>>()
        for (i in 0..3){
            val map = HashMap<String, Any>()
            map.put("icon", icons[i])
            map.put("text", labels[i])
            list.add(map)
        }
        return list
    }
}
```

上述程序运行的结果如图 6.5 所示。

图 6.5　Devices（版本 3）中 MainActivity 类实例的运行结果

6.2.2 显示设备名称

在图 6.1 中，窗体 2(ItemActivity)以列表方式显示多个设备的名称。除了 Spinner 组件，Android SDK 中有一个名为 ListView 的列表组件（ListView 类从 android.view.ViewGroup 派生）。使用 ListView 时，需在布局文件中使用<ListView>标签（结束时为</ListView>）进行声明。ListView 在工作中能将界面分割为多个显示行。每个行还可以根据显示内容进行进一步的组织。当 ListView 行中显示的内容较为复杂时，对每个行可进一步布局声明。

ItemActivity 的界面可使用线性布局来进行规划，布局中需要声明 ListView 组件。具体情况如下（activity_item.xml）：

```
<?xml version="1.0" encoding="utf-8"?>
<LinearLayout xmlns:android="http://schemas.android.com/apk/res/android"
    xmlns:app="http://schemas.android.com/apk/res-auto"
    xmlns:tools="http://schemas.android.com/tools"
    android:layout_width="match_parent"
    android:layout_height="match_parent"
    android:padding="5dp"
    tools:context="com.myappdemos.devices.ItemActivity">
    <ListView android:id="@+id/list"
        android:layout_width="match_parent"
        android:layout_height="wrap_content">
    </ListView>
</LinearLayout>
```

ItemActivity 类的实现也包含两个部分：显示界面、实现交互。

（1）填充界面中的内容

ItemActivity 工作时能显示多个设备的名称，显示功能依赖于两个实现步骤：①组织数据；②显示数据。

对于组织数据，ItemActivity 工作时需要获取设备的类型信息，以及类别相关的设备信息。其中，设备类型信息从 MainActivity 对象发送的 Intent 对象中获得，而设备信息则基于类别信息从 Device 类中获得。因此，ItemActivity 类的 onCreate 方法中包含以下代码：

```
1 val dev = intent.getStringExtra(MainActivity.DEVICES)
2 val devices = when(dev){
3     MainActivity.TVS -> Device.tvs
4     MainActivity.WEARS -> Device.wears
5     MainActivity.TABLETS -> Device.tablets
6     MainActivity.PHONES -> Device.phones
7     else->Device.tvs
8 }
```

上述程序第 1 行基于 MainActivity.DEVICES 标识提取 Intent 对象中的信息；常量 dev 用于记录当前界面所显示的设备类型；第 2 行至第 8 行实现设备信息的提取。Device.kt 中，基于伴随对象初始化了 4 个 Device 类型的数组：tvs、wears、tablets 和 phones，所以程序中的 when 结构会将 Device 类中的一个数组并赋值给 devices 常量。

ItemActivity 中，ListView 组件和 devices 数据之间的组装需要依赖于使用特定的适配器工具。

区别于 MainActivity，ItemActivity 所展示的信息仅为文本类型，因此，可在程序中直接使用 Android SDK 预定义的 ArrayAdapter 工具。

ArrayAdapter 类有多种初始化方法，其中一种需要使用 3 个输入参数，分别为运行环境（类型为 Context）、布局标识、数据（类型为数组）。类似于 GridView，ListView 的局部可以做进一步的布局声明。但是，若 ListView 只包含文本信息时，程序可调用系统预定义的布局：android.R.layout.simple_list_item_1。

基于上述讨论，ListView 中显示设备信息的程序为：

```
list.adapter = ArrayAdapter<Device>(this,
        android.R.layout.simple_list_item_1, devices)
```

上述程序运行时，会将 devices 数组中的元素填充到 simple_list_item_1 中。由于 devices 中的元素是 Device 对象，所以，ArrayAdapter 在运行时会调用 Device 的 toString 方法，并通过该方法获得对象中的字符串信息。这也是在 Device 类中重新定义 toString 方法的原因。

（2）界面交互的实现

ItemActivity 类实例能正常工作后，当单击界面中的某一设备时，程序将启动显示一个 InfoActivity 对象显示对应设备的详细信息。ItemActivity 和 InfoActivity 的交互通过 Intent 对象实现。为了使得 InfoActivity 实例能识别 ItemActivity 实例运行时的选择情况，首先在 ItemActivity 类定义以下常量（以伴随对象为手段）：

```
companion object{
    val CAT = "cat" //Intent 中设置设备标识
    val IDX = "idx" //Intent 中设置设备索引标识
}
```

上述定义中，CAT 用于在 Intent 中标识设备的类型，IDX 在 Intent 中用于指示具体的设备索引（这个索引是在访问 Device 的设备数组时使用的）。

ItemActivity 界面交互行为以屏幕单击事件为主，因此，ListView 组件上需要加装 OnItemClickListener 监听器。基于 Lambda 表达式，相关监听器的实现为：

```
1  list.setOnItemClickListener { adapterView, view, i, l ->
2      val intent = Intent(this, InfoActivity::class.java)
3      intent.putExtra(CAT, dev) //设置设备类型
4      intent.putExtra(IDX, i) //设置设备索引
5      startActivity(intent) //启动 InfoActivity
6  }
```

监听器程序中，程序第 2 行实例化一个 Intent 对象；Intent 对象中封装设备类型和设备索引信息（程序第 3 行至第 4 行）；最后，调用 startActivity 方法发送 Intent 对象。

由于当前使用的设备数据有限，程序可使用 onItemClick 的第 3 个参数，即 i 值，来获得 ListView 组件当前的选择项。程序第 3 行在 Intent 实例中增加设备类型信息，该信息的标识为“cat”（伴随对象中使用 CAT 定义）；第 4 行在 Intent 实例中增加设备索引信息，该信息的标识为“idx”（伴随对象中使用 IDX 定义）。

（3）实现总结

至此，ItemActivity 的核心程序为：

```
package …

import …

class ItemActivity : AppCompatActivity() {
   companion object{
      val CAT = "cat"
      val IDX = "idx"
   }

   override fun onCreate(savedInstanceState: Bundle?) {
      super.onCreate(savedInstanceState)
      setContentView(R.layout.activity_item)
      val dev = intent.getStringExtra(MainActivity.DEVICES)
      val devices = when(dev){
         MainActivity.TVS -> Device.tvs
         MainActivity.WEARS -> Device.wears
         MainActivity.TABLETS -> Device.tablets
         MainActivity.PHONES -> Device.phones
         else->Device.tvs
      }
      list.adapter = ArrayAdapter<Device>(this,
            android.R.layout.simple_list_item_1, devices)
      list.setOnItemClickListener { adapterView, view, i, l ->
         val intent = Intent(this, InfoActivity::class.java)
         intent.putExtra(CAT, dev)
         intent.putExtra(IDX, i)
         startActivity(intent)
      }
   }
}
```

上述程序运行的结果如图 6.6 所示。

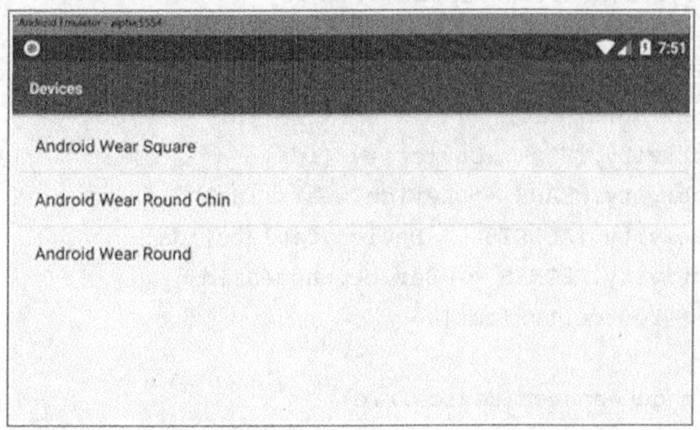

图 6.6　Devices（版本 3）中 ItemActivity 类实例的运行结果

6.2.3 显示设备信息

Devices（版本 3）中，窗体 3（InfoActivity）是用于显示设备详细信息的界面。InfoActivity 使用了 3 个组件，分别为 1 个 ImageView（标识为 icon，用于显示设备图片）和 2 个 TextView（标识分别为 name 和 description，用于显示设备名称和描述信息）。acitivty_info.xml 基于线性布局来组织，布局声明为：

```
<?xml version="1.0" encoding="utf-8"?>
<LinearLayout xmlns:android="http://schemas.android.com/apk/res/android"
xmlns:app="http://schemas.android.com/apk/res-auto"
xmlns:tools="http://schemas.android.com/tools"
android:layout_width="match_parent"
android:layout_height="match_parent"
android:orientation="vertical"
android:padding="5dp"
tools:context="com.myappdemos.devices.InfoActivity">
<ImageView android:id="@+id/icon"
      android:layout_width="wrap_content"
      android:layout_height="wrap_content"
      android:layout_gravity="center_horizontal"/>
<TextView android:id="@+id/name"
      android:layout_gravity="center_horizontal"
      android:layout_width="wrap_content"
      android:layout_height="wrap_content" />
<TextView android:id="@+id/description"
      android:layout_width="match_parent"
      android:layout_height="wrap_content" />
</LinearLayout>
```

InfoActivity 类需要完成的工作有：①从 Intent 实例中提取设备类型和设备索引信息；②从 Device 类中的数组中提取设备信息；③显示设备信息。相关程序如下：

```
class InfoActivity : AppCompatActivity() {
   override fun onCreate(savedInstanceState: Bundle?) {
      super.onCreate(savedInstanceState)
      setContentView(R.layout.activity_info)
      val cat = intent.getStringExtra(ItemActivity.CAT)
      val idx = intent.getIntExtra(ItemActivity.IDX, 0)
      val device = when(cat){
         MainActivity.TVS -> Device.tvs[idx]
         MainActivity.WEARS -> Device.wears[idx]
         MainActivity.TABLETS -> Device.tablets[idx]
         MainActivity.PHONES -> Device.phones[idx]
         else -> Device.tvs[idx]
      }
      icon.setImageResource(device.rid)
      name.text = device.name
      description.text = device.desc
```

```
17        }
18    }
```

上述程序第 5 行和第 6 行分别从 Intent 对象中提取设备类型和设备索引信息，第 7 行至第 13 行提取设备信息，第 14 行至第 16 行分别将设备信息设置到界面组件中。程序运行的结果如图 6.7 所示。

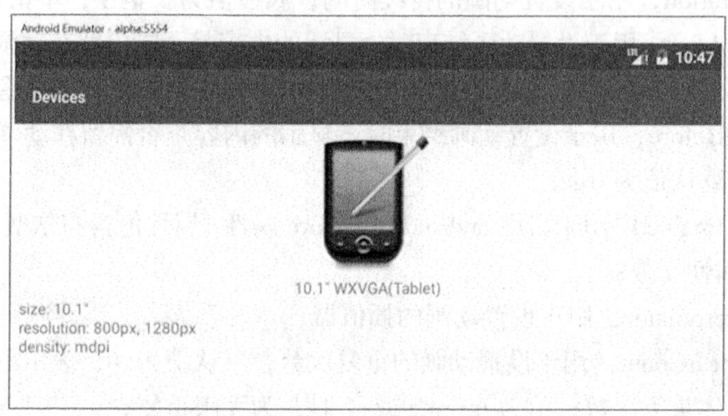

图 6.7　Devices（版本 3）中 InfoActivity 类的运行结果

至此，Devices（版本 3）的全部功能都已实现。程序工作时，MainActivity 首先运行，界面中使用 GridView 显示设备类型；当某设备类型被单击后，MainActivity 通过 Intent 对象启动一个 ItemActivity；ItemActivity 根据 Intent 对象中封装的信息检索 Device 中的数据数组，并使用 ListView 显示数组包含的多个设备的名称；当界面中的某个设备被单击后，ItemActivity 通过 Intent 对象启动一个 InfoActivity；InfoActivity 根据 Intent 对象中封装的信息检索设备信息，并进行显示（显示内容包含设备的图标、名称和描述信息）。

6.3　界面显示内容的动画效果

一般而言，在一个时间间隔内依次绘制一组图像可实现所谓的动画（效果）。Android 开发平台提供了一整套动画开发工具，这些工具足以实现多种形式的动画效果。Android 应用中，可基于资源文件定义简单的动画效果，而程序运行时，系统会基于动画定义展示相关动态效果。本节主要讨论基于资源文件定义方式实现简单动画的方法。

6.3.1　动画效果的定义与使用

使用资源文件定义动画效果前，在 res 目录中新建一个 anim 子目录。该目录用于存放动画定义文件。Android Studio 环境中，在项目管理窗口对 res 节点构建新目录（右键环境菜单，单击"New"，选择"Directory"），并命名文件夹即可。

动画定义文件使用 XML 语言编写，定义的基本格式为：

```
<?xml version="1.0" encoding="utf-8"?>
<set xmlns:android="http://schemas.android.com/apk/res/android">
    …
</set>
```

动画定义根标签可以为<set>标签（结束时为</set>）。

使用资源文件，可定义的动画效果有 alpha（透明度）、scale（缩放）、translate（平移）、rotate（旋转）。另外，还可在资源文件中基于这 4 种效果定义组合动画，组合动画的声明需使用<set>标签，并在<set>标签内声明多个动画。

4 种基本动画效果可使用以下 XML 属性（常用属性）[6]。

- android:duration，用于设置动画的持续时间；属性值为长整型，单位：毫秒；
- android:fillAfter，用于设置动画结束时，显示的内容是否能停留在动画的结束状态；属性值为布尔型，默认值为 false；当动画定义使用<set>标签，本属性在<set>标签中使用；
- android:fillBefore，用于设置动画结束时，显示的内容是否停留在动画开始之前的状态；属性值为布尔型，默认值为 true；
- android:fillEnabled，用于启用 android:fillBefore 属性；属性值为布尔型，若本属性为 false，android:fillBefore 属性无效；
- android:interpolator，用于设置动画的插值器；
- android:repeatCount，用于设置动画的重复次数；默认值为 0，表示不重复；值为大于 0 的整数时，表示具体重复次数；值为 infinite 或–1 时，为无限重复；
- android:repeatMode，用于设置动画的重复模式；当 android:repeatCount 大于 0 或为–1 时，本属性有效；值为 restart 或 1 时，动画为顺序重复；值为 reverse 或 2 时，动画为逆序重复；
- android:startOffset，用于设置动画的起始时间；属性值为长整型，单位：毫秒；
- android:zAdjustment，用于设置动画开始时，动画在屏幕显示内容的层次（z 轴坐标值）；值为 normal 或 0 时，表示动画显示在原层次；值为 top 或 1 时，表示动画显示在所有内容的顶部；值为 bottom 或–1 时，表示动画显示在所有内容的底部。

对于 alpha（透明度）动画，在资源文件中使用<alpha>标签（结束时为</alpha>）进行声明，可设置的属性如下[6]。

- android:fromAlpha，用于设置动画的起始透明度，取值为 0 至 1 之间的小数；当值为 0 时为透明，1 为不透明；
- android:toAlpha，用于设置动画的终止透明度，取值为 0 至 1 之间的小数；当值为 0 时为透明，1 为不透明。

对于 scale（缩放）动画，在资源文件中使用<scale>标签（结束时为</scale>）进行声明，可设置的属性如下[6]。

- android:fromXScale，用于设置动画开始时横坐标的缩放因子；类型为单精小数；
- android:toXScale，用于设置动画结束时横坐标的缩放因子；类型为单精小数；
- android:fromYScale，用于设置动画开始时纵坐标的缩放因子；类型为单精小数；
- android:toYScale，用于设置动画结束时纵坐标的缩放因子；类型为单精小数；
- android:pivotX，用于设置动画作用的横坐标位置；类型为单精小数或百分数；
- android:pivotY，用于设置动画作用的纵坐标位置；类型为单精小数或百分数。

上述属性中，当 android:pivotX 和 android:pivotY 都设置为 50%时，动画以显示对象的中点为固定点来展示缩放效果；当 android:pivotX 和 android:pivotY 都设置为 100%时，动画以显示对象的右下角为固定点来展示缩放效果。当 android:pivotX 或 android:pivotY 都设置为整数时，该整数为动画对象中的点，例如，android:pivotX 和 android:pivotY 都为 0 时，表示这个点在动画对象的左上角。

对于 translate（平移）动画，在资源文件中使用<translate>标签（结束时为</translate>）进行声明，可设置的属性如下[6]。

- android:fromXDelta，用于设置动画开始时横坐标的偏移量；类型为单精小数或百分数；
- android:toXDelta，用于设置动画结束时横坐标的偏移量；类型为单精小数或百分数；
- android:fromYDelta，用于设置动画开始时纵坐标的偏移量；类型为单精小数或百分数；
- android:toYDelta，用于设置动画结束时纵坐标的偏移量；类型为单精小数或百分数。

对于 rotate（旋转）动画，在资源文件中使用<rotate>标签（结束为</rotate>）进行声明，可设置的属性如下[6]。

- android:fromDegrees，用于设置动画开始时对象的角度；类型为单精小数；.
- android:toDegrees，用于设置动画终止时对象的角度；类型为单精小数；
- android:pivotX，用于设置动画作用的横坐标位置；类型为单精小数或百分数；
- android:pivotY，用于设置动画作用的纵坐标位置；类型为单精小数或百分数。

上述属性中，android:pivotX 和 android:pivotY 的含义与 scale 动画中的对应属性相同。

基于讨论，下列示例程序定义一个 alpha 动画效果，该效果要求对象在 1.8 秒内从透明度 1 变为 0.6，程序为：

```
<?xml version="1.0" encoding="utf-8"?>
<set xmlns:android="http://schemas.android.com/apk/res/android">
    <alpha android:fromAlpha="1"
        android:toAlpha="0.6"
        android:duration="1800"/>
</set>
```

另外，在 alpha 动画之后，如果要求对象放大 2 倍，之后，再恢复原始大小，则程序为：

```
<?xml version="1.0" encoding="utf-8"?>
<set xmlns:android="http://schemas.android.com/apk/res/android">
    <alpha android:fromAlpha="1"
        android:toAlpha="0.6"
        android:duration="1800"/>
    <scale android:fromXScale="1"
        android:fromYScale="1"
        android:pivotX="50%"
        android:pivotY="50%"
        android:toXScale="2"
        android:toYScale="2"
        android:repeatCount="1"
        android:repeatMode="reverse"
        android:startOffset="1800"
        android:duration="2000"/>
</set>
```

基于已定义的动画资源文件，系统会在程序运行时启动动画效果。在程序实现方面，需要完成的任务如下。

- 使用 AnimationUtils 类的 loadAnimation 方法加载资源（资源定位为基本格式 **R.anim.动画定义文件名**）；

- 调用对象（主要指 android.view.View 类派生对象）的 startAnimation 方法启动动画。

例如：

```
val a = AnimationUtils.loadAnimation(this, R.anim.alpha)
view.startAnimation(a)
```

6.3.2 在示例程序中实现动画效果

Devices（版本 3）可对 InfoActivity 中显示的图标增加动画效果。实现工作包含：①定义动画；②在界面中显示动画。

InfoActivity 能基于事件驱动显示动画效果，因此，可对界面中的图标组件设置事件监听器，并在处理器部分启用动画效果。实现程序类似于：

```
icon.setOnClickListener {
    val a = AnimationUtils.loadAnimation(this, R.anim.alpha)
    it.startAnimation(a)
}
```

上述程序运行的效果如图 6.8 所示。

图 6.8　InfoActivity 中的动画效果

本章练习

1. 请分析 GridView 和 ListView 的区别。

2. 基于资源文件如何实现动画效果？请写出步骤。动画声明中常用属性都有哪些？

3. 适配器的作用是什么？请分析 Android SDK 中 ArrayAdapter 和 SimpleAdapter 的区别和联系。

4. 尝试基于 BaseAdapter 构建自定义适配器，并且简述 BaseAdapter 适配器常见实现方法和基本功能。

5. 通过两个下拉列表（及 ArrayAdapter 适配器）实现以下功能。

（1）下拉列表 1 显示省市的名称；

（2）当列表 1 中的地名被选择后，在下拉列表 2 中显示该地区所包含的高等院校名称。

6. 基于 GridView 实现以下功能。

（1）界面结构如下；

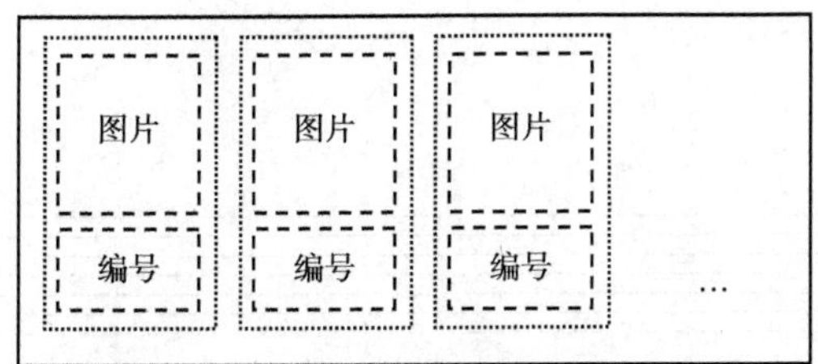

（2）GridView 内建立 20 个格子（编号值从 0 到 19）；

（3）单击任意一个格子可以将该格子的背景颜色修改为蓝色。

7．基于 ListView 实现第 6 题所描述的功能。

8．基于 BaseAdapter 实现第 7 题中 ListView 的适配器。

9．在第 8 题的基础上，为 ListView 的每个子项目中添加一个按钮，单击按钮提示该子项目中的索引信息。

10．在第 6 题的基础上，使用 BaseAdapter 实现如下功能：单击格子变为蓝色时，其余格子都恢复为初始颜色。

11．使用 Kotlin 语言完成一个 Android 程序，要求如下。

（1）在主窗体中放置一个图片（任意位置）；

（2）单击图片后，图片进行平移，旋转，缩放（每个变换持续 1 秒），整个变换过程重复 3 次；其中，平移变换为平移到 y 轴方向的 800 像素处，旋转变换为变换角度 40 度，缩放变换为以组件的中心点为基准扩大两倍；

（3）基于第 4 章中介绍过的 ToggleButton 和 Switch 组件控制动画的开启。

第 7 章 碎片技术

Android 平台能在不同的硬件环境中工作，所以，应用程序应具备多运行环境的适应能力。碎片技术（Fragments）是一种能基于显示条件自动配置，并实现界面的技术。该技术的引入，在一定程度上提高了程序模块的重用率。单个碎片（Fragment）实质上是一个可设置多个交互组件的“面板”，碎片实例能被系统安排到不同的窗体中运行。图 7.1 展示了一个基于碎片技术实现的应用场景。在图 7.1（a）中，当显示条件有限时，碎片 1 和碎片 2 可被设置到不同的窗体中运行；同时，如图 7.1（b）所示，如果条件允许，碎片 1 和碎片 2 也可被设置到一个窗体中运行。

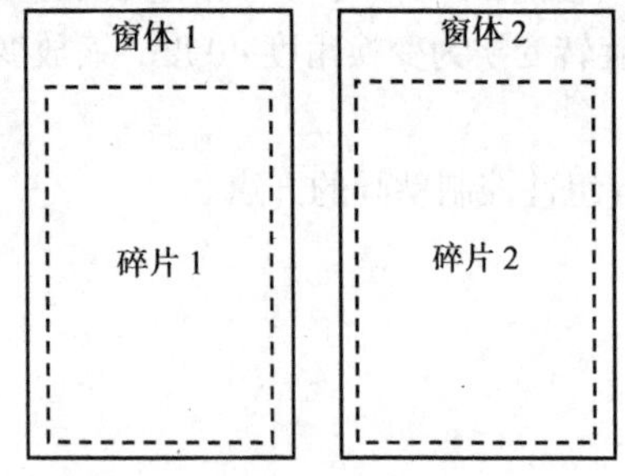

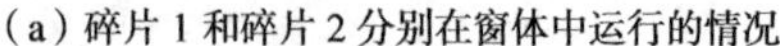
（a）碎片 1 和碎片 2 分别在窗体中运行的情况

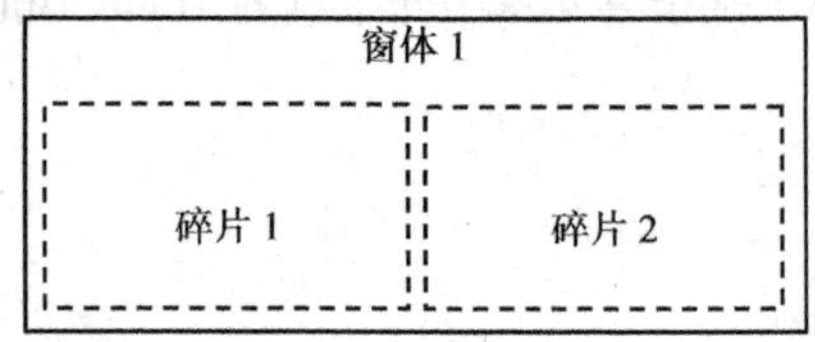

（b）碎片 1 和碎片 2 在一个窗体中运行的情况

图 7.1　碎片技术的应用场景

上述场景可能表现为：①对于一个应用程序而言，当它在移动电话中运行时，可使用不同的窗体显示不同的碎片；而当它在平板电脑中运行时，可使用一个窗体同时显示两个碎片。②对于一个应用程序，当显示环境处于竖屏状态时，可使用不同的窗体显示不同的碎片；而当显示环境处于横屏状态时，可使用一个窗体同时显示两个碎片。

本章将主要介绍碎片的构建与加载、碎片组件与其他组件的交互、基于碎片构建灵活显示界面的应用程序等内容。相关内容将围绕一个名为 Devices（版本 4）的应用展开。

如图 7.2 所示，Devices（版本 4）运行时，会根据屏幕状态的不同而显示不同的界面。具体而言，当屏幕为“竖屏”状态时，程序会使用两个窗体分别显示两个碎片，其中，碎片 1 使用列表显示设备名称，碎片 2 显示设备的详细信息；当屏幕为“横屏”状态时，程序会使用一个窗体同时显示两个碎片（碎片 1 和碎片 2）。

Devices（版本 4）将按以下顺序来构建：①创建碎片 1 和碎片 2；②在一个窗体中加载碎片 1 和碎片 2；③使用两个窗体分别加载碎片 1 和碎片 2；④根据显示条件动态加载碎片。基于上述介绍，本章组织为 3 个部分，分别为：①碎片的创建与加载；②实现界面中的交互功能；③根据显示条件显示不同的界面。

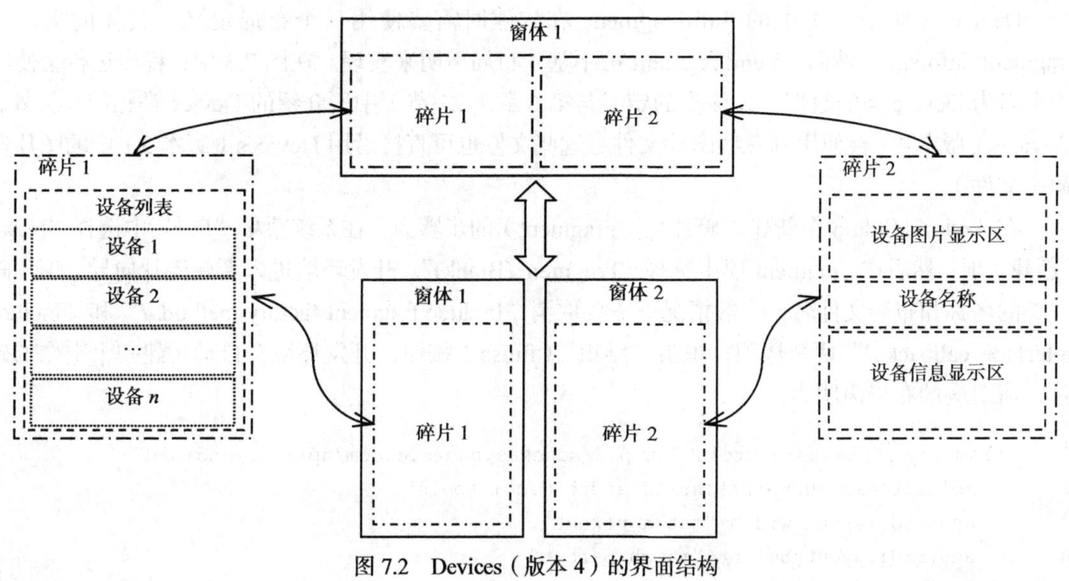

图 7.2　Devices（版本 4）的界面结构

7.1 碎片的创建与加载

7.1.1 创建碎片

碎片实现的基础类是 Fragment。碎片组件的实现与窗体类似，可使用布局文件声明并配置交互组件，而组件的行为或功能则在碎片类中实现。碎片的实例必须在 Activity 对象中运行，因此，程序实现中，需要为碎片指定具体的窗体组件。

在 Android Studio 中新建一个项目（指定应用程序可运行的最低 Android 平台版本为 API 17），名称为 Devices（版本 4）。在初始状态下，项目中包含一个 MainActivity 类，对应的布局文件为 activity_main.xml。在 Devices(版本 4)中，需要定义两个碎片，分别为 ItemFragment 和 InfoFragment；其中，ItemFragment 用于显示设备的名称列表，而 InfoFragment 用于显示设备的详细信息。至此，Devices（版本 4）中的程序及它们之间的关系如图 7.3 所示。

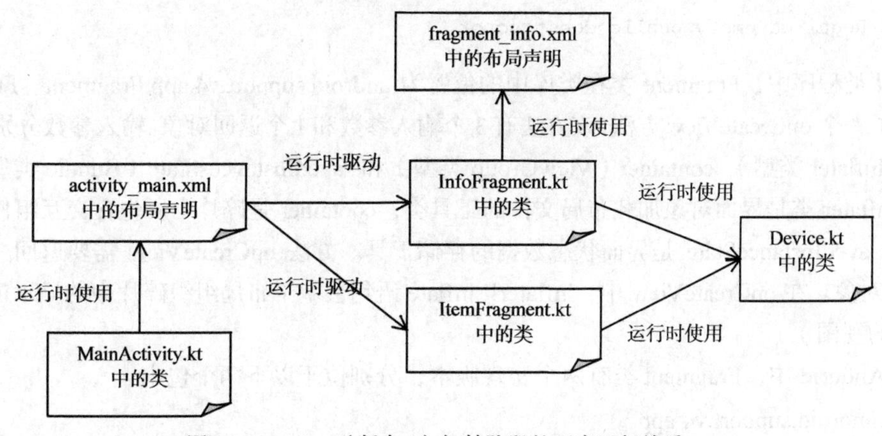

图 7.3　Devices（版本 4）初始阶段的程序运行关系

Devices（版本 4）中的 InfoFragment 在构建时需要使用一个布局定义，具体的文件为 fragment_info.xml；然而，ItemFragment 可不基于布局声明来实现。在图 7.3 中，程序运行会使用一个名为 Device 类的数据类，该类的定义与第 6 章（6.1 节）中所介绍的 Device 类相同；另外，Devices（版本 4）会使用到一些图片文件，这些文件也可直接沿用 Devices（版本 3）中的图片资源（文件）。

在 Android Studio 中新建“碎片”（Fragment）的步骤为：在系统菜单“File”中选择“New”（新建）项，然后在 Fragment 项中选择“Fragment (Blank)”。开发环境进入新建碎片向导，填写碎片类的名称和布局文件名；一般情况下需要取消“Include fragment factory methods?”和“Include interface callbacks?”两个选项；单击“结束”（finish）按钮，开发环境会自动构建一个空白的碎片，所对应的布局声明为：

```
<FrameLayout xmlns:android="http://schemas.android.com/apk/res/android"
   xmlns:tools="http://schemas.android.com/tools"
   android:layout_width="match_parent"
   android:layout_height="match_parent"
   tools:context="com.myappdemos.devices.BlankFragment">
   <!-- TODO: Update blank fragment layout -->
   …
</FrameLayout>
```

在布局文件中，碎片布局声明的根标签为<FrameLayout>（结束为</FrameLayout>），在<FrameLayout>内可声明其他组件。默认情况下，一个空白的 Fragment 类程序如下所示（该类从 Fragment 派生）：

```
package …

import …

class BlankFragment : Fragment() {
   override fun onCreateView(inflater: LayoutInflater?, container: ViewGroup?,
                             savedInstanceState: Bundle?): View? {
      // Inflate the layout for this fragment
      return inflater!!.inflate(R.layout.fragment_blank, container, false)
   }
}// Required empty public constructor
```

默认类程序中，Fragment 类在类库中的位置为 android.support.v4.app.Fragment。Fragment 类中包含了一个 onCreateView 方法，该方法有 3 个输入参数和 1 个返回对象。输入参数分别为 inflater（LayoutInflater 类型）、container（ViewGroup 类型）和 savedInstancesState（Bundle 类型）；其中，LayoutInflater 类是界面对象加载布局文件的工具类；container 是碎片中所包含交互组件的“容器组件”；savedInstanceState 是界面状态数据的存储工具。方法 onCreateView 需要返回一个类型为 View 的对象。在 onCreateView 中，inflater!!.inflate 语句会基于布局组织碎片中的显示内容（或称为碎片的视图）。

在 Andorid 中，Fragment 类有两个实现版本，分别位于以下两个包中：

- android.support.v4.app

- android.app

其中，android.app.Fragment 类必须在 Android API 11 以上的版本中使用。若应用程序接口的版本低于 11，则需要基于 android.support.v4.app.Fragment 类实现碎片（组件）。

对于 android.app.Fragment 类而言，其派生关系如图 7.4 所示。

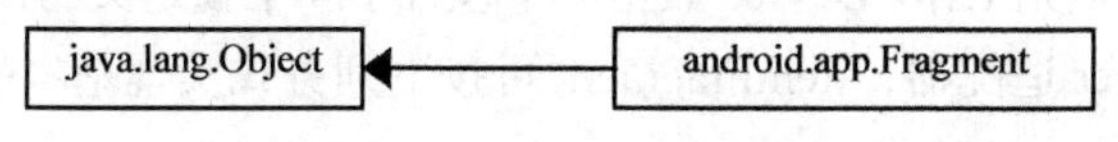

图 7.4　Fragment 类的派生结构

Fragment 类实例的工作必须依赖于 Activity 对象，与 Fragment 实例生命周期相关的主要方法如下[6]。

- onAttach：该方法是在 Fragment 实例加载到 Activity 实例上时被系统调用；
- onCreate：该方法是对象被初始化时由系统调用；
- onCreateView：该方法是 Fragment 对象创建其界面视图时被系统调用；
- onActivityCreated：该方法是在 Fragment 对象的外部窗体创建结束后被系统调用；
- onStart：该方法是在 Fragment 实例创建以后，对象显示前被系统调用；
- onResume：该方法是 Fragment 实例可见，处于运行状态时被系统调用；
- onPause：该方法是在 Fragment 实例失去操作焦点时被系统调用；
- onStop：该方法是在 Fragment 实例不可见时被系统调用；
- onDestroyView：该方法是在 Fragment 实例销毁其界面视图时被系统调用；
- onDestroy：该方法是在 Fragment 实例可被销毁时由系统调用；
- onDetach：该方法是在 Fragment 实例脱离 Activity 实例时被系统调用。

（1）创建 ItemFragment

在 Android Studio 中，通过向导创建一个空白碎片（即在 File 菜单项中选择 New 项，然后在 Fragment 项中选择“Fragment (Blank)”）；在显示的向导界面中填写 Fragment Name 为 ListFragment；取消“Create layout XML?”“Include fragment factory methods?”和“Include interface callbacks?”3 个选项；在“Source Language”处选择 Kotlin；单击“结束”（finish）按钮。

在开发环境中单击显示 ItemFragment.kt 文件，默认情况下，ItemFragment 类的基类为 Fragment；将基类的名称修改为 ListFragment；开发工具会要求填写基类的引入位置（import 位置或包名）。当前程序，应该引入并使用 android.app.ListFragment 类作为 ItemFragment 的基类。完成相关工作后，ItemFragment.kt 最基本的结构为（初始状态下，ItemFragment 类中包含一个 onCreateView 的方法声明）：

```
package …

import android.app.ListFragment //使用 android.app 中的 ListFragment
import …

class ItemFragment : ListFragment() {
    override fun onCreateView(inflater: LayoutInflater?, container: ViewGroup?,
                              savedInstanceState: Bundle?): View? {
        //onCreateView 中的程序
        …
```

```
    }
}// Required empty public constructor
```

android.app.ListFragment 是一个标准的碎片类，该类从 Fragment 类直接派生。ListFragment 类中预定义了一个 ListView 组件。使用 ListFragment 类时，可直接基于适配器完成 ListFragment 中显示数据的组织与填充工作。Device 数据类中包含了 4 个预定义的设备数组，以 Tablets 数组为例，基于 ArrayAdapter 适配器，ItemFragment 可按下列方式实现基本的数据加载：

```
1   package …
2
3   import android.app.ListFragment
4   import …
5
6   class ItemFragment : ListFragment() {
7       override fun onCreateView(inflater: LayoutInflater?, container: ViewGroup?,
8                                 savedInstanceState: Bundle?): View? {
9               listAdapter = ArrayAdapter<Device>( //设置适配器
10              inflater!!.context,
11              android.R.layout.simple_list_item_1,
12              Device.tablets
13          )
14          return super.onCreateView(inflater, container, savedInstanceState)
15      }
16  }// Required empty public constructor
```

上述程序中，第 9 行中的 listAdapter 是 ListFragment 类的内置属性；第 10 行中，inflater!!.context 使用了 Kotlin 的!!操作符，该操作符可在运行时检查 inflater 变量是否为空，若该变量为空，则程序会产生违例；第 11 行在适配器中设置预定义列表项布局 simple_list_item_1；第 12 行设置在界面中显示的数据为 Device 类中的 tablets 数组；第 14 行则调用基类中的 onCreateView 方法。

（2）创建 InfoFragment

在开发环境系统菜单的"File"项中选择"New"（新建）项，然后在 Fragment 项中选择"Fragment (Blank)"。系统进入新建碎片向导，填写碎片类的名称为 InfoFragment；取消"Include fragment factory methods?"和"Include interface callbacks?"两个选项；单击"Finish"（结束）按钮。

基于兼容性的考虑，InfoFragment 组件建立以后需要在 InfoFragment 类文件中修改 Fragment 类的导入位置（import 位置或包名）。具体而言，InfoFragment 类应基于 android.app.Fragment 类来构建，而不使用 android.support.v4.app.Fragment 类。

以图 7.2 为依据，布局 fragment_info.xml 按下列方式进行声明：

```
<?xml version="1.0" encoding="utf-8"?>
<LinearLayout xmlns:android="http://schemas.android.com/apk/res/android"
    xmlns:app="http://schemas.android.com/apk/res-auto"
    xmlns:tools="http://schemas.android.com/tools"
    android:layout_width="match_parent"
    android:layout_height="match_parent"
    android:orientation="vertical"
    android:padding="5dp"
    tools:context="com.myappdemos.devices.InfoFragment">
```

```
    <ImageView android:id="@+id/icon"
        android:layout_width="wrap_content"
        android:layout_height="wrap_content"
        android:layout_gravity="center_horizontal"/>
    <TextView android:id="@+id/name"
        android:layout_gravity="center_horizontal"
        android:layout_width="wrap_content"
        android:layout_height="wrap_content" />
    <TextView android:id="@+id/description"
        android:layout_width="match_parent"
        android:layout_height="wrap_content" />
</LinearLayout>
```

在上述声明中，InfoFragment 使用线性布局（LinearLayout）组织界面。界面中包含了 1 个 ImageView（标识为 icon），该组件用于显示设备的图片；1 个 TextView（标识为 name），该组件用于显示设备的名称；1 个 TextView（标识为 description），该组件用于显示设备的描述信息。

在碎片类中，程序可基于两种方式获得组件的实例：①直接基于组件的标识（布局文件组件声明中所设置的标识）的方式；②基于 findViewById 方法获取组件实例。InfoFragment 初始化时，基于组件实例可完成数据的加载与显示工作，而与之有关的程序可放置在 Fragment 类的 onStart 方法中，具体情况显示如下：

```
1   package …
2   import android.app.Fragment
3   import …
4
5   class InfoFragment : Fragment() {
6       override fun onCreateView(inflater: LayoutInflater?, container: ViewGroup?,
7                                 savedInstanceState: Bundle?): View? {
8           // Inflate the layout for this fragment
9           return inflater!!.inflate(R.layout.fragment_info, container, false)
10      }
11
12      override fun onStart() {
13          super.onStart()
14          val view = this.view
15          if (view != null){
16              val dev = Device.tablets[0] //获取设备信息
17              icon.setImageResource(dev.rid) //设置图片
18              name.text = dev.name //设置名称
19              description.text = dev.desc //设置描述
20          }
21      }
22  }// Required empty public constructor
```

上述程序的第 16 行至第 19 行实现将 Device.tablets[0]中的数据设置到界面组件中。

7.1.2 在窗体中加载碎片

Devices（版本 4）中存在 3 个类，分别为 MainActivity、ItemFragment 和 InfoFragment；另外，还有 2 个布局文件，分别为 activity_main.xml 和 fragment_info.xml。如前所述，ItemFragment 和 InfoFragment 的运行需要依赖于一个窗体对象，所以，在 MainActivty 中可以组装这两个碎片组件。组装工作可通过直接修改窗体的布局文件来实现。

在窗体布局中，使用标签<fragment>（结束为</fragment>）声明碎片组件。因此，activity_main.xml 通过下面程序实现：

```
1   <?xml version="1.0" encoding="utf-8"?>
2   <LinearLayout xmlns:android="http://schemas.android.com/apk/res/android"
3       xmlns:app="http://schemas.android.com/apk/res-auto"
4       xmlns:tools="http://schemas.android.com/tools"
5       android:layout_width="match_parent"
6       android:layout_height="match_parent"
7       android:orientation="horizontal"
8       tools:context="com.myappdemos.devices.MainActivity">
9       <fragment class="com.myappdemos.devices.ItemFragment"
10          android:id="@+id/list_frg"
11          android:layout_width="0dp"
12          android:layout_weight="2"
13          android:layout_height="match_parent"/>
14      <fragment class="com.myappdemos.devices.InfoFragment"
15          android:id="@+id/info_frg"
16          android:layout_width="0dp"
17          android:layout_weight="3"
18          android:layout_height="match_parent"/>
19  </LinearLayout>
```

上述声明中，MainActivity 使用线性布局（LinearLayout）组织界面；界面中声明了两个碎片组件，标识分别为 list_frg 和 info_frg；程序第 9 行和第 14 行分别说明了碎片类的具体名称；程序第 12 行和第 17 行分别说明两个碎片的显示比例为：list_frg 占据界面的 2 个显示单位，info_frg 占据界面的 3 个显示单位。

编译并运行程序，Devices（版本 4）运行的效果如图 7.5 所示。当前条件下，应用程序运行的基本过程为：系统启动 Devices 应用；MainActivity 实例被创建，程序加载布局 activity_main.xml；基于布局声明，ItemFragment 类和 InfoFragment 类被实例化，这些对象分别访问 Devices 类中的 tablets 数组，并将相关信息填充到界面组件中；应用程序显示窗体与碎片。

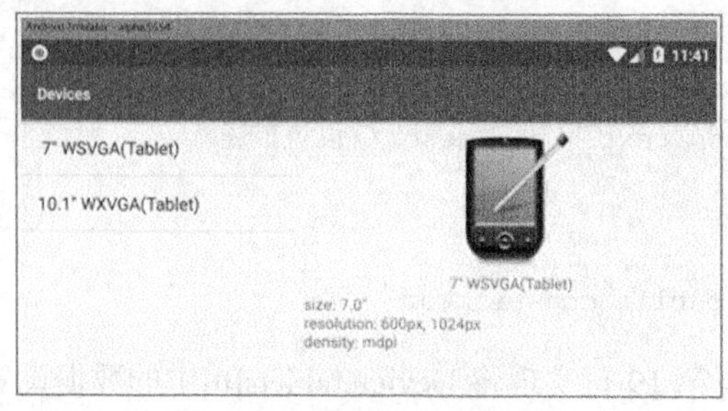

图 7.5 使用 MainActivity 加载两个碎片的结果

7.2 实现界面中的交互功能

Devices（版本 4）在现有程序基础上，可进一步实现基本的界面交互，具体功能为在单击 ItemFragment 实例所显示的设备名称时，InfoFragment 实例会显示对应的设备信息。

程序构建的思路为：当 ItemFragment 中的某个显示项被单击以后，事件处理器会将选项信息通知 MainActivity；MainActivity 基于选项创建一个 InfoFragment 实例，并将新的 InfoFragment 实例设置在 MainActivity 界面中。

在上述讨论的基础上，程序按以下步骤进行调整：首先更新 InfoFragment 类，再调整 MainActivity 类和 activity_main.xml 文件，最后修改 ItemFragment 类。相关程序修改完成以后，程序之间的运行关系如图 7.6 所示。

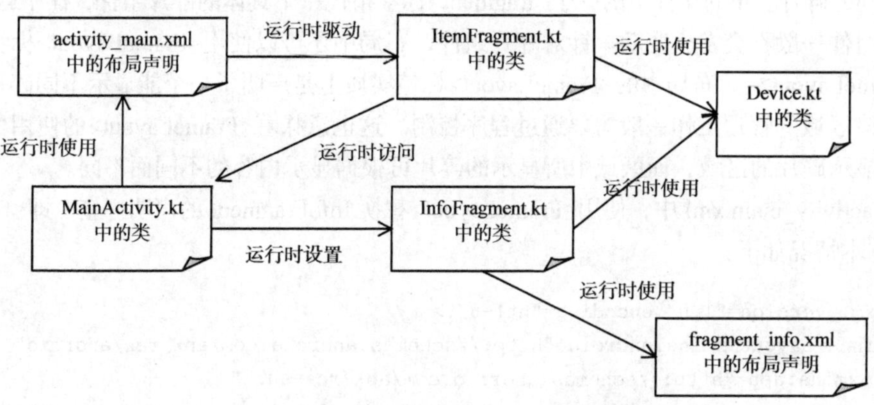

图 7.6 Devices（版本 4）实现简单交互阶段的程序运行关系

7.2.1 更新 InfoFragment 类

在 InfoFragment 类中增加一个属性 idx，该属性用于指示设备数组中的具体元素。相关程序变化为：

```
package …
import android.app.Fragment
import …

class InfoFragment : Fragment() {
    var idx: Int = 0
    override fun onCreateView(inflater: LayoutInflater?, container: ViewGroup?,
                              savedInstanceState: Bundle?): View? {
        // Inflate the layout for this fragment
        return inflater!!.inflate(R.layout.fragment_info, container, false)
    }

    override fun onStart() {
        super.onStart()
```

```
        val view = this.view
        if (view != null){
            val dev = Device.tablets[idx]
            icon.setImageResource(dev.rid)
            name.text = dev.name
            description.text = dev.desc
        }
    }
}// Required empty public constructor
```

通过上述调整，InfoFragment 类在运行时可根据不同的 idx 显示不同的数据。

7.2.2 调整主窗体布局及实现类

在 7.1 节的讨论中，activity_main.xml 中包含了两个<fragment>标签，这些标签分别用于显示两个不同的碎片。布局文件中的一个<fragment>标签指代一个具体的碎片组件，程序运行过程中，该碎片组件一般不会发生变动。针对碎片组件，布局中还可以使用<FrameLayout>标签（结束时为</FrameLayout>）。布局中的<FrameLayout>标签实质上是声明了一个能显示不同碎片对象的区域，而该区域的管理工作一般需要通过程序控制。这也意味着<FrameLayout>的使用位置相当于一个可显示碎片的区域，而区域中所显示的碎片可根据显示内容的不同而不同。

在 activity_main.xml 中，使用<FrameLayout>替换 InfoFragment 的声明标签（即<fragment>标签），基本情况如下：

```
1   <?xml version="1.0" encoding="utf-8"?>
2   <LinearLayout xmlns:android="http://schemas.android.com/apk/res/android"
3       xmlns:app="http://schemas.android.com/apk/res-auto"
4       xmlns:tools="http://schemas.android.com/tools"
5       android:layout_width="match_parent"
6       android:layout_height="match_parent"
7       android:orientation="horizontal"
8       tools:context="com.myappdemos.devices.MainActivity">
9       <fragment class="com.myappdemos.devices.ItemFragment"
10          android:id="@+id/list_frg"
11          android:layout_width="0dp"
12          android:layout_weight="2"
13          android:layout_height="match_parent"/>
14      <FrameLayout
15          android:id="@+id/container_frg"
16          android:layout_width="0dp"
17          android:layout_weight="3"
18          android:layout_height="match_parent"/>
19  </LinearLayout>
```

上述声明中，第 14 行至第 18 行使用<FrameLayout>（标识为 container_frg）标签替换了原有的<fragment>标签，表示该位置可显示不同的碎片对象。基于 activity_main.xml，MainActivity 类在运行时，界面包含了两个部分：设备名称列表、设备信息显示区域。

在 MainActivity 类中增加一个名为 setInfoFragment 的方法，该方法用于在 MainActivity 中更

新设备信息显示区域。setInfoFragment 方法有一个输入参数（类型为整型），该参数用于表示一个数据索引，即设备数组中某个设备的索引值。setInfoFragment 方法在工作时，需要完成以下任务：初始化一个 InfoFragment 实例，设置实例的 idx 属性，在 MainActivity 中设置 InfoFragment 实例。

Android 应用开发中，界面中碎片对象的更新必须基于事务处理机制来完成，基本过程如下。

- 声明一个事务。一般在 AppCompatActivity 类中直接调用 fragmentManager 的 beginTransaction()方法获得；
- 设置碎片对象更新方式。可使用的方式包含 add（增加）、remove（删除）和 replace（替换）等；
- 设置事务的属性；
- 应用事务。调用事务对象的 commit 方法完成碎片更新。

因此，setInfoFragment 的实现为：

```
1   fun setInfoFragment(id: Int){
2       val info = InfoFragment()
3       val tr = fragmentManager.beginTransaction()
4       info.idx = id
5       tr.replace(R.id.container_frg, info)
6       tr.addToBackStack(null)
7       tr.setTransition(FragmentTransaction.TRANSIT_FRAGMENT_FADE)
8       tr.commit()
9   }
```

上述程序中，第 2 行用于初始化一个 InfoFragment 实例；第 3 行声明一个事务，该事务将用于管理界面中碎片对象的更新操作；第 4 行在 InfoFragment 实例中设置数据的索引值；第 5 行将新的 InfoFragment 实例放置在 R.id.container_frg 位置；第 6 行程序设置事务撤销后系统内的组件，当程序使用空值 null 作为参数时，表示事务撤销后系统内的组件为空；第 7 行设置事务应用时的界面效果；第 8 行为应用事务。

方法 setTransition 可使用的参数包含 TRANSIT_FRAGMENT_CLOSE（碎片被删除并关闭）、TRANSIT_FRAGMENT_OPEN（碎片被增加并打开）、TRANSIT_FRAGMENT_FADE（渐入渐出效果）和 TRANSIT_NONE（无效果）等。在 setInfoFragment 定义中，程序选择了 TRANSIT_FRAGMENT_FADE 的实现效果。

经过调整以后，MainActivity 类结构为：

```
package …

import …

class MainActivity : AppCompatActivity() {
    override fun onCreate(savedInstanceState: Bundle?) {
        super.onCreate(savedInstanceState)
        setContentView(R.layout.activity_main)
    }

    fun setInfoFragment(id: Int){
        //setInfoFragment 中的实现程序
```

```
        …
    }
}
```

7.2.3 修改 ItemFragment 类

关于 ItemFragment 类，由于 ListFragment 已包含一个 ListView 组件，界面中关于列表项的事件处理可直接在 ItemFragment 类的 onListItemClick 方法中实现。基于已设定的交互功能，onListItemClick 需要完成的工作是调用 MainActivity 类的 setInfoFragment 方法。为了简化实现，在 ItemFragment 中增加一个类型为 Context 的属性 ctx，该属性用于记录碎片实例运行的环境，即碎片外部的窗体 MainActivity。属性 ctx 的初始化可在碎片的 onAttach 方法中进行。经过修改，ItemFragment 类变为：

```
1   package …
2
3   import android.app.ListFragment
4   import …
5
6   class ItemFragment : ListFragment() {
7       lateinit var ctx: Context
8       override fun onCreateView(inflater: LayoutInflater?, container: ViewGroup?,
9                                 savedInstanceState: Bundle?): View? {
10          listAdapter = ArrayAdapter<Device>(
11                  inflater!!.context,
12                  android.R.layout.simple_list_item_1,
13                  Device.tablets
14          )
15          return super.onCreateView(inflater, container, savedInstanceState)
16      }
17
18      override fun onAttach(context: Context?) {
19          super.onAttach(context)
20          ctx = context!! //MainActivity 对象设置
21      }
22
23      override fun onListItemClick(l: ListView?, v: View?, position: Int, id: Long) {
24          super.onListItemClick(l, v, position, id)
25          val act = ctx as MainActivity
26          act.setInfoFragment(position) //调用 MainActivity 的方法
27      }
28  }// Required empty public constructor
```

上述程序中，第 20 行用于初始化 ctx 属性；程序第 25 行基于 ctx 属性获得 MainActivity 实例；程序第 26 行调用 MainActivity 实例中的 setInfoFragment 方法更新界面。上述程序第 26 行中使用的参数为 position，该参数表示在 ListFragment 中（已显示项中）被单击的选项信息。

经过上述程序调整后，编译、运行程序，Devices（版本 4）运行的效果如图 7.7 所示。相对于 7.1 节所讨论的程序，本节所实现的程序可根据设备名称显示相关设备信息。

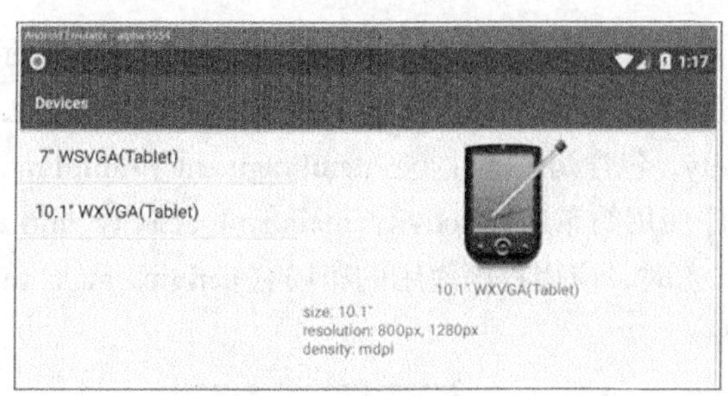

图 7.7　使用 MainActivity 类加载可交互的两个碎片

当前程序工作的基本过程如下。MainActivity 类启动，显示一个 ItemFragment 实例；当 ItemFragment 中的选项被单击后，事件处理器调用 MainActivity 中的 setInfoFragment 方法；方法 setInfoFragment 会创建一个 InfoFragment 实例，并将该实例在 MainActivity 中进行设置显示。

7.3　根据显示条件显示不同的界面

碎片技术可帮助应用程序自主组织界面。以图 7.2 为目标，Devices（版本 4）在运行时，可根据设备屏幕状态确定碎片的显示方式。Devices（版本 4）现有的条件已可实现以下两点，当显示屏幕为“竖屏”状态时，应用程序使用不同的窗体显示不同的碎片；当显示屏幕为“横屏”状态时，应用程序使用一个窗体显示两个碎片。

Android 应用在运行过程中，程序能根据外部条件（运行环境）自动调用不同的应用资源，具体而言，可被自动调用的资源包含图形、图片、布局、外观定义等。这样的能力方便技术人员构建能够自动适应外部工作环境的应用程序。

为了方便程序实现，项目中的应用资源可基于不同的规则分类组织。Android 应用资源分类的规则及分类实现如表 7.1 所示，资源首先需要根据类型进行分类；此外，资源可根据屏幕的尺寸、密度、朝向和纵横比等信息组织应用资源。资源分类通过文件夹及文件夹命名进行区分。针对不同的运行环境可组织不同的资源文件夹，例如，当设备为“竖屏”状态，布局文件夹命名为 layout-port，“横屏”状态时，布局文件夹命名为 layout-land；当设备为大显示屏幕时，布局可命名为 layout-large-port，“横屏”模式时为 layout-large-land 等。

表 7.1　资源文件夹命名规则

	资源类型	屏幕尺寸	屏幕密度	屏幕朝向	屏幕纵横比
实现方式	文件夹命名	文件夹命名后缀			
实现选项	图形图像：drawable 布局：layout 菜单：menu 图标：mimap 值：values	小：-small 普通：-normal 大：-large 超大：-xlarge	低：-ldpi 中：-mdpi 高：-hdpi 超高：-xhdpi 超超高：-xxhdpi 超超超高：-xxxhdpi 未知：-nodpi 电视：-tvdpi	横：-land 竖：-port	长度相对宽度较大：-long 长度相对宽度未非常大：-notlong

基于图 7.2，为了使 Devices（版本 4）能根据屏幕状态自动组织显示界面，Devices（版本 4）的程序结构需要按图 7.8 的结构进行组织。除了 Device 类（数据类），程序包含两个窗体类：MainActivity 和 InfoActivity，包含两个碎片类：ItemFragment 和 InfoFragment。另外，在显示屏幕为“竖屏”状态时，应用程序使用的布局有 activity_main.xml、activity_info.xml 和 fragment_info.xml；在显示屏幕为“横屏”状态时，应用程序使用的布局有 activity_main.xml 和 fragment_info.xml。

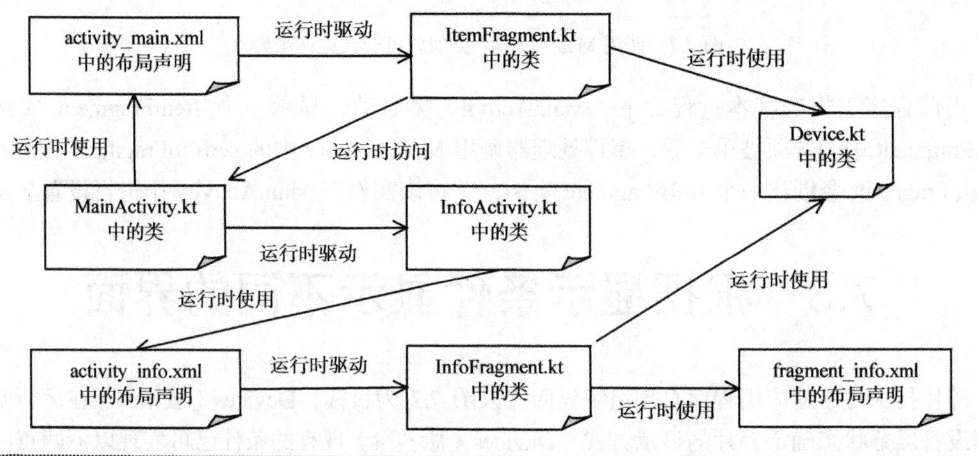

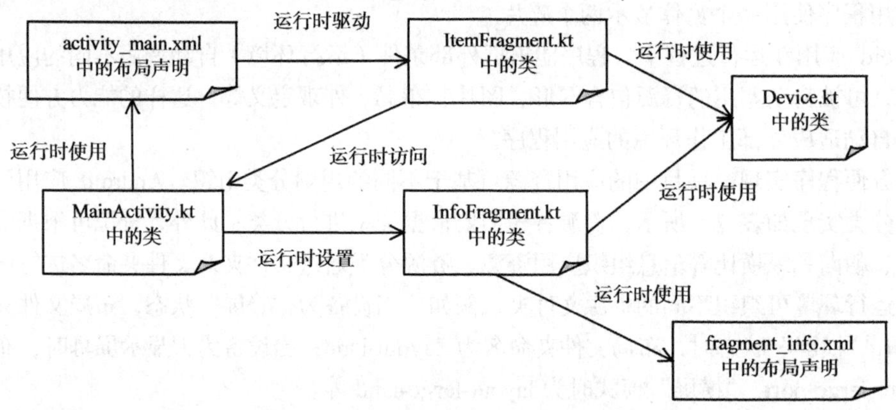

图 7.8　Devices（版本 4）程序运行关系

7.3.1　布局文件的组织

1. “横屏”状态时的布局声明

在 7.2 节中，相关的讨论已实现了在一个窗体中加载两个碎片的功能。“横屏”状态的布局文件可基于 7.2 节的结论来构建。具体步骤如下。

- 在项目目录中的 *app/src/main/res/* 位置新建一个文件夹，命名为 layout-land；
- 将已实现的 *app/src/main/res/layout* 中的 activity_main.xml 和 fragment_info.xml 复制到 layout-land 中。

经过上述工作，项目中增加了一个 layout-land 文件夹，该文件夹所包含的布局文件会在显示屏幕处于“横屏”状态时被程序自动加载。

2. "竖屏"状态时的布局声明

首先在 Android Studio 中新建一个窗体，命名为 InfoActivity，对应的布局文件为 activity_info.xml。此时，在项目目录中的 *app/src/main/res/layout* 中存在 3 个布局文件：activity_main.xml、activity_info.xml 和 fragment_info.xml。

修改项目目录中的 *app/src/main/res/layout* 中的 activity_main.xml 文件，程序为：

```
<?xml version="1.0" encoding="utf-8"?>
<fragment xmlns:android="http://schemas.android.com/apk/res/android"
    class="com.myappdemos.devices.ItemFragment"
    android:id="@+id/list_frg"
    android:layout_width="match_parent"
    android:layout_height="match_parent"/>
```

上述布局声明了一个标识为 list_frg 的<fragment>标签，说明 MainActivity 类在默认"竖屏"状态时显示一个碎片；同时，class 属性中设置了碎片类为 ItemFragment。

修改 *app/src/main/res/layout* 中的 activity_info.xml 文件，程序为：

```
<?xml version="1.0" encoding="utf-8"?>
<fragment xmlns:android="http://schemas.android.com/apk/res/android"
    class="com.myappdemos.devices.InfoFragment"
    android:id="@+id/info_frg"
    android:layout_width="match_parent"
    android:layout_height="match_parent"/>
```

上述布局声明了一个标识为 info_frg 的<fragment>标签，说明 InfoActivity 类在默认"竖屏"状态时显示一个碎片；同时，class 属性中设置了碎片类为 InfoFragment。

基于 layout 文件夹，应用程序会在"竖屏"状态时自动加载该目录中的布局文件。

3. 布局文件总结

Devices（版本 4）布局资源按两个文件夹进行组织。具体内容如下。

- 项目目录的 *app/src/main/res/layout*，其中包含修改过的布局文件 activity_main.xml，修改过的布局文件 activity_info.xml，未修改过的布局文件 fragment_info.xml；
- 项目目录的 *app/src/main/res/layout-land*，其中包含未修改过的布局文件 activity_main.xml 和 fragment_info.xml。

当设备的显示屏幕为"横屏"状态时，程序使用 layout-land 中的资源。其中，activity_main.xml 中使用线性布局组织界面，包含两个显示组件：Fragment 和 FrameLayout，而 FrameLayout 用于动态加载 InfoFragment 实例；碎片布局文件 fragment_info.xml 声明了 InfoFragment 类界面的基本结构。当前状态下，程序工作的过程如下，MainActivity 类被实例化，显示 ItemFragment 对象；当 ItemFragment 中的选项被单击，ItemFragment 中的事件处理器调用 MainActivity 中的 setInfoFragment 方法；setInfoFragment 方法新建一个 InfoFragment 对象，并将该对象在 MainActivity 中进行设置。

当运行设备为默认"竖屏"状态时，程序使用 layout 中的资源。其中，MainActivity 的布局文件 activity_main.xml 中声明了一个 Fragment 组件，运行时会创建一个 ItemFragment 对象；InfoActivity 的布局文件 actvity_info.xml 声明了一个 Fragment 组件，运行时会创建一个 InfoFragment 对象；碎片布局文件 fragment_info.xml 声明了 InfoFragment 类界面的基本结构。当前状态下，程序工作的过程如下，MainActivity 类被实例化，显示一个 ItemFragment 对象；当 ItemFragment 中的选项被单击，ItemFragment 中的事件处理器调用 MainActivity 中的 setInfoFragment 方法，该方法将启动一个 InfoActivity 类实例，并通过 InfoActivity 实例加载一个 InfoFragment 实例显示相关信息。

7.3.2 应用程序的调整

Devices（版本 4）中已有的程序可满足设备屏幕在“横屏”状态时的运行要求；但针对“竖屏”状态，还需要调整 InfoActivity 和 MainActivity 两个类。对于 InfoActivity 而言，该类需要通过 Intent 对象驱动创建，所创建的运行实例会通过布局加载 InfoFragment 实例。为了显示具体信息，InfoActivity 实例需要设置 InfoFragment 对象在工作时所显示的设备信息。

InfoActivity 程序中，基于布局获得碎片实例需通过 FragmentManager 工具实现，AppCompatActivity 类中可直接调用内置的 FragmentManager 实例 fragmentManager。在 fragmentManager 基础上使用 findFragmentById 方法可获得一个碎片的实例。findFragmentById 方法的输入参数是一个碎片的标识（该标识在布局文件的<fragment>标签处声明），标识使用时的格式为 **R.id.**碎片标识名。

基于上述讨论，InfoActivity 的程序为：

```
1   package …
2
3   import …
4
5   class InfoActivity : AppCompatActivity() {
6       companion object{
7           val IDX = "idx" //Intent 中设备索引标识
8       }
9       override fun onCreate(savedInstanceState: Bundle?) {
10          super.onCreate(savedInstanceState)
11          setContentView(R.layout.activity_info)
12          val idx = intent.getIntExtra(IDX, 0) //从 Intent 中获得设备索引
13          val info = fragmentManager.findFragmentById(R.id.info_frg) as InfoFragment
14          info.idx = idx
15      }
16  }
```

上述程序第 6 行至第 8 行基于伴随对象定义一个常量 IDX，该常量用于在 Intent 中标识窗体间的交互信息；第 11 行加载布局；第 12 行提取 Intent 中的交互信息，即设备索引信息；第 13 行获得 InfoFragment 实例；第 14 行设置 InfoFragment 实例的显示数据索引。

对于 MainActivity，主要需要修改 setInfoFragment 方法。该方法需要根据不同的条件驱动显示 InfoFragment。程序修改的基本思路为：如果界面的布局声明中包含了 FrameLayout 声明，则初始化 InfoFragment，并更新界面，否则，发送 Intent 启动 InfoActivity，基于 InfoActivity 实例加载一个 InfoFragment 实例。修改以后的 MainActivity 类为：

```
package …

```

```
3   import …
4
5   class MainActivity : AppCompatActivity() {
6       override fun onCreate(savedInstanceState: Bundle?) {
7           super.onCreate(savedInstanceState)
8           setContentView(R.layout.activity_main)
9       }
10
11      fun setInfoFragment(id: Int){
12          val container = findViewById<FrameLayout>(R.id.container_frg)
13          if (container != null){ //FrameLayout 声明存在
14              val info = InfoFragment()
15              val tr = fragmentManager.beginTransaction()
16              info.idx = id
17              tr.replace(R.id.container_frg, info)
18              tr.addToBackStack(null)
19              tr.setTransition(FragmentTransaction.TRANSIT_FRAGMENT_FADE)
20              tr.commit()
21          }else{ //FrameLayout 声明不存在
22              val intent = Intent(this, InfoActivity::class.java)
23              intent.putExtra(InfoActivity.IDX, id)
24              startActivity(intent)
25          }
26      }
27  }
```

上述程序中，第 12 行通过 findViewById 查找标识为 container_frg 的 FrameLayout 声明；程序第 13 行对查找结果进行判断，若声明存在，则完成 InfoFragment 实例的创建与设置工作（程序第 14 行至第 20 行）；程序第 22 行至第 24 行实现：当 FrameLayout 声明不存在时，则使用 Intent 对象启动 InfoActivity。

将项目编译、运行。Devices（版本 4）已经可以根据屏幕状态显示不同的界面，具体如图 7.9 所示。

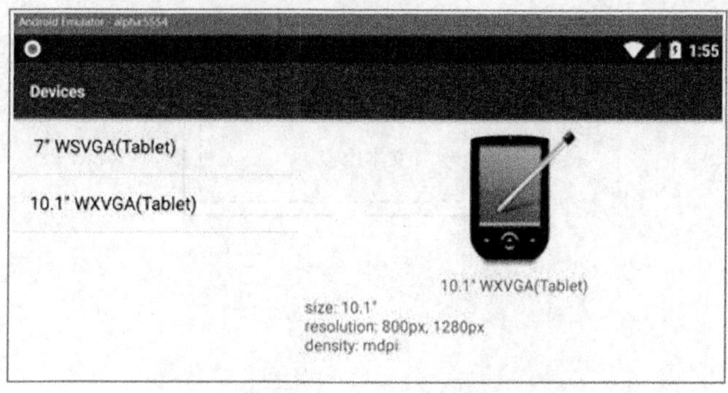

设备屏幕为“横屏”状态

图 7.9　Devices（版本 4）的运行结果

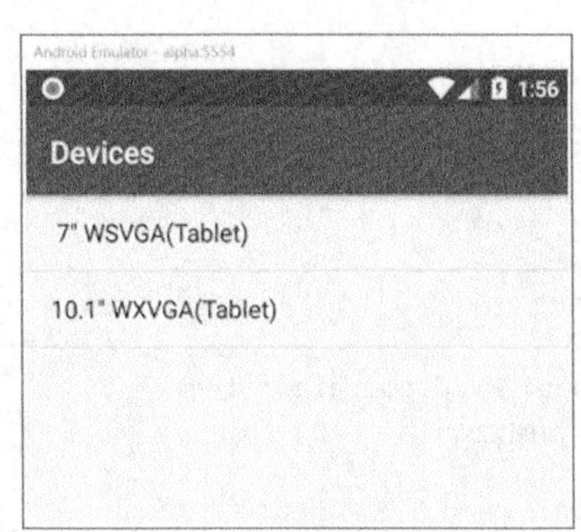

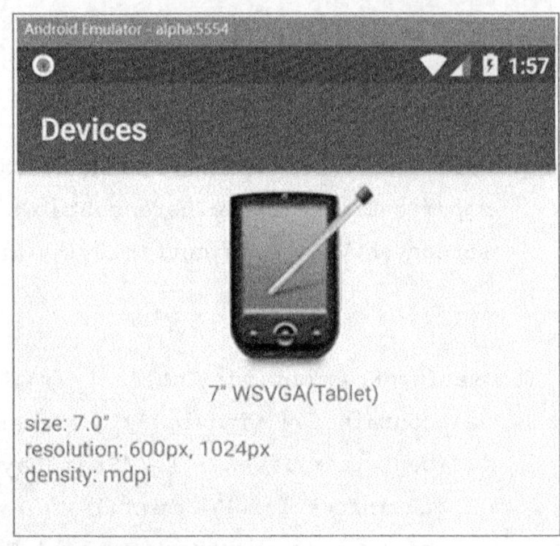

设备屏幕为“竖屏”状态

图 7.9　Devices（版本 4）的运行结果（续）

本章练习

1．什么是 Fragment（碎片）？Fragment（碎片）与 Activity 的区别是什么？

2．请分析 Fragment（碎片）的生命周期。

3．如何在 Activity 中添加 Fragment（碎片）？

4．请简述 Activity 中更新 Fragment（碎片）的过程与方法。

5．使用 Kotlin 语言完成一个 Android 程序，功能如下。

（1）将第 6 章课后练习第 6 题中的内容添加到一个 Fragment（碎片）中；

（2）再将上述 Fragment（碎片）添加到窗体中进行展示。

6．使用 Kotlin 语言完成一个 Android 程序，基本功能如下。

（1）创建两个 Fragment（碎片）分别加入不同文本内容；

（2）当手机屏幕为横屏时，主窗体两个 Fragment（碎片）使用左右并排展示；

（3）当手机屏幕为竖屏时，主窗体两个 Fragment（碎片）使用上下并排展示。

7．使用 Fragment（碎片）技术实现一个如下所示的具有简易分页功能的 Android 程序。

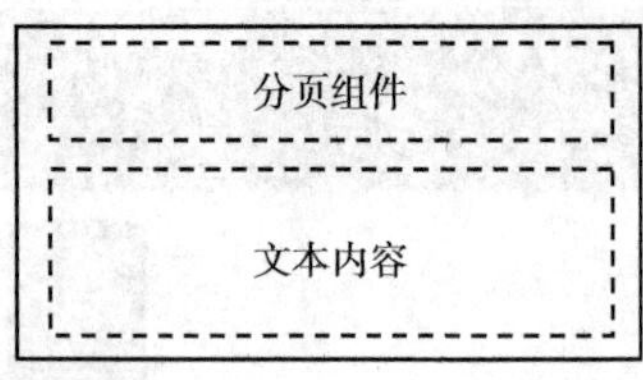

第8章 菜单与导航抽屉式界面

Android 应用程序中可配置和使用菜单。常用的菜单类型有两种，分别为选项菜单和环境菜单。其中，选项菜单是在应用的 ActionBar 组件中显示；而环境菜单则类似于普遍桌面操作系统中的“鼠标右键菜单”。Android 应用中，环境菜单可被设置到不同的组件上；同时，当一个组件包含环境菜单时，可通过触摸设备中的“长按”组件（按住组件 2 秒以上）来驱动显示相关的环境菜单。ActionBar 是 Android 窗体中的一个界面组件，一般位于窗体的上部。程序在运行时，ActionBar 会显示窗体的名称；当应用程序中设置了选项菜单，则选项菜单会被放置在 ActionBar 的右侧。

应用程序构建过程中，菜单实现的基本步骤如下。

- 定义菜单；
- 定义菜单项的功能；
- 加载菜单。

本章主要介绍菜单的使用方法，相关的内容包含定义菜单及菜单项的功能，加载菜单等。另外，本章还会介绍导航抽屉式界面，以及基于该界面构建简单应用程序的方法。围绕这些主题，后续内容组织为 3 个部分，分别为：①菜单的组织和声明；②菜单的加载和功能实现；③导航抽屉式界面。

在菜单的使用方法方面，有关的讨论会围绕着一个名为 Notes（版本 1）的应用而展开。Notes（版本 1）可用于管理多条记录信息，应用中的记录包含两个内容：标题和记录内容。Notes（版本 1）所具备的功能包含新建记录、修改记录和删除记录。其中，新建记录通过选项菜单驱动，删除记录通过环境菜单实现。应用程序配置了两个交互界面，如图 8.1 所示；其中，窗体 1 用于显示记录列表和菜单，窗体 2 用于编辑单条记录。

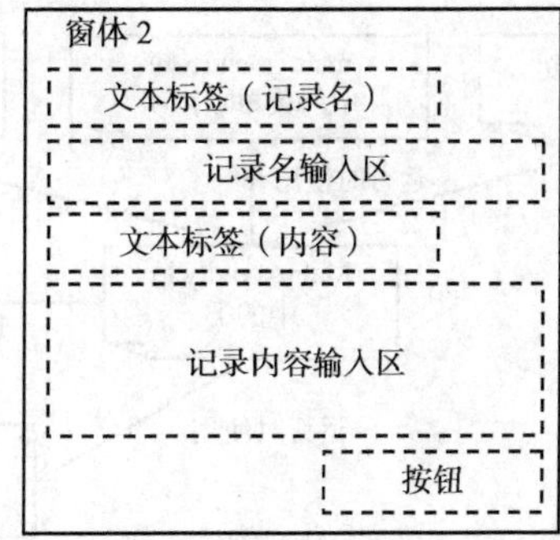

图 8.1　Notes（版本 1）的界面结构

Notes（版本 1）在工作时分为以下 4 个状态。

（1）界面显示。程序启动后，窗体 1 显示，应用处于界面显示状态。窗体 1 配置了一个选项菜单、一个记录列表；另外，在记录列表上还注册了一个环境菜单。基于选项菜单，应用可进入记录创建状态；基于记录列表，应用可进入记录编辑状态。最后，基于记录列表上的环境菜单，应用可进入记录的删除状态。

（2）记录创建。当应用处于记录创建状态时，窗体 2 被启动；窗体 2 可用于填写记录信息，界面工作完毕，应用中会新增一条记录信息。

（3）记录编辑。当应用处于记录编辑状态时，窗体 2 被启动；窗体 2 显示一条待编辑的记录信息；基于该界面可修改记录内容；界面工作完毕，应用中的记录信息会被更新。

（4）记录删除。当应用处于记录删除状态时，应用中的记录信息会被删除。

基于上述状态，Notes（版本 1）的技术特征如下。

（1）选项菜单中应配置一个用于创建记录的菜单项；

（2）环境菜单中应配置一个用于删除记录的菜单项；

（3）窗体 1 中的列表需要加装事件监听器，并能基于事件启动窗体 2；

（4）窗体 2 提供一个记录编辑界面，该界面有两种工作模式：编辑模式和创建模式。

- 当窗体 2 处于创建模式时，该界面会显示一个空白界面；当完成信息填写工作后，单击界面中的按钮完成创建工作；
- 当窗体 2 处于编辑模式时，该界面会显示一条被编辑的记录信息；当完成编辑工作后，单击界面中的按钮可完成编辑工作；
- 当窗体 2 工作时，若 Android 系统的返回按钮被单击，与窗体 2 相关的所有编辑工作都会被忽略。

（5）窗体 2 结束工作后，应用会重新显示窗体 1。

Notes（版本 1）中的窗体都基于 AppCompatActivity 类构建，窗体 1 实现类命名为 MainActivity，对应的布局文件为 activity_main.xml；窗体 2 实现类命名为 NoteActivity，对应的布局文件为 activity_note.xml。窗体 1 中使用了选项菜单和环境菜单，因此，该程序会使用两个菜单资源文件，分别为 main_menu.xml 和 context_menu.xml；其中，main_menu.xml 用于声明选项菜单，context_menu.xml 用于声明环境菜单。Notes（版本 1）使用一个类进行记录数据，命名为 Note。

综上所述，Notes（版本 1）包含 7 个实现部分，分别为 Note.kt、MainActivity.kt、activity_main.xml、main_menu.xml、context_menu.xml、NoteActivity.kt 和 activity_note.xml。它们之间的关系如图 8.2 所示。应用程序的构建按以下步骤进行：①定义菜单，构建数据类；②实现 NoteActivity 类；③实现 MainActivity 类。

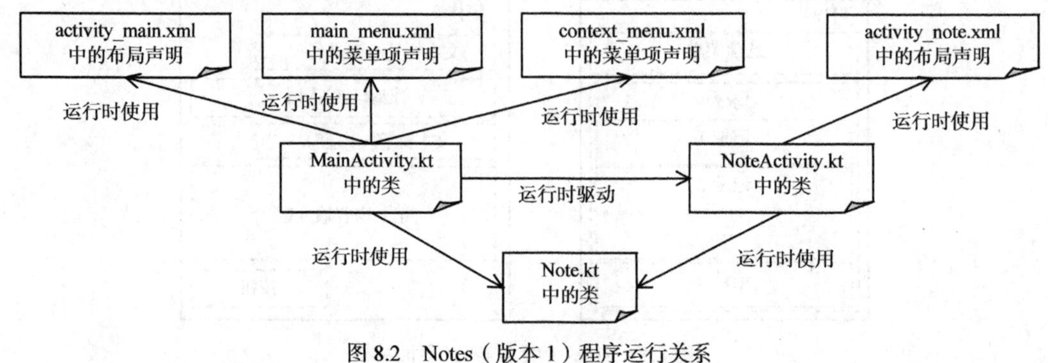

图 8.2 Notes（版本 1）程序运行关系

8.1　菜单的组织与声明

8.1.1　创建菜单

Android 应用中菜单声明文件为标准的 XML 文件，文件按资源方式组织。菜单声明文件存放在 res（项目资源文件夹）的子目录中，子目录命名为 menu；具体位置为*[项目目录]\app\src\main\res\menu*。

在 Android Studio 中创建菜单声明文件的步骤为：在开发工具左侧单击资源文件夹 res，然后在系统菜单“File”中单击“New”（新建）项；选择“Android Resource Directory”（Android 资源名目）项；开发环境进入目录创建向导，选择“Resource Type”（资源类型）为 menu；单击“OK”（确定）。之后，项目资源文件夹中会增加一个名为 menu 的子目录。

在创建选项菜单时，对“menu”目录，鼠标右键选择“New”（新建）项中的“Menu resource file”（菜单资源文件）；在创建向导中填写菜单定义的文件名；单击“OK”（确定）。之后，在 menu 目录中会增加一个菜单声明文件，该文件根标签为<menu>（结束为</menu>）。

一个基本的菜单可包含菜单项、子菜单和菜单项组等内容。对一个菜单项，可以声明的内容包含以下几项。

- 唯一标识（该标识会被程序使用）；
- 显示内容（显示内容一般为一个字符串）；
- 显示图标（本项可不设置）；
- 菜单的显示设置。

一个菜单声明文件中，可声明多个菜单项。菜单项使用标签<item>（结束为</item>）进行声明，基本结构如下：

```
1   <item android:id="@+id/action"
2       android:title="action"
3       app:showAsAction="never" />
```

在上述示例中，菜单项的标识为“action”（android:id 属性值）；程序第 2 行说明了菜单项显示的文本（android:title 属性值），android:title 的属性值也可以使用 strings.xml 中的字符串资源；程序第 3 行是菜单项的显示方式，当属性 showAsAction 被设置为 never 时，菜单项不会在界面中直接显示（而是在菜单中显示）。

showAsAction 属性通常可以使用的值有 ifRoom、withText、never、always，表示含意如下。

- ifRoom：如果有空间则显示菜单项；
- withText：显示文本；
- never：不直接显示；
- always：总是在 ActionBar 中显示。

菜单项声明中还可设置一个名为 orderInCategory（默认情况下，使用的名称空间为 android）的属性，该属性用于指定菜单项在菜单中的位置，例如：当值为 1 时，菜单项显示为菜单的第一项。

菜单中可以声明子菜单，基本结构为：

```
<item android:id="@+id/submenu"
   android:title="submenu">
   <menu>
      <item android:id="@+id/submenu_item1"
         android:title="item1" />
      <item android:id="@+id/submenu_item2"
         android:title="item2" />
   </menu>
</item>
```

子菜单声明的方式是在<item>标签中嵌套<menu>标签。子菜单项则在<menu>标签中，使用<item>标签声明。

若干个菜单项可组成一个菜单项组。菜单项分组基于<group>标签（结束时为</group>）进行声明，一个<group>标签中可以包含若干个<item>标签。菜单项组的基本结构如下所示：

```
<group android:id="@+id/group1">
   <item android:id="@+id/action1"
      android:title="action1"
      app:showAsAction="never" />
   <item android:id="@+id/action2"
      android:title="action2"
      app:showAsAction="never" />
</group>
```

对于 Notes（版本 1）而言，选项菜单的声明文件为 main_menu.xml，具体内容为：

```
1  <?xml version="1.0" encoding="utf-8"?>
2  <menu xmlns:app="http://schemas.android.com/apk/res-auto"
3     xmlns:android="http://schemas.android.com/apk/res/android">
4     <item android:id="@+id/action_create"
5        android:title="Create a note"
6        app:showAsAction="never" />
7  </menu>
```

上述声明中，程序第 2 行至第 3 行为根标签和名称空间声明。第 4 行至第 6 行定义了一个菜单项，该菜单项的唯一标识为 action_create，显示的内容为“Create a note”。

类似于 main_menu.xml，Notes（版本 1）中，环境菜单的声明文件为 context_menu.xml，包含的内容有：

```
<?xml version="1.0" encoding="utf-8"?>
<menu xmlns:android="http://schemas.android.com/apk/res/android">
   <item android:id="@+id/action_remove"
      android:title="Remove this note"/>
</menu>
```

上述声明说明，环境菜单包含了一个菜单项，标识为 action_remove，显示的文本为 Remove this note。

8.1.2　示例程序中的数据类

Notes 应用（版本 1）中的数据类为 Note，该类包含两个属性：title（类型为 String）和 content（类型为 String）。相关程序如下：

```
1   package …
2
3   import …
4
5   class Note(t:String, c:String){
6       val title = t //记录的标题
7       val content = c //记录的内容
8
9       companion object{  //记录集合
10          val notes = ArrayList<Note>()
11      }
12
13      override fun toString(): String {
14          return this.title
15      }
16  }
```

上述程序中，第 9 行至第 11 行以伴随对象方式定义了一个 Note 类型数组列表 notes，该列表用于记录相关的数据信息。程序第 13 至 15 行定义了 toString 方法，方法的输出为 Note 实例的 title（属性）值。在程序运行时，Note 类的 toString 方法会被其他程序调用。

8.1.3　实现基本的程序类

根据图 8.1，除了 MainActivity，Notes（版本 1）还需要使用一个名为 NoteActivity 的类。与之对应的布局声明为（activity_note.xml）：

```
<?xml version="1.0" encoding="utf-8"?>
<LinearLayout xmlns:android="http://schemas.android.com/apk/res/android"
    xmlns:tools="http://schemas.android.com/tools"
    android:layout_width="match_parent"
    android:layout_height="match_parent"
    android:orientation="vertical"
    android:padding="10dp"
    tools:context="com.myappdemos.notes.NoteActivity">
    <TextView
        android:layout_width="wrap_content"
        android:layout_height="wrap_content"
        android:text="Title:"/>
    <EditText android:id="@+id/title"
        android:layout_width="match_parent"
        android:layout_height="wrap_content" />
    <TextView
        android:layout_width="wrap_content"
```

```
18          android:layout_height="wrap_content"
19          android:text="Content:"/>
20      <EditText android:id="@+id/content"
21          android:layout_width="match_parent"
22          android:gravity="top"
23          android:layout_gravity="top"
24          android:layout_height="0dp"
25          android:layout_weight="1"/>
26      <Button android:id="@+id/confirm"
27          android:layout_width="wrap_content"
28          android:layout_height="wrap_content"
29          android:layout_gravity="end"
30          android:text="Confirm"
31          android:onClick="confirm"/>
32  </LinearLayout>
```

上述声明中，NoteActivity 使用线性布局（LinearLayout）组织界面，界面中使用两个 TextView 组件显示提示信息，内容为 Title 和 Content；信息输入通过两个 EditText 组件实现，其中，标识为 title 的组件用于输入记录标题，标识为 content 的组件用于输入记录内容；布局中还有一个按钮，该按钮标识为 confirm（程序第 26 行），对应的事件处理器的名称为 confirm（程序第 31 行）。

NoteActivity 实例在运行时存在两种工作模式：编辑模式和创建模式。因此，类在实现时需要使用一个属性标识界面的工作模式。创建模式时，NoteActivity 实例中不显示数据内容，界面按钮被单击以后，界面中的信息会被增加到 Note 的 notes 中。当 NoteActivity 处于编辑模式时，界面会根据窗体 1 记录列表的选项显示一条待编辑的记录（信息），界面按钮被单击以后，界面中的信息会被更新到已有记录（信息）中。

所以，NoteActivity 类需完成标识当前工作状态、基于工作状态对已有数据编辑或者新增、保存数据等工作。其中，组件工作状态通过初始化条件判定；保存数据通过按钮来完成。具体程序如下：

```
package …

import …

class NoteActivity : AppCompatActivity() {
    lateinit var cmd: String
    lateinit var tv: EditText
    lateinit var cv: EditText
    var nid = 0
    companion object{ //常量定义
        val ACT = "action" //Intent 中工作模式标识
        val IDX = "idx" //Intent 中记录编号标识
        val CREATE = "create" //创建模式
        val EDIT = "edit" //编辑模式
    }

```

```
17      override fun onCreate(savedInstanceState: Bundle?) {
18          super.onCreate(savedInstanceState)
19          setContentView(R.layout.activity_note)
20          tv = findViewById<EditText>(R.id.title)
21          cv = findViewById<EditText>(R.id.content)
22          cmd = intent.getStringExtra(ACT) //获取模式信息
23          if (cmd == EDIT){ //编辑模式
24              val i = intent.getLongExtra(IDX, 0) //在 Intent 中提取记录索引
25              nid = i.toInt()
26              val note = Note.notes.get(nid) //获取记录
27              tv.setText(note.title) //设置显示标题
28              cv.setText(note.content) //设置显示内容
29          }
30      }
31
32      fun confirm(view: View) { //Confirm 按钮处理器
33          val t = (tv.text).toString()
34          val c = (cv.text).toString()
35          if (cmd == CREATE){ //创建模式，新增记录
36              val note = Note(t, c)
37              Note.notes.add(note)
38          }else if (cmd == EDIT){ //编辑模式，修改记录
39              val note = Note(t, c)
40              Note.notes[nid]=note
41          }
42          finish() //关闭当前窗体
43      }
44  }
```

NoteActivity 对象通过 Intent 实例创建，所以，NoteActivity 工作模式可借助 Intent 中的参数来判断。上述程序中，第 10 行至第 15 行基于伴随对象定义了 4 个常量，其中，ACT 用于标识 Intent 中的工作模式信息；CREATE 和 EDIT 是工作模式项，CREATE 表示“创建”，EDIT 表示“编辑”；IDX 用于在 Intent 表示被编辑的信息索引，该值是 NoteActivity 处于编辑模式时使用的。NoteActivity 类使用属性 cmd 记录当前的工作模式。

程序第 20 行和第 21 行通过 findViewById 方法查询两个 EditView 组件，第 22 行从 Intent 中获取工作模式信息。第 23 行至第 29 行实现当 NoteActivity 实例工作于编辑模式时，从 Intent 中获取被编辑的记录信息索引，并通过索引将记录信息填充到界面。方法 confirm 是界面按钮的处理器，功能如下。CREATE 模式时，界面中的信息会被增加到 Note 类的 notes 列表中；EDIT 模式时，界面中的信息被更新到 Note 类的 notes 列表中。程序第 42 行关闭当前窗体，finish 是 Activity 类中的方法，用于以程序方式关闭窗体界面。

8.2 菜单的加载与功能实现

8.2.1 菜单的加载

在 Activity 类中加载选项菜单和环境菜单分别使用的方法为[6]onCreateOptionsMenu 和 onCreateContextMenu。方法 onCreateOptionsMenu 有一个 Menu 类型的输入参数，该参数是运行时界面显示的菜单实例。另外，onCreateContextMenu 方法有 3 个参数，分别为 ContextMenu 类型参数、View 类型参数和 ContextMenu.ContextMenuInfo 类型参数。其中，ContextMenu 类型参数为界面显示的环境菜单实例，View 类型参数表示环境菜单所对应的组件，ContextMenu.ContextMenuInfo 类型参数表示与菜单有关的附加信息。这些方法中，需要使用名为 MenuInflater 的工具将菜单项声明加载到程序界面中，使用的方法为 inflate。方法 inflate 有两个参数：菜单资源标识（类型为整型，通常使用格式为 R.menu.菜单标识名）、Menu 实例（程序中的菜单对象）。

对于选项菜单，加载方式为：

```
override fun onCreateOptionsMenu(menu: Menu): Boolean {
    menuInflater.inflate(R.menu.main_menu, menu)
    return true
}
```

在上述程序中，menuInflater 是 Activity 中所包含的 MenuInflater 类实例，通过 inflate 方法，main_menu.xml 中的菜单声明会加载到程序中。

对于环境菜单，加载方法为：

```
override fun onCreateContextMenu(menu: ContextMenu?, v: View?,
    menuInfo: ContextMenu.ContextMenuInfo?) {
    super.onCreateContextMenu(menu, v, menuInfo)
    menuInflater.inflate(R.menu.context_menu, menu)
}
```

程序运行时，环境菜单除了按上述方式加载，还需要在触发显示环境菜单的组件上进行注册。环境菜单注册通过 Activity 类的 registerForContextMenu 方法实现，该方法一般在 Activity 类的 onCreate 方法中使用。

8.2.2 菜单项的功能实现方法

在 Activity 类中，选项菜单和环境菜单的行为分别在以下方法中实现[6]（也可称为“菜单处理器”）：onOptionsItemSelected 和 onContextItemSelected。两个方法都只有一个 MenuItem 类型的参数，该参数表示当前被选中的菜单项实例。菜单处理器程序需要完成的任务为：获取菜单项标识，根据菜单项标识实现特定的业务功能。

针对 Notes（版本 1），选项菜单的功能为：

```
override fun onOptionsItemSelected(item: MenuItem): Boolean {
    when (item.getItemId()) {
```

```
3          R.id.action_create ->{ //启动 NoteActivity，并设置工作模式
4              val intent = Intent(this, NoteActivity::class.java)
5              intent.putExtra(NoteActivity.ACT, NoteActivity.CREATE)
6              startActivity(intent)
7              return true
8          }
9          else -> return super.onOptionsItemSelected(item)
10     }
11 }
```

上述程序中，第 2 行用于获取被单击的菜单项标识，并进行分支判断；第 3 行至第 8 行的功能为：当前菜单项为 main_menu.xml 中的 action_create 项时，创建 Intent 实例并启动 NoteActivity；其中，第 4 行初始化一个 Intent 对象，第 5 行设置 Intent 对象中的工作模式信息，具体为 CREATE（即创建模式），第 6 行通过 startActivity 启动 NoteActivity。

环境菜单处理器的实现为：

```
1   override fun onContextItemSelected(item: MenuItem?): Boolean {
2      val id = item!!.itemId
3      if (id == R.id.action_remove) {
4         val info = item!!.menuInfo as AdapterView.AdapterContextMenuInfo
5         val id = info.id
6         Note.notes.removeAt(id.toInt())
7         adapter!!.notifyDataSetChanged()
8      }
9      return super.onContextItemSelected(item)
10  }
```

上述程序中，第 2 行用于获取被单击的菜单项标识，第 3 行至第 8 行实现：当前菜单项为 context_menu.xml 中的 action_remove 项时，被单击的记录信息被删除；其中，第 4 行程序将 menuInfo 信息转换成为 AdapterView.AdapterContextMenuInfo 类型，第 5 行通过 info.id 确定界面列表中被选择项的标识，该标识可直接用于索引 Note 中 notes 列表中的数据，第 6 行实现数据的删除，第 7 行通过调用适配器对象的 notifyDataSetChanged 方法更新界面显示。

8.2.3　完善程序中其他功能

除了菜单以外，MainActivity 类会通过 ListView 组件显示记录信息，界面布局声明为：

```
<?xml version="1.0" encoding="utf-8"?>
<android.support.constraint.ConstraintLayout
xmlns:android="http://schemas.android.com/apk/res/android"
   xmlns:tools="http://schemas.android.com/tools"
   android:layout_width="match_parent"
   android:layout_height="match_parent"
   android:padding="5dp"
   tools:context="com.myappdemos.notes.MainActivity">
   <ListView android:id="@+id/titles"
      android:layout_width="match_parent"
      android:layout_height="wrap_content">
```

```
    </ListView>
</android.support.constraint.ConstraintLayout>
```

上述布局使用限制布局（ConstraintLayout）组织界面，界面中有一个 ListView 组件，标识为 titles。基于该布局，MainActivity 界面显示数据的基本过程为：使用适配器将 Note 中的 notes 数组列表填充到 ListView 组件中。另外，界面以列表形式展示记录信息的名称，当单击特定名称时，应用将启动 NoteActivity 实现对该记录信息进行查看和修改的功能；因此，需要对 ListView 设置一个单击事件监听器。

NoteActivity 运行结束后可能会修改 Note 类中 notes，因此，MainActivity 类中应该具备能实时更新界面显示的能力。数据变更引起界面中显示的更新可通过使用适配器的 notifyDataSet Changed 方法实现，为了方便，界面更新功能可放到 MainActivity 类的 onResume 方法中。

综上所述，MainActivity 类的核心程序为：

```
package …

import …

class MainActivity : AppCompatActivity() {
    private lateinit var adapter: ArrayAdapter<Note>
    override fun onCreate(savedInstanceState: Bundle?) {
        super.onCreate(savedInstanceState)
        setContentView(R.layout.activity_main)
        adapter = ArrayAdapter<Note>(this,
                android.R.layout.simple_list_item_1, Note.notes
        )
        titles.adapter = adapter //ListView适配器
        titles.setOnItemClickListener {adapterView, view, i, l ->
            val intent = Intent(this, NoteActivity::class.java)
            intent.putExtra(NoteActivity.ACT, NoteActivity.EDIT)
            intent.putExtra(NoteActivity.IDX,l)
            startActivity(intent)
        } //ListView监听器
        registerForContextMenu(titles) //在ListView上注册环境菜单
    }

    override fun onCreateContextMenu(menu: ContextMenu?, v: View?,
        menuInfo: ContextMenu.ContextMenuInfo?) {
        super.onCreateContextMenu(menu, v, menuInfo)
        menuInflater.inflate(R.menu.context_menu, menu) //加载环境菜单
    }

    override fun onCreateOptionsMenu(menu: Menu): Boolean {
        menuInflater.inflate(R.menu.main_menu, menu) //加载选项菜单
        return true
    }
```

```
32
33      override fun onOptionsItemSelected(item: MenuItem): Boolean {
34          when (item.getItemId()) { //选项菜单功能
35              R.id.action_create ->{ //启动 NoteActivity，并设置组件工作模式
36                  val intent = Intent(this, NoteActivity::class.java)
37                  intent.putExtra(NoteActivity.ACT, NoteActivity.CREATE)
38                  startActivity(intent)
39                  return true
40              }
41              else -> return super.onOptionsItemSelected(item)
42          }
43      }
44
45      override fun onContextItemSelected(item: MenuItem?): Boolean {
46          val id = item!!.itemId
47          if (id == R.id.action_remove) { //环境菜单功能
48              val info = item!!.menuInfo as AdapterView.AdapterContextMenuInfo
49              val id = info.id
50              Note.notes.removeAt(id.toInt()) //删除数据
51              adapter!!.notifyDataSetChanged() //更新界面显示
52          }
53          return super.onContextItemSelected(item)
54      }
55
56      override fun onResume() {
57          super.onResume()
58          adapter.notifyDataSetChanged() //基于适配器更新界面显示
59      }
60  }
```

MainActivity 的实现程序包含以下几个部分。

（1）菜单加载。onCreateOptionsMenu 方法用于加载选项菜单；onCreateContextMenu 方法加载环境菜单。同时，程序第 20 行将环境菜单注册到 ListView 上。

（2）菜单的功能定义。onOptionsItemSelected 方法是选项菜单的处理器；onContextItemSelected 方法是环境菜单的处理器。

（3）组件初始化工作。第 10 行到第 13 行完成的工作包含：定义 ListView 的适配器，加载显示数据。程序第 14 行至第 19 行定义 ListView 的单击事件监听器；其中，第 15 行初始化一个 Intent 对象，第 16 行设置 Intent 对象中的工作模式信息，具体为 EDIT（即编辑模式），第 17 行设置被编辑的数据项标识（该标识直接用于检索 notes 中的元素），第 18 行通过 startActivity 启动 NoteActivity 实例。

（4）界面的自动更新。程序第 56 行至第 59 行定义 MainActivity 的 onResume 方法，其中，第 58 行通过使用适配器的 notifyDataSetChanged 方法更新界面。

基于上述实现讨论，编译和运行 Notes（版本 1），程序可实现的功能包含：通过菜单创建新的数据记录，通过菜单删除记录，编辑或新增数据记录。运行效果如图 8.3 所示。

应用中的选项菜单

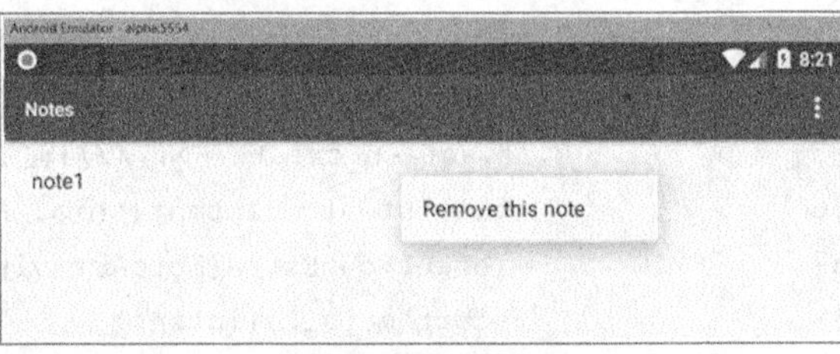

应用中的环境菜单

应用中的数据编辑界面

图 8.3　Notes（版本 1）的运行结果

8.2.4　项目中窗体间的关系声明

Notes（版本 1）中已实现了两个界面：MainActivity 和 NoteActivity。由于 NoteActivity 通过 MainActivity 启动，可以在 NoteActivity 的 ActionBar 中启用一个预定义的工具项：Up 按钮（实际显示为一个右向箭头），该工具项被启用以后在 ActionBar 左边起始位置会显示一个箭头图标，单击该图标会显示启动上一级窗体。这一工作过程也称为“界面导航”功能。

启用界面导航功能，需要在项目主配置文件 AndroidManifest.xml 中进行设置。针对 NoteActivity 而且相关的设置为：

```
1    <activity android:name=".NoteActivity"
2        android:label="Note"
3        android:parentActivityName=".MainActivity">
4        <meta-data android:name="android.support.PARENT_ACTIVITY"
5            android:value=".MainActivity" />
6    </activity>
```

上述程序中的第 1 行为类声明，第 2 行设置 ActionBar 中显示的标签，第 3 行设置 NoteActivity 的父窗体为 MainActivity，第 4 行至第 5 行使用<meta-data>标签说明 NoteActivity 的父窗体为 MainActivity。

当 Android API 在 16 及以上版本时，关于父窗体的声明只需要在<activity>标签中使用 parentActivityName 属性（默认的名称空间为 android）。当 Android API 低于 16 版本时，关于父窗体的声明则需要在<activity>标签中使用<meta-data>标签，并在该标签中使用 name 和 value 属性。

8.3　导航抽屉式界面

8.3.1　Android SDK 中的支持类库

除了标准开发库，Android SDK 中还包含了一些称为“支持类库”的工具。支持类库可帮助开发人员在较为陈旧的 Android 平台上实现在后续版本中才具备的功能或特征。android.support 中包含多个可被使用的支持类库，这些类库之间最大的区别在于它们能被使用的环境不同。例如，android.support.v4 表示该包中的类可在 Android API 4 及以上的版本中使用，android.support.v7 表示该包中的类可在 Android API 7 及以上版本中使用。在 Android SDK 中还能找到的支持类有 android.support.v8、android.support.v13、android.support.v14、android.support.v17 等。

8.3.2　导航抽屉式界面的程序组成

导航抽屉式界面基于 android.support.v4 和 android.support.v7 来实现。相对于普通界面，导航抽屉式界面在 ActionBar 区域加载了新的组件 ToolBar，并在 ToolBar 中定义了一个选项菜单（包含一个菜单项 Settings）；同时，该界面在右下角还定义了一个浮动的图片按钮。另外，导航抽屉式界面在窗体左边设置了一个可隐藏的导航面板，该面板的隐藏与显示可通过滑动操作来实现。

导航抽屉式界面可通过 Android Studio 直接建立。新建项目时，在新建项目向导中的“Add an Activity to Mobile”中选择“Navigation Drawer Activity”项；另外，也可通过在已有项目中新建 Kotlin 窗体，并在新建向导中选择“Navigation Drawer Activity”项构建。

通过向导建立的导航抽屉式界面包含一个窗体，默认情况下，程序为 MainActivity.kt。界面会使用以下几类预定义资源：drawable、layout、menu、mipmap 和 values。其中，目录 drawable 中包含了一些基于“可伸缩矢量图”（Scalable Vector Graphics，缩写为 SVG [8]）技术定义的图形，具体包含以下几项。

- ic_launcher_background.xml：程序启动图标的背景定义；
- ic_launcher_foreground.xml：程序启动图标的前景定义；
- ic_menu_camera.xml：导航面板中 Import 项所使用图标；
- ic_menu_gallery.xml：导航面板中 Gallery 项所使用图标；
- ic_menu_manage.xml：导航面板中 Tools 项所使用图标；
- ic_menu_send.xml：导航面板中 Send 项所使用图标；
- ic_menu_share.xml：导航面板中 Share 项所使用图标；
- ic_menu_slideshow.xml：导航面板中 Slideshow 项所使用图标；
- side_nav_bar.xml：导航面板上部背景颜色（默认情况下，为深绿到浅绿的渐变色）。

在程序实现中，这些图形定义可根据需求而改变，同时，对于程序中使用的其他图形或图像资源可通过自定义的方式实现。另外，界面中显示的图标可基于图片直接实现。

目录 mipmap 中包含了界面所使用的图标文件，该文件可根据实际情况进行更换。目录 values 中主要包含以下资源定义。

- colors.xml：用于预定义界面中使用的颜色（具体为 RGB 色值）；
- dimens.xml：用于预定义界面中使用的尺寸；

- drawables.xml：用于声明 drawable 中图形的名称（文件中的声明实际上未被其他程序直接使用）;
- strings.xml：用于定义界面中使用的字符串资源；
- styles.xml：用于定义界面样式；样式定义在主配置文件 AndroidManifest.xml 中使用。

目录 menu 中包含了两个文件：activity_main_drawer.xml 和 main.xml。其中，main.xml 将被加载到 MainActivity 的 ToolBar 中，activity_main_drawer.xml 被加载到导航面板中。目录 layout 中定义了 MainActivity 类使用的布局资源，分别为 activity_main.xml、app_bar_main.xml、content_main.xml 和 nav_header_main.xml。其中，activity_main.xml 分别加载两个布局：app_bar_main.xml 和 nav_header_main.xml。布局 app_bar_main.xml 包含了 MainActivity 中的 3 个组成：ToolBar、浮动的图片按钮和窗体内容。其中，浮动图片按钮中的图标可根据需要进行更替；窗体中的主要内容是通过 content_main.xml 定义说明的。布局 nav_header_main.xml 中包含了导航面板上部所显示内容的声明，分别为背景、图标、文本等。另外，布局 activity_main.xml 在<android.support.design.widget.NavigationView>标签加载 activity_main_drawer.xml 中的菜单声明。

MainActivity.kt 中相关的程序如下：

```
package …

import …

class MainActivity : AppCompatActivity(),
    NavigationView.OnNavigationItemSelectedListener {

    override fun onCreate(savedInstanceState: Bundle?) {
        super.onCreate(savedInstanceState)
        setContentView(R.layout.activity_main)
        setSupportActionBar(toolbar)

        fab.setOnClickListener { view ->
            Snackbar.make(view, "Replace with your own action",
                Snackbar.LENGTH_LONG).setAction("Action", null).show()
        }

        val toggle = ActionBarDrawerToggle(
                this, drawer_layout, toolbar,
                R.string.navigation_drawer_open,
                R.string.navigation_drawer_close)
        drawer_layout.addDrawerListener(toggle)
        toggle.syncState()

        nav_view.setNavigationItemSelectedListener(this)
    }

    override fun onBackPressed() {
```

```
29          …
30      }
31
32      override fun onCreateOptionsMenu(menu: Menu): Boolean {
33          …
34      }
35
36      override fun onOptionsItemSelected(item: MenuItem): Boolean {
37          // Handle action bar item clicks here. The action bar will
38          // automatically handle clicks on the Home/Up button, so long
39          // as you specify a parent activity in AndroidManifest.xml.
40          …
41      }
42
43      override fun onNavigationItemSelected(item: MenuItem): Boolean {
44          // Handle navigation view item clicks here.
45          …
46          return true
47      }
48  }
```

上述程序中，第 11 行加载 ToolBar 对象，toolbar 为 MainActivity 中的预定义对象标识，具体位置在 app_bar_main.xml 中定义；第 13 行至第 16 行定义浮动图片按钮行为，fab 为 MainActivity 中的预定义对象标识，具体位置在 app_bar_main.xml 中定义；第 18 行至第 23 行是导航面板、导航项加载。窗体中的选项菜单在 onCreateOptionsMenu 方法中进行加载，菜单处理器在 onOptionsItemSelected 方法中实现。导航面板中导向项的处理在 onNavigationItemSelected 中实现。另外，MainActivity 类中还包含了一个 onBackPressed 方法声明，该方法用于实现当程序运行时，用户单击系统返回键时的系统行为。运行结果如图 8.4 所示。

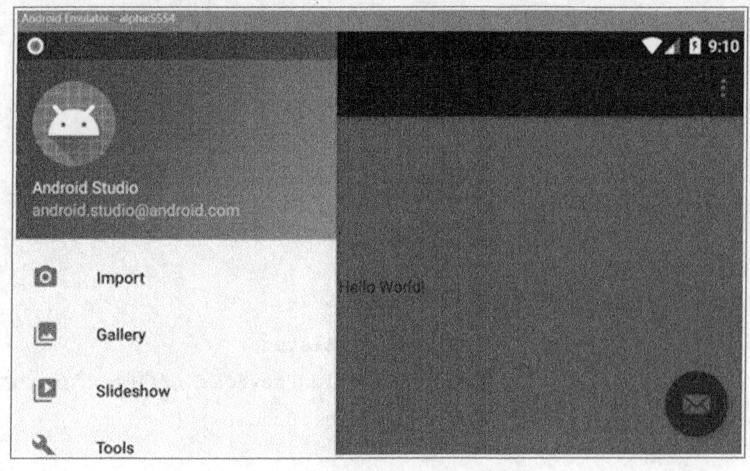

图 8.4　导航抽屉式界面外观

8.3.3 在导航抽屉式界面中实现共享功能

在 Android 应用中，以 Intent 为基础可实现共享功能。以共享一个字符串为例，程序实现的步骤如下。

- 首先初始化一个 Intent 对象，并设置 Intent 的工作类型（基于 ACTION_SEND 命令）；
- 基于 Intent 设置共享内容的信息类型；
- 基于 Intent 设置共享内容；
- 设置 Intent 对象的处理工具，实质上是一个 ShareActionProvider 对象；
- 当共享功能被触发，ShareActionProvider 会启动其他应用以实现共享。

ShareActionProvider 支持实现两类信息的共享：文本信息、二进制信息。在上一节讨论的导航抽屉式界面中，共享字符串功能的实现按以下步骤完成：修改菜单声明；修改类程序。

修改菜单声明文件 main.xml，声明一个共享菜单项，具体为：

```
1   <?xml version="1.0" encoding="utf-8"?>
2   <menu xmlns:android="http://schemas.android.com/apk/res/android"
3       xmlns:app="http://schemas.android.com/apk/res-auto">
4       <item android:id="@+id/action_share"
5           android:orderInCategory="100"
6           android:title="Share"
7           app:showAsAction="never"
8           app:actionProviderClass="android.support.v7.widget.ShareActionProvider"/>
9   </menu>
```

与 Android Studio 生成的 main.xml 相比，上述程序修改的位置为：第 4 行中，菜单项标识为 action_share，第 6 行中，菜单项显示内容为 Share，第 8 行中声明了与菜单项功能有关的工具类 ShareActionProvider。

MainActivity 类中增加一个属性 provider，类型为 ShareActionProvider（出于兼容性的原因，程序实现中应该使用 android.support.v7.widget.ShareActionProvider）；修改类中 onCreateOptions Menu 方法的程序，基本的情况如下：

```
package com.myappdemos.myapplication

import …
import android.support.v4.view.MenuItemCompat
import android.support.v7.widget.ShareActionProvider

class MainActivity : AppCompatActivity(),
    NavigationView.OnNavigationItemSelectedListener {
    private lateinit var provider: ShareActionProvider //声明一个全局变量
    override fun onCreate(savedInstanceState: Bundle?) {
        …
    }

```

```
13      override fun onBackPressed() {
14         …
15      }
16
17      override fun onCreateOptionsMenu(menu: Menu): Boolean {
18         menuInflater.inflate(R.menu.main, menu)
19         val item = menu.findItem(R.id.action_share) //获取 Share 菜单项
20         provider = MenuItemCompat.getActionProvider(item) as ShareActionProvider
21         val intent = Intent(Intent.ACTION_SEND)
22         intent.type = "text/plain"
23         intent.putExtra(Intent.EXTRA_TEXT, "yes, this is a text.")
24         provider.setShareIntent(intent) //设置 Share 菜单项的功能
25         return true
26      }
27
28      override fun onOptionsItemSelected(item: MenuItem): Boolean {
29         when (item.itemId) {
30            R.id.action_share -> return true //本行程序可省略
31            else -> return super.onOptionsItemSelected(item)
32         }
33      }
34
35      override fun onNavigationItemSelected(item: MenuItem): Boolean {
36         …
37         return true
38      }
39   }
```

上述程序中，第 20 行获取一个 ShareActionProvider 实例；第 21 行创建 Intent 实例，并设置 ACTION_SEND 命令；第 22 行设置 Intent 中信息的类型；第 23 行设置 Intent 中共享信息的内容为“yes, this is a text.”；第 24 行在 ShareActionProvider 中设置 Intent 实例。

完成上述工作，编译运行程序，程序可实现简单的文本共享功能，运行的结果如图 8.5 所示。

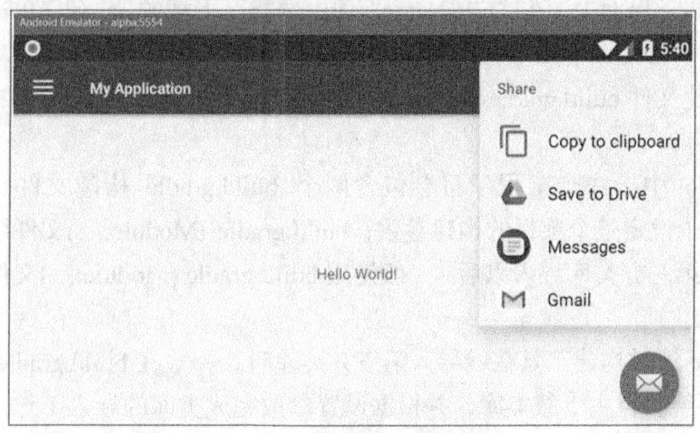

图 8.5　共享功能实现结果

8.3.4 基于导航抽屉式界面的地图应用

基于在线地图的应用是移动应用中常见的一种类型。这一类型的应用在构建过程中通常会使用第三方类库（即第三方提供的开发工具包），这也意味着程序实现需要关注类库、类库的使用等技术特征。

针对 Android 应用，基于在线地图包含以下几个可使用的开发工具。

- 基于高德开放平台所提供的工具；
- 基于百度地图开放平台所提供的工具；
- 基于腾讯位置服务所提供的工具。

基于这些工具进行应用开发，一般的工作过程为：申请开发用的许可，在应用开发项目中导入开发工具包，根据官方提供的开发指南使用开发工具包，编译生成应用。具体过程如下。

（1）项目开发中第三方类库的导入

Android 应用开发中，第三方类库的导入有三种基本方式，分别为第三方类库 jar 包的导入、第三方类库 aar 包的导入（离线方式）、通过开发环境中的构建工具在线导入。

所谓 jar 包，全称为 Java Archive，是 Java 应用程序的一种压缩包格式。一个 jar 包中包含了程序运行所必须的字节码文件和资源。在 Android 应用项目中，第三方类库 jar 包的导入方法如下。

- 下载 jar 包；
- 将 jar 包复制到[项目目录]\app\libs 中；
- 在 Android Studio 左侧的项目窗口中，选择 jar 包，并在右键菜单单击“Add As Library”项；
- 开发环境会显示一个对话框，单击“OK”（确定）。

Android 开发类库还可以使用 aar 包方式组织。所谓 aar 包，全称为 Android Archive，是 Android 开发库的一种压缩包格式。当 Android 应用项目中使用的第三方类库为 aar 包时，类库导入的方法如下。

- 下载 aar 包；
- 将 aar 包复制到一个适当的工作目录中（对具体位置没有特别要求）；
- 在 Android Studio 中的“File”菜单中，选择“New”，单击“New Module”；
- 开发环境会显示标题为“Create New Module”的向导界面，在对话框中选择“import .jar/.aar package”，单击“Next”按钮；
- 在随后的向导界面中，在“File Name”项中选择已下载的 aar 包，单击向导中的“Finish”按钮；
- 在项目构建文件 build.gradle 中的 dependencies 部分添加命令 compile project(':类库名称及版本')。

Android Studio 中，一个工程项目会包含两个 build.gradle 构建文件。其中，build.gradle (Project:...)文件用于设定整个项目的构建参数；build.gradle (Module:...)文件用于设定项目中特定模块的构建参数。第三方类库导入以后，一般使用 build.gradle (Module:...)文件来配置类库的依赖关系。

Android Studio 通过构建工具在线导入第三方类库时，一般在 build.gradle (Module:...)文件中进行设置。开发环境会自主下载类库，并根据设置参数完成类库的导入工作。在线方式导入类库时，可根据类库开发者提供的技术文档来设置相关参数。不同的项目，所使用的设置方式可能会不同。

除了上述方式，根据特定技术或需求，第三方类库的开发者还会提供类库所需技术依赖的安装方法。以高德开放平台提供的地图应用开发工具为例，该工具可通过两种方式来进行安装和配置：通过文件包导入，以及在开发环境中通过构建工具导入。

（2）在导航抽屉式界面中加载地图显示组件

在以导航抽屉式界面为基础所构建的程序项目中，主窗体 MainActivity 的布局声明文件为 content_main.xml。为了使程序显示地图，需在 content_main.xml 中增加地图显示组件的声明，例如：

```
1    <?xml version="1.0" encoding="utf-8"?>
2    <android.support.constraint.ConstraintLayout
     xmlns:android="http://schemas.android.com/apk/res/android"
3        xmlns:app="http://schemas.android.com/apk/res-auto"
4        xmlns:tools="http://schemas.android.com/tools"
5        android:layout_width="match_parent"
6        android:layout_height="match_parent"
7        app:layout_behavior="@string/appbar_scrolling_view_behavior"
8        tools:context="com.myappdemos.myapplication.MainActivity"
9        tools:showIn="@layout/app_bar_main">
10
11       <包名.MapView android:id="@+id/map"
12           android:layout_width="fill_parent"
13           android:layout_height="fill_parent" … />
14
15   </android.support.constraint.ConstraintLayout>
```

上述程序第 11 行至第 13 行展示了声明地图显示组件的伪程序。一般情况下，地图显示组件命名的方式为“包名.MapView”，例如，在高德开放平台所提供的工具中，组件名称为 com.amap.api.maps.MapView；在百度地图开放平台所提供的工具中，组件名称为 com.baidu.mapapi.map.MapView；在腾讯位置服务所提供的工具中，组件名称为 com.tencent.tencentmap.mapsdk.map.MapView。组件声明时，还可以根据具体情况设置其他参数。

（3）调用类库中的应用编程接口

在线地图应用运行时通常需要设置多项应用程序权限，通常包含访问网络、获取地理位置、在设备上进行写操作等。这些权限在项目的 AndroidManifest.xml 中进行说明，例如：

```
<uses-permission android:name="android.permission.ACCESS_FINE_LOCATION"/>
<uses-permission android:name="android.permission.ACCESS_COARSE_LOCATION" />
<uses-permission android:name="android.permission.INTERNET" />
<uses-permission android:name="android.permission.ACCESS_NETWORK_STATE" />
<uses-permission android:name="android.permission.ACCESS_WIFI_STATE" />
<uses-permission android:name="android.permission.WRITE_EXTERNAL_STORAGE" />
```

上述说明中，第 1 个权限是允许程序获得准确的地理位置，第 2 个权限是允许程序获得基本地理位置，第 3 个权限是允许程序访问互联网，第 4 个权限是允许程序获得网络状态信息，第 5 个权限是允许程序获得无线网络状态信息，第 6 个权限是允许程序在外部存储设备上进行写操作。

完成上述工作后，在 MainActivity 类中添加程序可直接基于地图显示组件访问在线地图。核心工作包含组件初始化、设置地图显示属性、配置组件工具等。核心程序结构一般为：

```
package …

import …

class MainActivity : AppCompatActivity(),
     NavigationView.OnNavigationItemSelectedListener {

   override fun onCreate(savedInstanceState: Bundle?) {
      super.onCreate(savedInstanceState)
      val ctx = applicationContext
      Configuration.getInstance().load(ctx,
            PreferenceManager.getDefaultSharedPreferences(ctx))
      setContentView(R.layout.activity_main)
      setSupportActionBar(toolbar)

      fab.setOnClickListener { view ->
         …
      }

      val toggle = ActionBarDrawerToggle(
            this, drawer_layout, toolbar,
            R.string.navigation_drawer_open,
            R.string.navigation_drawer_close)
      drawer_layout.addDrawerListener(toggle)
      toggle.syncState()

      nav_view.setNavigationItemSelectedListener(this)

      //设置地图显示属性
      //设置组件可用工具
      //设置交互方式
      //设置其他参数
   }

   override fun onResume() {
      super.onResume()
      //地图组件恢复
   }
```

```
38
39     override fun onPause() {
40         super.onPause()
41         //地图组件暂停
42     }
43
44     override fun onDestroy() {
45         super. onDestroy ()
46         //地图组件撤销
47     }
48
49     override fun onBackPressed() {
50         if (drawer_layout.isDrawerOpen(GravityCompat.START)) {
51             drawer_layout.closeDrawer(GravityCompat.START)
52         } else {
53             super.onBackPressed()
54         }
55     }
56
57     override fun onCreateOptionsMenu(menu: Menu): Boolean {
58         …
59     }
60
61     override fun onOptionsItemSelected(item: MenuItem): Boolean {
62         …
63     }
64
65     override fun onNavigationItemSelected(item: MenuItem): Boolean {
66         …
67         return true
68     }
69 }
```

上述示例程序仅展示了基本的程序结构。实现时，通过程序完成的基本工作包含：设置地图显示属性，设置组件可用工具，设置交互方式，设置其他参数等。其中，在地图显示属性设置部分，一般需要指定显示地图的位置，显示的缩放比例等信息；在组件可用工具设置部分，一般可以开启或关闭界面中的工作组件，一般为缩放工具、指南针、全览微缩图等；在交互方式设置方面，一般可根据运行环境设置适当的交互方式，例如以触摸方式进行交互等。

通常情况下，地图显示组件一般需根据 MainActivity 对象运行状态来工作，有关程序在 onPause、onResume 和 onDestroy 等方法中需要添加额外的程序语句，如示例第 36 行、第 41 行和第 46 行所示。

本章练习

1．Android 中菜单主要分为几个类型？应用的场景是什么？

2．加载菜单的方法有哪些？它们的参数分别代表什么含义？

3．请简述构建一个导航抽屉式界面的步骤。

4．使用 Kotlin 语言完成一个 Android 程序，基本功能如下。

（1）主窗体包含一个文本输入框和一个选项菜单，选项菜单中包含“输入”菜单项；

（2）单击菜单项后进入窗体 2 中，窗体 2 中显示主窗体输入框中的内容；

（3）在窗体 2 中添加返回按钮可直接用于返回主窗体。

5．使用 Kotlin 语言完成一个 Android 程序，实现功能如下。

（1）创建一个导航抽屉样式的界面；

（2）主窗体中提供地图展示功能；

（3）悬浮按钮可实现重置地图显示状态，即恢复地图显示的初始状态。

第9章 基于 SQLite 的数据持久化

应用程序运行中所产生的数据可以通过多种方式进行存储，比如基于网络将数据存放到远端服务器中，使用文件存储，使用数据库管理系统存储。Android 平台中内嵌了一个嵌入式关系型数据库管理系统：SQLite。SQLite 是一个微型的嵌入式数据库管理系统，可运行在多种操作系统上，具有高效、维护成本低、简单易用等特点。

SQLite 支持 5 种基本的数据类型，分别是[10]INTEGER、TEXT、REAL、NULL 和 BLOB。其中，INTEGER 类型对应于整型类型，TEXT 对应于文本或字符串类型，REAL 对应于单精小数类型，NULL 类型为空值类型，BLOB 类型可用于存储二进制数据。SQLite 的数据库文件扩展名为 db，以文件的形式存放在系统中。Android 应用中 SQLite 文件存放在系统的“/data/data”文件夹中。系统文件的浏览可通过 Android SDK 工具的“tools”目录中的“monitor”工具（monitor.bat）启动设备监控工具，在工具的 File Explorer 中可查看设备的文件组织情况。

Android 中与 SQLite 相关的编程主要包含 3 个核心内容：SQLiteOpenHelper、SQLiteDatabase 和 Cursor。其中，关于数据库的创建和管理程序是通过继承 SQLiteOpenHelper 类实现的；数据库的访问是通过 SQLiteDatabase 类实现的；而 Cursor 接口实现类用于帮助访问并获得数据库中的数据。

本章将讨论的主题包含：①以 SQLite 为基础构建简单数据应用的方法；②一种名为异步任务的多线程编程技术。围绕这些主题，相关内容组织为 3 个部分，分别为：①SQLite 的使用；②基于 SQLite 构建简单的应用程序；③异步任务。

9.1 SQLite 的使用

9.1.1 数据库的创建与管理

如前所述，SQLiteOpenHelper 类是 Android 应用开发中用于创建和管理数据的基础，该类可实现的功能包含：负责在程序第一次使用时创建数据库；当因程序变更而引起数据库结构发生变化时，该类能对运行环境中原有数据库进行升级（或降级）。应用程序必须从 SQLiteOpenHelper 类继承以实现数据库的创建或更新等功能。基于 SQLiteOpenHelper 的实现类至少包含两个基本方法：onCreate 和 onUpgrade，详细情况为：

```
class DBHandler(ctx: Context, db: String, ver: Int): SQLiteOpenHelper(ctx, db, null,
ver) {
```

```
    override fun onCreate(db: SQLiteDatabase?) {
        //方法中可执行的程序
    }

    override fun onUpgrade(db: SQLiteDatabase?, over: Int, nver: Int) {
        //方法中可执行的程序
    }
}
```

SQLiteOpenHelper 有两种构建方式[6]，其中 SQLiteOpenHelper 方式需要使用 4 个参数，具体为 Context context, String name, SQLiteDatabase.CursorFactory factory, int version。参数中，类型为 Context 的 context 参数用于指定程序运行环境；类型为 String 的 name 参数用于指定数据库的名称；类型为 SQLiteDatabase.CursorFactory 的 factory 参数可指定自定义 Cursor 接口类型的实例；参数 version 用于指定数据库版本。在一般情况下，参数 factory 可设置为 null。从 SQLiteOpenHelper 继承的类必须实现两个方法：onCreate 和 onUpgrade。其中，onCreate 方法是在数据库第一次被创建时被调用，onUpgrade 方法是在数据库升级时被调用。

数据库在创建过程中，可通过标准 SQL（Structured Query Language）语句声明数据库中的表格。SQL 中，create table 是表格声明语句，基本语法为（编写程序时，语句中的标点符号必须使用英语标点符号）：

```
create table 表名称 (
    列名 1 数据类型 数据列约束,
    列名 2 数据类型 数据列约束,
    列名 3 数据类型 数据列约束,
    …
    数据表约束
)
```

上述语句中，数据类型用于规定数据列中数值类型。而数据列约束声明用于指定数据列中数据值的特征，可以设置如下。取非空值，一般用 not null；唯一值，一般用 unique；主键，一般用 primary key；外键，一般用 foreign key；数值约束，一般用 check (...)；默认值，一般用 default ... 等。SQLite 中，数据列约束中可使用 autoincrement，表示该数据值可被系统自动完成增值操作。

假定现在创建一个名为 notes 的表，该表中包含 3 个列：nid（类型为整型，设置为表格的主键），title（类型为 TEXT），content（类型为 TEXT）；创建 notes 的语句为：

```
create table notes (nid INTEGER PRIMARY KEY AUTOINCREMENT,
title TEXT, content TEXT)
```

在 Android 程序中，表格创建语句使用 SQLiteDatabase 中的 execSQL 方法来执行。例如：

```
override fun onCreate(db: SQLiteDatabase?){
    val cmd = "create table notes (nid INTEGER PRIMARY KEY AUTOINCREMENT,
        title TEXT, content TEXT) "
    db.execSQL(cmd)
    …
}
```

9.1.2　数据库的版本控制

SQLite 在管理数据库时必须指定数据库的版本号，版本号是一个整型数字，一般从 1 开始计数。当数据库第一次创建时，可指定版本为 1；随着程序的升级或调整，数据库的结构可能会发生变化。新数据库被应用时，运行环境中数据库的升级以数据库版本号的变化为依据。

SQLiteOpenHelper 中 onUpgrade 方法使用 3 个输入参数，其中，第 1 个参数为 SQLiteDatabase 类型，该参数可用于访问数据库；第 2 个参数为当前数据库的版本号（即已被使用的数据库版本号）；第 3 个参数是新的数据库版本号。SQLiteOpenHelper 类还有一个类似的方法：onDowngrade，该方法是在数据库版本降级时被调用。

基于 SQLiteOpenHelper 创建一个数据库的基本程序如下：

```
1    class DBHandler(ctx: Context, db: String, ver: Int): SQLiteOpenHelper(ctx, db, null,
     ver) {
2        private val dbn = db
3        private val version = ver
4        private val create_tables = "create table notes(nid INTEGER PRIMARY KEY " +
5            "AUTOINCREMENT, title TEXT, content TEXT)"
6
7        override fun onCreate(db: SQLiteDatabase?) {
8            db!!.execSQL(create_tables)
9            db.execSQL("insert into notes (title, content) values ('first', 'first note')")
10       }
11
12       override fun onUpgrade(db: SQLiteDatabase?, over: Int, nver: Int) {
13       }
14   }
```

上述程序中，第 8 行被用于在数据库中创建一个名为 notes 的表格，程序第 9 行则在 notes 中新增一条数据。除了创建数据库，基于 SQLiteOpenHelper 派生类，还能访问一个数据库对象。下列程序在 MainActivity 类的 onCreate 方法中访问一个数据库对象，并查询数据库中的信息：

```
class MainActivity : AppCompatActivity() {
    override fun onCreate(savedInstanceState: Bundle?) {
        super.onCreate(savedInstanceState)
        setContentView(R.layout.activity_main)
        try {
            val helper = DBHandler(this, "notedb", 1)
            val db = helper.readableDatabase
            val cur = db.rawQuery("select * from notes", null)
            val msg = cur.count.toString()
            Toast.makeText(this, msg, Toast.LENGTH_SHORT).show()
        }catch (e: SQLiteException){
            Toast.makeText(this, "Helper unavailable", Toast.LENGTH_SHORT).show()
        }
    }
}
```

上述示例程序使用违例结构访问 DBHandler 对象。程序第 6 行中，DBHandler 类实例被创建，并指定数据库的名称为 notedb，版本为 1。程序第 7 行获得一个可访问的 SQLiteDatabase 实例，第 8 行则查询数据库中的所有记录，第 9 行获得数据库中所有数据总数，第 10 行在界面上显示记录条数信息。基于 DBHanlder 类的定义，MainActivity 类在运行时会显示当前数据库中有一条记录。

SQLiteOpenHelper 派生类可基于 readableDatabase 或 writableDatabase 属性获得不同性质的数据库对象（即 SQLiteDatabase 类实例）。所谓 readableDatabase，实质上是一个只读数据库对象；而 writeableDatabase 是一个可写数据库对象。一般在不修改数据的前提下使用 readableDatabase，而其他情况则使用 writeableDatabase。

SQLiteOpenHelper 派生类按以下方式工作。

- 类实例化，运行；
- 类实例检查数据库的存在情况，若不存在，则调用 onCreate 方法创建数据库；若存在，则检查数据库的版本号；
- 若当前程序中数据库版本号高于系统中已存在的数据库版本号，则调用 onUpgrade 方法；
- 若当前程序中数据库版本号低于系统中已存在的数据库版本号，则调用 onDowngrade 方法；
- 若当前程序中数据库版本号等于系统中已存在的数据库版本号，则继续其他工作。

Android 平台会根据版本号管理应用中的数据库，下列程序展示了基于版本管理数据库的功能。

```
class DBHelper(ctx: Context, db: String, ver: Int): SQLiteOpenHelper(ctx, db, null,
ver) {
   private val dbn = db
   private val version = ver
private val create_tables = "create table notes (
   nid INTEGER PRIMARY KEY AUTOINCREMENT, title TEXT, content TEXT)"

   override fun onCreate(p0: SQLiteDatabase?) {
      updateDababase(p0!!, 0, version)
   }

   override fun onUpgrade(p0: SQLiteDatabase?, p1: Int, p2: Int) {
      updateDababase(p0!!, p1, p2)
   }

   private fun updateDababase(db: SQLiteDatabase, ov:Int, nv: Int){
      if (ov<1){ //创建数据库
         db.execSQL(create_tables)
         insertRow(db, "first", "first note")
      }else if (ov==1){ //升级数据库
         db.execSQL("ALTER TABLE notes ADD COLUMN stamp TEXT")
         val values = ContentValues()
         values.put("title", "second")
         values.put("content", "second note")
         values.put("stamp", "datatime")
         db.insert("notes", null, values)
      }
   }
```

```
27
28      private fun insertRow(db: SQLiteDatabase, t:String, c:String){ //增加数据
29          val values = ContentValues()
30          values.put("title", t)
31          values.put("content", c)
32          db.insert("notes", null, values)
33      }
34  }
```

上述程序的工作方式为：当应用程序第 1 次被调用时（数据库版本号指定为 1），程序执行第 16 行和第 17 行，数据库在初始状态会存在一条数据；当应用程序指定数据库版本号为 2 时，程序执行第 19 行至第 24 行，数据库中会增加第 2 条数据。

9.1.3　数据库的访问

在数据库管理系统中，对数据的操作包含 4 个基本类型，即创建、查询、修改和删除。除了创建数据库和数据表格，数据创建工作还包括在数据表中增加数据。

1. 在数据表中增加数据

在增加数据方面，Android 开发工具支持以下两种实现方法。

- 基于 SQL 的 insert 语句；
- 基于 SQLiteDatabase 类的 insert 方法。

若使用 SQL 的 insert 语句增加数据，则直接使用 SQLiteDatabase 类的 execSQL 方法执行 SQL 语句。这种方式依赖于直接组织增加数据的 insert 语句。SQL 中 insert 语句的基本语法为：

insert into 表名（列名 1，列名 2，…） values （值 1，值 2，…）

上述语法中，新增数据的列名与列中的值必须一一对应。

新增数据还可通过 SQLiteDatabase 类的 insert 方法实现。方法 insert 的定义包含 3 个参数[6]：String 类型的参数 table，String 类型的参数 nullColumnHack 和 ContentValues 类型的参数 values。其中，参数 table 是指定数据表的名称；参数 nullColumnHack 一般设置为 null，同时，当参数值为 null 时，在数据表格中不能插入空白行；参数 values 用于指定具体的数据值。

ContentValues 类是一个可以包装多种数据类型的数据容器。该类在使用时，一般按“键-值”对的方式存储数据。例如，在下列程序中，values 中设置了两个“键-值”对，一个是{"title": "a title"}，另外一个是{"content": "string is a text"}；而程序第 4 行可实现在数据表 notes 中增加一行数据。

```
1  val values = ContentValues()
2  values.put("title", "a title")
3  values.put("content", "string is a text")
4  db.insert("notes", null, values)
```

2. 在数据表中删除数据

在删除数据操作方面，Android 开发工具支持以下两种方法。

- 基于 SQL 的 delete 语句；
- 基于 SQLiteDatabase 类的 delete 方法。

若使用 SQL 的 delete 语句删除数据，则直接使用 SQLiteDatabase 类的 execSQL 方法执行 delete

语句。这种方式依赖于直接组织删除数据的 delete 语句。SQL 中 delete 语句的基本语法为：

```
delete from 表名称 where 数据删除条件
```

上述语法中，数据删除条件一般为“**列名 [比较符] 值**”或多个“**列名 [比较符] 值**”的逻辑组合。例如，db!!.execSQL("delete from notes where title='first'")语句能在数据表 notes 中删除“title”为“first”的数据记录。

另外一种数据删除方法是基于 SQLiteDatabase 类的 delete 方法，该方法包含 3 个参数[6]：String 类型的参数 table、String 类型的参数 whereClause 和 String 数组类型的参数 whereArgs。其中，参数 table 是指定数据表的名称；参数 whereClause 用于指定删除记录的条件项；参数 whereArgs 用于填写具体的条件值，如 db!!.delete("notes", "title=?", arrayOf('first'))。在使用条件项时，如果删除条件涉及多个项，则可在 whereClause 参数中设置多个条件；同时，在 whereArgs 中加入多个数据项，如 db!!.delete("notes", "title=? OR content=?", arrayOf('first', ' string is a text '))。

3. 在数据表中修改数据

在修改数据操作方面，Android 开发工具支持以下两种方法。

- 基于 SQL 的 update 语句；
- 基于 SQLiteDatabase 类的 update 方法。

若使用 SQL 的 update 语句修改数据，则直接使用 SQLiteDatabase 类的 execSQL 方法来实现。这种方式依赖于直接组织修改数据的 update 语句。SQL 中 update 语句的基本语法为：

```
update 表名称 set 列名 1 = 新值, 列名 2 = 新值, … where 数据修改条件
```

上述语法中，数据修改条件一般为“**列名 [比较符] 值**”或多个“**列名 [比较符] 值**”的逻辑组合。例如，db.execSQL("update notes set content='test' where title='first'")语句可实现在 notes 数据表中，如果数据行中“title”列的值为“first”，则该行中“content”列的数据修改为“test”。

另外一种数据修改方法是基于 SQLiteDatabase 类的 update 方法，该方法包含 4 个参数[6]：String 类型的参数 table、ContentValues 类型的参数 values、String 类型的参数 whereClause 和 String 数组类型的参数 whereArgs。其中，参数 table 是指定数据表的名称；参数 values 用于指定修改数据项时所使用的具体数据值；参数 whereClause 用于指定修改记录的条件项；参数 whereArgs 用于填写具体的条件值。例如：

```
val values = ContentValues()
values.put("title", "a title")
values.put("content", "string is a text")
db.update("notes", values, "nid=?", arrayOf("1"))
```

4. 在数据表中查询数据

在数据查询方面，一种可行的实现方法是使用 SQLiteDatabase 类中的 rawQuery 方法[6]。该方法有多种形式，其中较简单的一种是 rawQuery (String sql, String[] selectionArgs)，该方法返回一个 Cursor 接口类型的对象。在参数中，sql 是一个标准的 SQL 查询语句，该语句中可使用?作为输入参数，而具体的值可使用 selectionArgs 来组织。例如，val cur = db.rawQuery("select * from notes", null)语句可查询 notes 数据表中的所有数据；另外，还可以是 val cur = db.rawQuery("select * from notes where title=?", arrayOf("first"))，该语句查询 notes 数据表中数据列“title”为“first”的所有数据行。

SQL 中 select 语句的基本语法为：

```
select 列名 1，列名 2，… from 表名 where 数据查询条件
或者，select * from 表名 where 数据查询条件
```

上述语法中，数据查询条件一般为“**列名 [比较符] 值**”或多个“**列名 [比较符] 值**”的逻辑组合。当 select 后使用*符号时，表示查询结果中包含所有数据列。

数据的查询也可以使用 SQLiteDatabase 类中的 query 方法[6]，较为常用的是 query (String table, String[] columns, String selection, String[] selectionArgs, String groupBy, String having, String orderBy)。其中，第 1 个参数是表的名称；第 2 个参数是查询结果中的列信息，若使用常量 null，则表示表中的所有列；第 3 个参数是数据选择的条件（类似于 SQL select 语句中的 where 从句）；第 4 个参数是选择条件的具体值；第 5 个参数是分组条件；第 6 个参数是分组显示条件；第 7 个参数是数据排序条件。方法 query 的返回值为 Cursor 接口实现类实例，例如，val cur = db.query("notes", null, "title=?", arrayOf("first"), null, null, null)，该语句查询 notes 数据表中数据列“title”为“first”的所有数据行。

标准 SQL 语言中可使用的标准函数有 count()、max()、min()、avg()和 sum()。这些函数也可在 query 方法中使用，使用位置在方法的第 2 个参数中。

9.2　基于 SQLite 构建简单的应用程序

基于 SQLite 技术，可将本书第 8 章中的 Notes 应用进行升级，为该应用增加数据持久化功能。升级以后的应用程序命名为 Notes（版本 2）。新版本应用的界面、功能与版本 1 一致，然而，版本 2 的业务数据使用 SQLite 进行管理。

Notes（版本 2）的程序运行关系如图 9.1 所示。与版本 1 相比，版本 2 增加了两个类，分别为 DBHelper 和 DBAccessor。DBHelper 类基于 SQLiteOpenHelper 构建，用于在程序运行时创建并管理数据库。DBAccessor 类是数据库的访问类，该类包含了数据的添加、删除、修改和查询等基本操作。Notes（版本 2）中的窗体都基于 AppCompatActivity 类构建，窗体 1 的实现类命名为 MainActivity，对应的布局文件为 activity_main.xml；窗体 2 的实现类命名为 NoteActivity，对应的布局文件为 activity_note.xml。窗体 1 中使用了选项菜单和环境菜单，因此，分别对应的菜单声明为 main_menu.xml 和 context_menu.xml。Note 类为 Notes（版本 2）的数据类。

9.2.1　数据库创建类

Notes（版本 2）中，基于 SQLiteOpenHelper 定义 DBHelper 类，该类在程序第 1 次运行时创建数据库，并在数据库中增加一个数据表格。数据表命名为 notes，表中包含 3 个列：nid（类型为整型，是表格的主键）、title（类型为 TEXT）、content（类型为 TEXT）。数据列 nid 用于表示数据记录的编号，为数据表的主键，数据列 title 用于存储记录的标题，而 content 类用于存储记录的内容。数据表使用 SQLiteDatabase 的 execSQL 方法执行 create table 语句创建表格，具体程序如下：

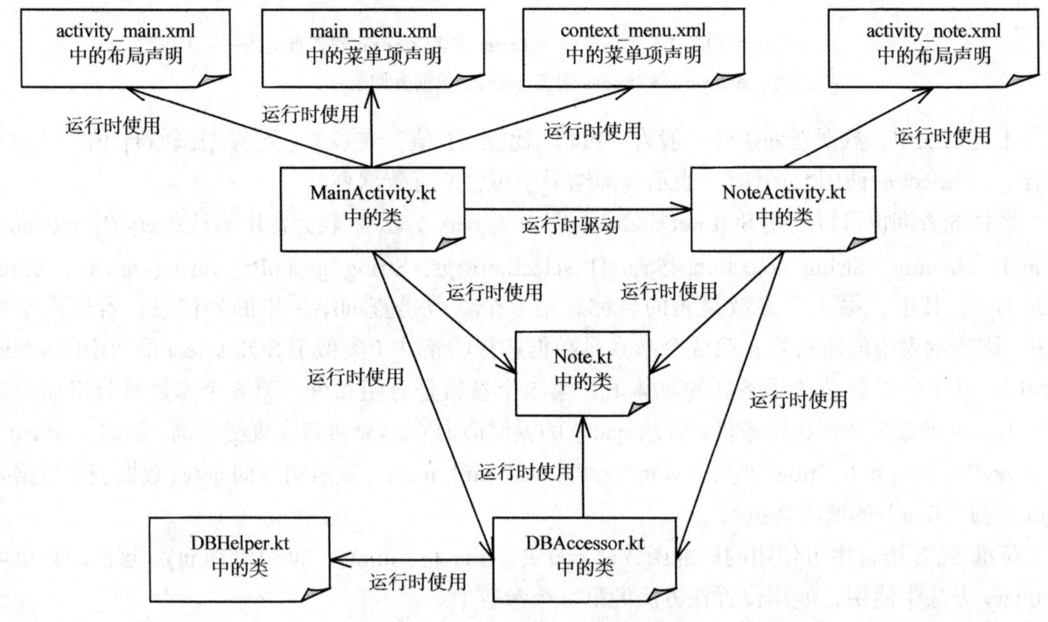

图 9.1　Notes（版本 2）程序运行关系

```
package …

import …

class DBHelper(ctx: Context, db: String, ver: Int): SQLiteOpenHelper(ctx, db, null, ver) {
   private val dbn = db
   private val version = ver
   private val create_tables = "create table notes (
   nid INTEGER PRIMARY KEY AUTOINCREMENT, title TEXT, content TEXT)"

   override fun onCreate(p0: SQLiteDatabase?) {
      updateDatabase(p0!!, 0, version)
   }

   override fun onUpgrade(p0: SQLiteDatabase?, p1: Int, p2: Int) {
      updateDatabase(p0!!, p1, p2)
   }

   private fun updateDatabase(db: SQLiteDatabase, ov:Int, nv: Int){
      db.execSQL("drop table if exists notes");
      db.execSQL(create_tables)
   }
}
```

上述程序在 onCreate 和 onUpgrade 部分主要调用 updateDatabase 方法创建数据库。DBHelper 类中使用属性 dbn 存储数据库的名称，属性 version 存储当前数据库的版本号。

9.2.2 数据库访问类

Notes（版本 2）中的数据类为 Note，该类包含 3 个属性：nid（类型为 Int 类型）、title（类型为 String）和 content（类型为 String）。相关程序如下：

```
package …

import …

class Note(i:Int, t:String, c:String){
    val nid = i //记录的标识
    val title = t //记录的标题
    val content = c //记录的内容
    companion object{ //记录的集合
        val notes = ArrayList<Note>()
    }

    override fun toString(): String {
        return this.title
    }
}
```

Note 类中以伴随对象的方式定义了一个 Note 数组列表 notes，该列表用于记录相关的数据信息。根据 Notes（版本 2）的功能，对数据的操作包含以下几项。

- 对数据表中所有数据进行查询，查询的结果存放在 Note 类的 notes 列表中；
- 在数据表中增加新数据；
- 在数据表中修改已有数据；
- 在数据表中删除已有数据。

对于数据的查询，可使用 SQL 的 select 语句直接实现，即通过 SQLiteDatabase 的 rawQuery 方法实现查询语句。以这样的方式所获得的结果是一个 Cursor 接口类型的对象。Cursor 接口类型对象中包含了数据库访问所获得的数据集，以及数据集的访问方法。其中，常用方法包含[6]以下几项。

- getColumnCount，该方法用于返回数据集列数总和（基于 Kotlin 开发时，本方法可使用 columnCount 属性达到相同的目的）；
- getColumnIndex，该方法用于根据列名返回该列的索引，如果不存在返回-1；
- getColumnName，该方法用于获得指定列索引的列名；
- getColumnNames，该方法用于获得所有数据列的名称（基于 Kotlin 开发时，本方法可使用 columnNames 属性达到相同的目的）；
- getCount，该方法用于获得数据集的行数（基于 Kotlin 开发时，本方法可使用 count 属性达到相同的目的）；
- moveToFirst，该方法用于将数据访问游标移动到数据集的第一行；
- moveToLast，该方法用于将数据访问游标移动到数据集的最后一行；
- moveToNext，该方法用于将数据访问游标移动到当前位置的下一行；
- moveToPosition，该方法用于将数据访问游标移动到指定位置；

- moveToPrevious，该方法用于将数据访问游标移动到当前位置的上一行。

另外，Cursor 对象使用完毕，必须调用 close 方法进行关闭，以释放相关资源。

对于数据的增加、修改和删除操作，可基于 SQLiteDatabase 的 insert、update 和 delete 方法实现。Notes（版本 2）中的数据访问类为 DBAccessor。

在构建应用程序时，数据库访问组件一般以单件模式[3]工作。所谓单件模式是指程序运行中，指定程序类只能有一个实例存在（实例数量不能为 0，也不能多于 1）。单件模式一般用于避免多个消费者对单一资源访问而发生冲突的不利情况。单件模式可使用多种方式实现，其中一种有效的实现方式是，首先检测单件类的实例，若不存在，则创建类实例；反之，若运行环境中已存在所需的类实例，则直接使用该类实例。在程序实现中，单件类的实例化状态可通过一个布尔型的变量来标识。

由于 SQLiteDatabase 类实例可分为 readableDatabase 和 writableDatabase 两种类型。在程序实现中，每当需要使用特定性质的数据库实例时，需要进行实例性质的判定。判定实现手段是基于 isReadOnly 属性。

最后，数据库对象在不需要使用时，应使用 SQLiteDatabase 类的 close 方法进行关闭。

基于上述讨论，DBAccessor 类的实现如下：

```
package …

import …

class DBAccessor(ctx: Context){
    private val helper:DBHelper = DBHelper(ctx, "mydb", 1)
    private var db: SQLiteDatabase = helper.readableDatabase

    companion object { //单件模式的实现
        lateinit var instance:DBAccessor
        private var init = false
        fun getInstance(c:Context):DBAccessor{
            if (!init){
                instance = DBAccessor(c)
                init = true
            }
            return instance
        }
    }

    fun closeDB() { //关闭数据库
        if (db.isOpen)
            db.close()
    }

    private fun isWritableDB(): Boolean { //判断是否为可写数据库
        if (!db.isOpen || db.isReadOnly) return false
        return true
    }

```

```
    private fun isReadableDB(): Boolean { //判断是否为可读数据库
        if (!db.isOpen) return false
        return true
    }

    fun setNote(i:Int, t:String, c:String){ //修改数据
        if(!isWritableDB())
            db = helper.writableDatabase
        val value = ContentValues()
        value.put("title", t)
        value.put("content", c)
        db.update("notes", value, "nid=?", arrayOf(i.toString()))
    }

    fun removeNote(i:Int): Int { //删除数据
        if (!isWritableDB())
            db = helper.writableDatabase
        return db.delete("notes","nid = ?",arrayOf(i.toString()))
    }

    fun insertNote(t:String, c:String){ //增加数据
        if (!isWritableDB())
            db = helper.writableDatabase
        val values = ContentValues()
        values.put("title", t)
        values.put("content", c)
        db.insert("notes", null, values)
    }

    fun getNotes(ns: ArrayList<Note>){ //查询所有数据
        if(!isReadableDB())
            db = helper.readableDatabase
        val q = "select * from notes"
        val cur = db.rawQuery(q, null)
        val c = cur.count
        if (c > 0) {
            cur.moveToFirst()
            while (true){
                val i = cur.getInt(0)
                val t = cur.getString(1)
                val co = cur.getString(2)
                val n = Note(i, t, co)
                ns.add(n)
                if (!cur.moveToNext()) break
            }
        }
        cur.close()
    }
}
```

上述程序中，针对 DBAccessor 类必须以单实例方式运行的要求，程序以伴随对象方式管理类实例，并通过 init 来标识类的实例化状态（程序第 9 行至第 19 行）。程序第 21 行至第 24 行定义方法 closeDB，该方法可用于关闭数据库对象。同时，程序第 26 行至第 34 行，提供了 isWritableDB 和 isReadableDB 方法，这些方法用于检查当前数据库实例是否可写或可读，同时，它们会分别被本类中的其他方法所使用。

DBAccessor 类的核心业务功能还包含以下几项。

- 数据查询，方法名为 getNotes 方法（程序第 60 行至第 78 行）。在 readableDatabase 基础上，该方法基于 SQLiteDatabase 的 rawQuery 方法实现数据的查询，并获得一个 Cursor 接口实现类实例。程序第 65 行获得数据集中的数据行数；程序第 66 至第 76 行，通过游标将数据集行中的数据项按顺序提取出来（数据表中有 3 个列，查询结果所产生的数据集也包含 3 个列，所以数据提取可直接使用索引标识 0、1、2 来获取每一行中的数据项）。Cursor 对象提取数据时需要根据数据类型调用不同的数据提取方法，例如，第 69 行为 getInt，第 70 行和第 71 行为 getString。程序第 67 行将游标移动至当前位置的下一行。最后，关闭 Cursor 对象（程序第 77 行）。
- 新增数据，方法名为 insertNote（程序第 51 行至第 58 行）。该方法首先判别数据库实例的类型；在 writableDatabase 基础上，该方法初始化一个 ContentValue 并使用 insert 方法增加数据。
- 修改数据，方法名为 setNote（程序第 36 行至第 43 行）。该方法首先判别数据库实例的类型；在 writableDatabase 基础上，该方法初始化一个 ContentValue 并使用 update 方法更新数据。
- 数据删除，方法名为 removeNote（程序第 45 行至第 49 行）。该方法首先判别数据库实例的类型；在 writableDatabase 基础上，该方法使用 delete 方法删除数据。

9.2.3 界面类的实现

Notes（版本 2）中 main_menu.xml 和 context_menu.xml 与版本 1（8.1 节）中菜单定义相同；布局声明文件 activity_note.xml 和 activity_main.xml 与版本 1 中的布局定义相同（8.1 节和 8.2 节）。

（1）NoteActivity 类

NoteActivity 类的程序如下所示。与版本 1 的 NoteActivity 类相比较，类中增加了一个属性 idx，该属性用于记录当前界面所处理的记录索引（Note.notes 中的位置索引）。同时，新版 NoteActivity 中的 nid 用于记录数据记录在数据库中的唯一标识。

```
package …

import …

class NoteActivity : AppCompatActivity() {
    lateinit var cmd: String
    lateinit var tv: EditText
    lateinit var cv: EditText
    var idx = 0
    var nid = 0
    companion object{ //常量定义
        val ACT = "action" //Intent 中工作模式标识
        val IDX = "idx" ///Intent 中记录编号标识
        val CREATE = "create" //创建模式
```

```
15          val EDIT = "edit" //编辑模式
16      }
17
18      override fun onCreate(savedInstanceState: Bundle?) {
19          super.onCreate(savedInstanceState)
20          setContentView(R.layout.activity_note)
21          tv = findViewById<EditText>(R.id.title)
22          cv = findViewById<EditText>(R.id.content)
23          cmd = intent.getStringExtra(ACT) //获取模式信息
24          if (cmd == EDIT){ //编辑模式
25              idx = intent.getLongExtra(IDX, 0).toInt()
26              val note = Note.notes.get(idx)
27              nid = note.nid
28              tv.setText(note.title)
29              cv.setText(note.content)
30          }
31      }
32
33      fun confirm(view: View) { //Confirm 按钮处理器
34          val t = (tv.text).toString()
35          val c = (cv.text).toString()
36          if (cmd == CREATE){ //创建模式，新增记录
37              val dba = DBAccessor.instance
38              dba.insertNote(t, c)
39          }else if (cmd == EDIT){ //编辑模式，修改记录
40              val dba = DBAccessor.instance
41              dba.setNote(nid, t, c)
42          }
43          finish()
44      }
45  }
```

上述程序中，方法 confirm 是界面中 Confirm 按钮的事件处理器。与版本 1 程序对比，该方法分别调用不同的数据访问方法。程序第 36 行，当前界面工作于“创建”状态，则在第 37 行获得数据库访问类实例，并在第 38 行调用 insertNote 方法增加数据。第 39 行程序确定当前界面工作于“编辑”状态，则在第 40 行获得数据库访问类实例，并在第 41 行调用 setNote 方法实现数据的修改。程序第 43 行关闭当前窗体。

（2）MainActivity 类

基于数据库访问的 MainActivity 类的程序如下所示。与版本 1 中的 MainActivity 类相比较，程序中使用了 DBAccessor 类，并在 onCreate 中将该类进行了实例化（dba 对象）。另外，MainActivity 界面中使用了 loadNotes 方法（程序第 26 行至第 30 行）重新加载数据库中的数据；而该方法在 onResume 和 onContextItemSelected 中被调用。

```
1   package …
2
```

```
import …

class MainActivity : AppCompatActivity() {
    lateinit var adapter: ArrayAdapter<Note>
    lateinit var dba:DBAccessor //数据访问对象

    override fun onCreate(savedInstanceState: Bundle?) {
        super.onCreate(savedInstanceState)
        setContentView(R.layout.activity_main)
        dba = DBAccessor.getInstance(this) //获取数据访问对象
        adapter = ArrayAdapter<Note>(this,
                android.R.layout.simple_list_item_1, Note.notes
        )
        titles.adapter = adapter //ListView 适配器
        titles.setOnItemClickListener { adapterView, view, i, l ->
            val intent = Intent(this, NoteActivity::class.java)
            intent.putExtra(NoteActivity.ACT, NoteActivity.EDIT)
            intent.putExtra(NoteActivity.IDX,l)
            startActivity(intent)
        } //ListView 监听器
        registerForContextMenu(titles) //在 ListView 上注册环境菜单
    }

    private fun reloadNotes(){ //加载数据
        if (Note.notes.size>0)
            Note.notes.clear()
        dba.getNotes(Note.notes)
    }

    override fun onResume() {
        super.onResume()
        reloadNotes()
        adapter.notifyDataSetChanged() //基于适配器更新界面显示
    }

    override fun onCreateOptionsMenu(menu: Menu): Boolean {
        menuInflater.inflate(R.menu.main_menu, menu) //加载选项菜单
        return true
    }

    override fun onCreateContextMenu(menu: ContextMenu?, v: View?,
                    menuInfo: ContextMenu.ContextMenuInfo?) {
        super.onCreateContextMenu(menu, v, menuInfo)
        menuInflater.inflate(R.menu.context_menu, menu) //加载环境菜单
    }

    override fun onOptionsItemSelected(item: MenuItem): Boolean {
```

```
50          when (item.getItemId()) { //选项菜单功能
51              R.id.action_create ->{
52                  val intent = Intent(this, NoteActivity::class.java)
53                  intent.putExtra(NoteActivity.ACT, NoteActivity.CREATE)
54                  startActivity(intent)
55                  return true
56              }
57              else -> return super.onOptionsItemSelected(item)
58          }
59      }
60  
61      override fun onContextItemSelected(item: MenuItem?): Boolean {
62          val id = item!!.itemId
63          if (id == R.id.action_remove) { //环境菜单功能
64              val info = item.menuInfo as AdapterView.AdapterContextMenuInfo
65              val iid = info.id
66              val i = Note.notes.get(iid.toInt()).nid
67              dba.removeNote(i)
68              reloadNotes()
69              adapter.notifyDataSetChanged()
70          }
71          return super.onContextItemSelected(item)
72      }
73  
74      override fun onDestroy() {
75          super.onDestroy()
76          dba.closeDB() //关闭数据库对象
77      }
78  }
```

上述程序在 onContextItemSelected 方法中，第 66 行用于获得数据记录在数据库中的编号（或主键值），第 67 行在数据库中将数据删除，第 68 行重新加载数据，第 69 行将界面进行更新。另外，MainActivity 类在第 74 行至第 77 行定义了界面的销毁行为（onDestroy），该方法用于在程序关闭时，关闭已打开的数据库（程序第 76 行）。

经过上述修改，基于数据库实现的 Notes（版本 2）运行的结果如图 9.2 所示。

应用主界面

图 9.2　Notes（版本 2）的运行结果

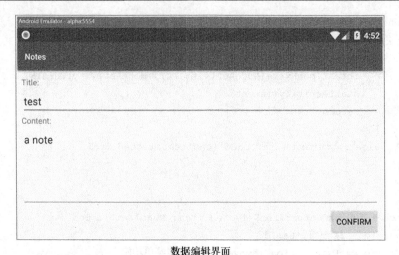

数据编辑界面

图 9.2　Notes（版本 2）的运行结果（续）

9.3　异步任务

当应用程序在运行中需要完成较长时间的计算任务时，可考虑采用多线程技术将计算任务与界面主线程分离。采用这样的手段，可使界面主线程具有较好的响应速度。与此类似，数据库的访问及查询可能会花费较长的时间，当数据库的访问影响了界面的响应时，可考虑将数据库的访问和操作与界面主线程分离，并以独立线程方式工作。

Android 开发工具中提供一种名为“异步任务”的工具，该工具在开发包中的位置为 android.os.AsyncTask。基于该类所实现的程序，可在主线程之外，以独立线程方式工作。AsyncTask 的基本结构如下所示：

```
class MyTask:AsyncTask<Params, Progress, Result> {
    override fun onProgressUpdate(vararg values: Progress?) {
        //可执行的程序语句
    }
    override fun onPreExecute() {
        //可执行的程序语句
    }
    override fun onPostExecute(result: Result?) {
        //可执行的程序语句
    }
    override fun doInBackground(vararg params: Params?): Result {
        //可执行的程序语句
    }
}
```

该类有 4 个核心方法：onProrgressUpdate、onPreExecute、onPostExecute 和 doInBackground。其中，onPreExecute 在 doInBackground 方法之前执行；onPostExecute 在 doInBackground 方法之后

执行。方法 doInBackground 是任务的主体，相关工作在系统后台执行，而 onProgressUpdate 方法可用于向外部环境汇报任务处理的进度情况。

方法 onPreExecute 在实现时不需要输入参数，方法结束没有返回值。该方法一般用于完成一些初始化的基本工作，而相关的工作是为 doInBackground 方法运行做准备。方法 doInBackground 为具体的执行程序，即所谓的任务，该方法执行可以使用输入参数。方法 doInBackground 的输入参数必须为类实例，不能使用简单数据类型；另外，参数的数量可以是多个；在示例结构中的参数 Params 为示例类型（Android 开发平台中并无该类型），实际应用时可根据情况使用具体的数据类型；最后，方法 doInBackground 的输入参数类型与 AsyncTask 类声明中使用的泛型参数<Params, Progress, Result>中的第 1 个参数类型保持一致。

方法 onPostExecute 的输入参数是 doInBackground 的返回值，在示例结构中的参数 Result 为示例类型（Android 开发平台中并无该类型），实际应用时可根据情况使用具体的数据类型；方法 onPostExecute 的输入参数类型与 AsyncTask 类声明中使用的泛型参数<Params, Progress, Result>中的第 3 个参数类型保持一致。

方法 onProgressUpdate 在示例结构中的输入参数 Progress 为示例类型（Android 开发平台中并无该类型），实际应用时可根据情况使用具体的数据类型；方法 onProgressUpdate 的输入参数类型与 AsyncTask 类声明中使用的泛型参数<Params, Progress, Result>中的第 2 个参数类型保持一致。在程序中不使用 onProgressUpdate 方法，则 Progress 类型可使用 Void 来替代。

AsyncTask 类工作时，通过调用对象的 execute 方法执行该任务。例如，针对本节第 1 个示例程序（结构），执行代码的方式为 MyTask().execute(...)。

针对本章所阐述 Notes（版本 2）中的 MainActivity 类，可以基于 AsyncTask 建立一个嵌套类（类名为 LoadingTask，在 MainActivity 类中定义），该类的程序为：

```
private class LoadingTask(context: MainActivity): AsyncTask<DBAccessor, Void, Int>(){
    private val ctx = WeakReference(context) //使用 WeakReference 防止 ctx 属性出错
    override fun onPreExecute() { //准备工作
        if (Note.notes.size>0)
            Note.notes.clear()
    }

    override fun onPostExecute(result: Int) { //后续工作
        val res = result.toInt()
        if (res == 1){
            Toast.makeText(ctx.get(), "reloaded!", Toast.LENGTH_LONG).show()
        }
    }

    override fun doInBackground(vararg ps: DBAccessor): Int { //查询数据
        val dba = ps[0]
        dba.getNotes(Note.notes)
        return 1
    }
}
```

上述程序在 onPreExecute 部分进行基本的准备，在 doInBackground 部分进行数据库的访问，并在 onPostExecute 部分提示数据加载情况。程序第 2 行，嵌套类 LoadingTask 属性 ctx 会发生空对象引用，因此，需要对 ctx 属性使用 WeakReference 工具。

基于上述定义，MainActivity 类中的 reloadNotes 方法变为：

```
private fun reloadNotes(){
    LoadingTask(this).execute(dba)
}
```

经过上述调整，MainActivity 类可使用“异步任务”方式查询数据库。

本章练习

1．应用程序中为什么要进行数据的持久化工作？

2．请总结 Android 中 3 种数据持久化的方式。

3．SQLite 的 5 种基本数据结构分别是什么？它们如何使用？

4．如何实现对数据库中数据的增、删、改、查操作？

5．为什么要采用异步多线程的技术？

6．简述 AsyncTask 中 4 个核心方法的作用及执行顺序。

7．使用 Kotlin 语言完成一个 Android 程序，基本要求如下。

（1）创建一个数据库，存储学生姓名和成绩两个信息；

（2）主窗体提供学生姓名和成绩的输入组件，一个提交按钮控件，一个用于显示数据的表格；

（3）单击提交按钮后，将数据存入数据库中；

（4）获取所有数据库信息并以表格的形式显示在主窗体上。

8．在第 7 题的基础上，使用异步任务的方式实现上述功能。

9．在第 8 题的基础上，增加以下功能。

（1）针对表格中的数据可使用环境菜单实现单条记录的删除操作；

（2）动态更新表格中显示的数据。

10．在第 9 题的基础上，增加以下功能。

（1）在主窗体中单击已存在的数据，进入窗体 2；

（2）在窗体 2 中添加“姓名”和“成绩”两种数据的编辑控件及“完成”按钮；

（3）单击“完成”按钮，获取两个编辑控件的数据后，在数据库中更新信息并返回主窗体；

（4）更新主窗体表格中显示的数据。

第 10 章 应用服务

应用服务在 Android 中是一种特殊的组件，该组件在后台运行，不具备用户交互界面；应用服务可提供交互接口，支持与前端用户界面进行基本的程序或消息交互。在应用开发中，较为常用的服务类型有 Started 服务及 Bound 服务。

Started 服务由外部程序启动运行，任务结束服务会自动终止。该类服务不提供外部交互。Bound 服务由外部程序驱动，外部程序通过“绑定”过程启动服务；服务被绑定后开始工作，绑定程序可在运行时与服务进行交互；外部程序通过“解绑”过程结束服务，解绑以后，服务停止运行。

本章主要介绍 Started 及 Bound 类型服务的使用方法，相关内容组织为两个部分：①Started 服务；②Bound 服务。

10.1 Started 服务

Started 服务必须基于 IntentService 类进行创建，基本的程序结构如下：

```
class MyIntentService : IntentService("MyIntentService") {
    override fun onHandleIntent(intent: Intent?) {
        //与业务任务有关的程序
        …
    }
}
```

基于 IntentService 所创建的服务，需将类名称作为参数传到 IntentSevice 的构建器中。在 IntentService 中，与计算任务有关的程序必须放置到 onHandleIntent 方法中，该方法的输入参数为 Intent 对象。

在开发环境中，创建 Started 服务的方法是在菜单“File”中，单击“New”，选择“Service”中的“Service (IntentService)”；开发环境会显示一个创建向导，在“Class Name”填写类的名称；单击向导的“Finish”按钮。

Started 服务也可以直接通过类来创建，但需要注意的问题是，在创建 Started 服务以后，项目主配置文件 AndroidManifest.xml 中应以手工方式增加服务的技术信息，例如：

```
<?xml version="1.0" encoding="utf-8"?>
```

```
<manifest xmlns:android="http://schemas.android.com/apk/res/android"
    package="com.myappdemos.notify">
    <application …>
        <activity android:name=".MainActivity">
            …
        </activity>

        <service android:name=".PostService"
            android:exported="false" />
    </application>
</manifest>
```

在配置文件中，<service>（结束时为</service>）是用来记录服务组件的标签，该标签位于<application>标签中。<service>标签中的 android:name 属性是用于设置服务所对应的实现类；而 android:exported 属性用于设置该服务是否能被外部程序调用，当属性值设置为 false 时，表示该服务只能被本应用中的程序调用。

Started 服务通过接收外部程序发送的 Intent 实例启动。当服务接收到一个 Intent 实例以后，Intent 中相关信息的提取需要在 onHandleIntent 中完成。外部程序设置和发送 Intent 的基本程序如下所示：

```
val intent = Intent(this, MyIntentService::class.java)
intent.putExtra(…)
…
startService(intent)
```

10.1.1 基于 Started 服务推送系统通知

本小节将讨论通过 Started 服务推送系统通知。基于 Started 服务能完成多种工作，构建的服务可从接收到的 Intent 实例中提取文本信息，并将文本信息在系统状态栏中以通知的形式显示。

本小节所构建的应用程序命名为 Notifying。应用程序包含两个类，分别为 MainActivity 和 PostService。其中，MainActivity 基于 AppCompatActivity 类创建，而 PostService 基于 IntentService 类构建。Notifying 中程序的运行关系如图 10.1 所示。

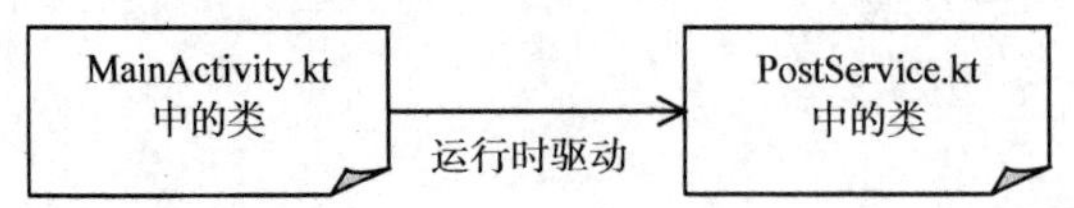

图 10.1 Notifying 应用的程序运行关系

在 Android 中，系统通知的实现需要关注 PendingIntent、Notification、NotificationManager 等技术要素。其中，PendingIntent 是在系统通知中用于驱动显示界面的工具，程序实现中，需要创建 PendingIntent 类的实例；Notification 类是系统通知的描述类；NotificationManager 类的实例则用于发起系统通知。

从本书前面章节的内容可总结出这样一个结论：Intent 对象是组件间传递消息的工具，而且，发送 Intent 对象可以启动另外一个工作组件。PendingIntent 对象的作用与 Intent 对象类似，也可用于启动系统中的工作组件。PendingIntent 对象在创建时需要封装一个 Intent 对象，然而，PendingIntent 对象在工作时，需要通过第三方组件进行发送（而不是由发起方直接发送）。这也是

PendingIntent 对象与 Intent 对象之间的区别，Intent 对象由发起方组件直接发送，并被接收方组件接收；而 PendingIntent 对象是通过第三方组件发送，而被接收方组件接收。这样，PendingIntent 对象的发送实质上需要达到一定的条件，当条件满足后，PendingIntent 对象才会被发送，而且，PendingIntent 对象被发送的时候，原发起方组件可能已经被系统或用户关闭。

在实现系统通知时，可使用 TaskStackBuilder 对象创建 PendingIntent 对象。TaskStackBuilder 对象可将两个完全不同的应用程序相互联系，即它可以将两个不同的应用程序组织成一个工作任务单元，并能帮助实现从一个应用程序跳转到另外一个应用程序的功能。基于 TaskStackBuilder 对象创建 PendingIntent 对象的过程如下。

- 创建 TaskStackBuilder 对象；
- 调用 TaskStackBuilder 对象的 addParentStack 方法设置当前工作组件；
- 通过调用 TaskStackBuilder 对象的 addNextIntent 方法设置其他工作组件；本步骤基于 Intent 对象实现；
- 使用 TaskStackBuilder 对象 getPendingIntent 方法获得 PendingIntent 对象。

Android 程序使用 NotificationManager 对象发起通知。NotificationManager 对象可基于 Context 对象的 getSystemService 方法实现，即可在窗体、服务等程序中直接调用 getSystemService 方法获得 NotificationManager 对象。NotificationManager 对象的 notify 方法是发起通知的具体方法，该方法需要使用两个参数：通知标识（类型为整型）、通知（类型为 Notification 类）。

Notification 是系统通知的描述类。使用该类可以设置通知的外观、显示内容、系统行为等。Notification 对象的创建可分为两种情况：一种方法是使用目前官方推荐的实现方法，但这种方法必须在 Android API 26 以上版本（含 API 26 版本）中实现、运行；另一种方法是已不推荐使用的实现方法，但这种方法适用于 Android API 26 以下的版本。

下面针对通知的两种实现方式进行讨论。

1. 基于推荐方式实现系统通知

Android API 26 以上版本（含 API 26 版本）中，系统通知采用了新的实现方式。Notification 类需要通过 NotificationCompat 类（该类可为 android.support.v4.app.NotificationCompat，或者，根据具体需求选用其他包中的同名类）创建。在调用 NotificationCompat 类创建 Notification 对象时，必须指定一个 Notification Channel（即所谓“通知通道”）的标识，标识的类型为字符串型。

Notification Channel（通知通道）实质上是系统通知行为个性化描述的一种实现方式。通过 Notification Channel 可针对通知，设置提示灯、振动等设备行为。

除了通知通道，基于 NotificationCompat 创建通知（即 Notification 对象）时，可通过程序指定通知（Notification 对象）的标题、图标、内容、显示时间、PendingIntent 对象等技术属性。其中，在 Notification 对象中设置 PendingIntent 对象，可实现当用户单击系统通知时，系统通知会启动一个指定的应用程序（该应用程序在 PendingIntent 对象中设置）。

基于上述讨论，Notifying 应用中 PostService 的实现程序为：

```
package …
import …
import android.support.v4.app.TaskStackBuilder
import android.support.v4.app.NotificationCompat

```

```
class PostService : IntentService("PostService") {
    companion object { //Intent中的消息标识
        val msg = "message"
    }
    val nid = 123
    val cid = "my_channel_1"

    protected override fun onHandleIntent(intent: Intent?) {
        //提取 intent 中的文本
        val text = intent!!.getStringExtra(msg)

        //创建 PendingIntent 对象
        val piBuilder = TaskStackBuilder.create(this)
        piBuilder.addParentStack(MainActivity::class.java)
        val newIntent = Intent(this, MainActivity::class.java)
        piBuilder.addNextIntent(newIntent)
        val pendingIntent = piBuilder.getPendingIntent(0,
                PendingIntent.FLAG_UPDATE_CURRENT)

        //创建 NotificationManager 对象
        val manager = getSystemService(Context.NOTIFICATION_SERVICE)
                as NotificationManager

        //创建 Notification Channel 对象
        val nChannel = NotificationChannel(cid, "My Notification",
                NotificationManager.IMPORTANCE_DEFAULT)
        //设置 Notification Channel 对象
        nChannel.description = "Channel description"
        nChannel.enableLights(true)
        nChannel.lightColor = Color.RED
        nChannel.vibrationPattern = longArrayOf(0, 1000, 500, 1000)
        nChannel.enableVibration(true)
        manager.createNotificationChannel(nChannel)

        //创建并设置 Notification 对象
        val builder = NotificationCompat.Builder(applicationContext, nChannel.id)
        val notification = builder
                .setContentTitle("Alarm")
                .setContentText(text)
                .setContentIntent(pendingIntent)
                .setAutoCancel(true)
                //.setDefaults(Notification.DEFAULT_ALL)
                .setWhen(System.currentTimeMillis())
                .setSmallIcon(R.drawable.ic_launcher_foreground)
                .build()

        //显示通知
```

```
50          manager.notify(nid, notification)
51      }
52  }
```

在上述程序中，Started 服务的工作任务在 onHandleIntent 方法中实现。方法的输入参数是一个 Intent 对象，该对象是服务启动的依据。PostService 服务的工作主要分成以下几个部分。

- 提取 Intent 对象中的文本信息，具体实现如程序第 15 行所示。
- 初始化一个 PendingIntent 对象，具体实现在程序中的第 18 行至第 22 行。创建 TaskStackBuilder 对象，调用 addParentStack 方法设置当前程序，创建 Intent 对象，调用 addNextIntent 设置下一个启动的程序，调用 getPendingIntent 获得 PendingIntent 对象。
- 初始化 NotificationManager 对象，具体实现在程序第 25 行。通过调用 getSystemService 方法实现，同时，需要使用 Context.NOTIFICATION_SERVICE 参数说明所返回的对象是 NotificationManager 对象。
- 初始化一个 NotificationChannel 对象，实现过程为程序第 28 行至第 35 行。其中，程序第 28 行创建 NotificationChannel 对象；程序第 30 行设置通道描述信息；程序第 31 行启动设备提示灯，第 32 行设置提示灯颜色；程序第 33 行为设备震动模式，震动模式中的长整型数值为震动间隔（单位为毫秒），程序第 34 行启动设备震动；程序第 35 行在 NotificationManager 对象中设置 NotificationChannel 对象。
- 初始化一个 Notification 对象，实现过程为程序第 38 行至第 47 行。其中，程序第 38 行构建一个 Notification 的构建器；程序第 39 行至第 47 行通过构建器创建 Notification 对象，同时设置通知的标题（程序第 40 行）、通知的内容（程序第 41 行）、通知所包含的 PendingIntent 对象（程序第 42 行）、通知的撤销（程序第 43 行，setAutoCancel 设置为 true 时，通知被用户使用以后会自动取消）、通知的显示时间（程序第 45 行）、通知的显示图标（程序第 46 行）等。
- 基于 NotificationManager 对象发起系统通知，即程序第 50 行。

在 PostService 类程序中，还需要注意以下几个问题。

- TaskStackBuilder 和 NotificationCompat 需要使用 Android 支持库中的类，版本为 v4。
- 关于 getPendingIntent 方法的参数。TaskStackBuilder 对象的 getPendingIntent 方法有两个参数。第 1 个参数类型为整型，用于标识当前发送 Intent 对象的组件；第 2 个参数为 PendingIntent 对象的使用方法，常见的选项为 FLAG_ONE_SHOT（PendingIntent 对象只使用一次）、FLAG_NO_CREATE（若 PendingIntent 对象不存在，则返回空）、FLAG_CANCEL_CURRENT（如果 PendingIntent 对象已经存在，则当前 PendingIntent 对象被取消）、FLAG_UPDATE_CURRENT（如果 PendingIntent 对象已经存在，则用当前 PendingIntent 对象替换已经存在的 PendingIntent 对象）等。
- NotificationChannel 类的初始化参数。NotificationChannel 类在初始化时，使用的参数包含通道的标识（类型为字符串型）、通道的名称（类型为字符串型）、通知的优先级（类型为整型）。优先级的选项包含 IMPORTANCE_DEFAULT（默认）、IMPORTANCE_HIGH（高）、IMPORTANCE_LOW（低）、IMPORTANCE_MAX（最大）、IMPORTANCE_MIN（最小）、IMPORTANCE_NONE（无）、IMPORTANCE_UNSPECIFIED（未指定）等。
- 程序第 44 行中的 setDefaults 方法。示例程序中 setDefaults 方法被标注为一个注释，该方法可通过使用不同的参数设置设备显示通知时的其他设备属性，包含响铃等。然而，更详细的设置可以通过 NotificationChannel 对象进行设置。

为了能启动 PostService，MainActivity 类中可使用以下程序发送 Intent 对象：

```
1    val intent = Intent(this, PostService::class.java)
2    intent.putExtra(PostService.msg, "Notifiction!")
3    startService(intent)
```

上述程序中，第 2 行是使用 Intent 对象设置通知的显示内容。编译、运行 Notifying，程序运行的效果如图 10.2 所示。

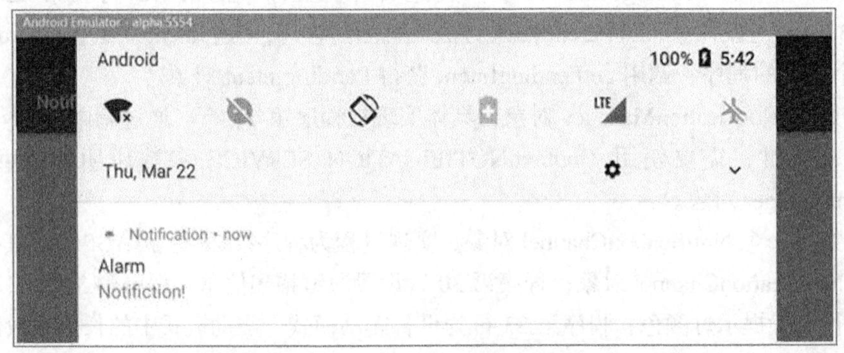

图 10.2　Notifying 应用运行效果（Android API 26 版本）

2. 以传统方式实现系统通知

当程序运行环境低于 Android API 26 以下的环境时，系统通知中的 Notification 类一般使用该类的构建器 Builder 创建。下列程序显示了创建 Notification 实例的过程。

```
1  val notification = Notification.Builder(this)
2      .setSmallIcon(R.mipmap.ic_launcher)
3      .setContentTitle("Alarm")
4      .setAutoCancel(true)
5      .setPriority(Notification.PRIORITY_MAX)
6      .setDefaults(Notification.DEFAULT_VIBRATE)
7      .setContentIntent(pendingIntent)
8      .setContentText(text)
9      .build()
```

上述程序首先创建 Notification 的 Builder 实例，并调用 build 方法创建 Notification 实例。实例的相关显示属性包含通知的显示图标（程序第 2 行）；通知的标题（程序第 3 行）；设置通知在单击以后会在系统中自动消失（程序第 4 行）；设置通知优先级（程序第 5 行）；设置设备响应行为（程序第 6 行），Notification.DEFAULT_VIBRATE 为设备进行振动；设置 PendingIntent 对象（程序第 7 行）；通知的内容（程序第 8 行）等。

Notification 实例创建完成以后可提交给 Android 系统进行显示，基本过程为通过 getSystemService 方法获得 NotificationManager 实例，通过 NotificationManager 实例显示通知。程序结构为：

```
val manager = getSystemService(Context.NOTIFICATION_SERVICE)
as NotificationManager
manager.notify(NID, notification)
```

上述程序中 NID 为整型值，标识通知，若对不同的通知使用相同的标识，则旧的通知内容会被新的通知内容所替代。基于上述讨论，PostService 的实现为：

```
1   package …
2
3   import …
4
5   class PostService : IntentService("PostService") {
6       companion object {
7           val msg = "message"
8       }
9       val nid = 1234
10
11      override fun onHandleIntent(intent: Intent?) {
12          val text = intent!!.getStringExtra(msg)
13          val sBuilder = TaskStackBuilder.create(this)
14          sBuilder.addParentStack(MainActivity::class.java)
15          val newIntent = Intent(this, MainActivity::class.java)
16          sBuilder.addNextIntent(newIntent)
17          val pendingIntent = sBuilder.getPendingIntent(0,
18                  PendingIntent.FLAG_UPDATE_CURRENT)
19
20          val notification = Notification.Builder(this)
21                  .setSmallIcon(R.mipmap.ic_launcher)
22                  .setContentTitle("Alarm")
23                  .setAutoCancel(true)
24                  .setPriority(Notification.PRIORITY_MAX)
25                  .setDefaults(Notification.DEFAULT_VIBRATE)
26                  .setContentIntent(pendingIntent)
27                  .setContentText(text)
28                  .build()
29          val manager = getSystemService(Context.NOTIFICATION_SERVICE)
30                  as NotificationManager
31          manager.notify(nid, notification)
32      }
33  }
```

上述程序中第 6 行至第 8 行规定 Intent 对象中封装消息的标识信息；第 9 行设置通知标识；第 12 行是从接收的 Intent 对象中提取通知显示信息；第 13 行到第 18 行初始化 PendingIntent 对象；上述示例程序中的 PendingIntent 对象对应于应用程序中的 MainActiviy 窗体，所以，当通知被单击时，应用中的 MainActivity 窗体会被启动并显示。程序第 20 行至第 28 行创建一个 Notification 对象；程序第 29 行至第 31 行向系统发送通知。

在窗体程序中调用 PostService 的示例如下：

```
val intent = Intent(this, PostService::class.java)
intent.putExtra(PostService.msg, "Notifiction!")
startService(intent)
```

服务被调用以后实现的效果如图 10.3 所示。

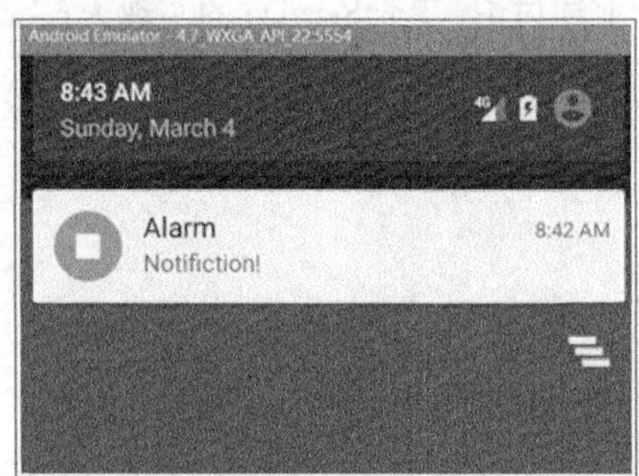

图 10.3　Notifying 应用运行效果（Android API 26 以下版本）

10.1.2　在 Started 服务中实现音频的播放

在 Started 服务中可使用媒体播放器播放一段音乐。由于 Started 服务不支持交互，所以基于 Started 服务不适用于实现可交互式的媒体播放服务。

Android 开发工具中，MediaPlayer 类（android.media.MediaPlayer）是一个播放多媒体资源的工具。在 Started 服务中只需要使用以下程序则可实现通过 MediaPalyer 对象播放一段音乐：

```
1    val mp = MediaPlayer.create(this, R.raw.s05)
2    mp.start()
```

上述程序第 1 行初始化一个 MediaPlayer 对象，第 2 行使用 start 方法播放音频文件。Android 应用开发中，可在项目资源文件中设置音频文件；音频文件放置的位置为资源目录的 raw 文件夹中。在程序中访问音频文件的方式为 **R.raw.音频文件名**。示例程序中，MediaPlayer.create 方法中的第 2 个参数是项目资源中的音频文件。

MediaPlayer 类在使用时还可使用 MediaPlayer()方式初始化，之后可通过 MediaPalyer 对象的 setDataSource 方法设置媒体文件的位置。方法 setDataSource 可支持两种媒体文件定位方式，分别为本地文件、网络文件。

MediaPlayer 对象中常使用的方法包含 start（播放）、stop（停止）、pause（暂停）、seekTo（定位）、reset（重置）、release（释放）等。

10.2　Bound 服务

与 Started 服务不同，Bound 服务直接以 Service 类为基础进行构建。在开发环境中，创建 Bound 服务的方法是在“File”菜单中单击“New”，选择“Service”中的“Service”；开发环境会显示一个创建向导，在“Class Name”填写类的名称；单击向导的“Finish”按钮。服务创建向导中有两个选项，分别为 Exported 和 Enabled。当 Exported 被选择时，该服务可被当前应用程序以外的程序访问；而 Enabled 选项需要保持被选择的状态，否则，所实现的服务将不会运行。

Bound 服务在工作时需要外部程序绑定，绑定过程结束以后，服务开始工作；被绑定的服务能与绑定程序进行交互；当外部程序解绑服务，Bound 服务停止工作。Bound 服务最基本的结构如下所示：

```
class MyService : Service() {
    override fun onBind(intent: Intent): IBinder? {
        //onBind 中的程序
    }

    override fun onUnbind(intent: Intent): IBinder? {
        //onUnBind 中的程序
    }

    //服务中的交互方法定义
}
```

上述程序中的 onBind 方法用于帮助外部程序实现绑定工作，该方法需要返回的是一个 Binder 对象（通过 IBinder 接口实现的对象）。Binder 对象可为外部应用程序提供一个服务实例。Bound 服务中的 onUnbind 方法用于帮助外部程序实现解绑工作。

外部程序使用一个 Bound 服务的基本过程如下。

- 外部程序新建一个 ServiceConnection 对象；
- 外部程序基于 ServiceConnection 对象发送一个 Intent 对象绑定服务；
- 服务被绑定以后返回一个 Binder 对象；
- 外部程序基于 Binder 对象与服务进行交互直至任务结束；
- 外部程序解绑服务，服务停止工作。

在上述过程中，当外部程序是一个窗体对象，则需要调用 bindService 方法（android.content.Context 类中的方法）绑定一个 Bound 服务；反之，若需要解绑一个服务时，则需要调用 unbindService 方法（android.content.Context 类中的方法）。

为了能提供 Binder 对象，Bound 服务基本的实现结构如下：

```
class MyService : Service() {
    inner class MyBinder: Binder() {
        fun getService():MyService{
            return this@MyService
        }
    }

    val binder = MyBinder()

    override fun onBind(intent: Intent): IBinder? {
        return binder
    }
    …
}
```

上述程序运行以后，android.os.Binder 类是一个 android.os.IBinder 接口的预定义类，基于 Binder 类可自主定义 IBinder 接口的实现类。当外部程序调用 bindService 方法绑定服务后，系统会调用 onBind 方法；当服务被绑定以后，外部程序会获得一个 Binder 对象，通过调用程序中定义的

getService 方法，外部程序可获得服务的一个运行实例，并可通过该实例进行相关的业务操作。当需要结束服务时，外部程序可调用 unbindService 方法解绑服务，之后，系统会调用服务中的 onUnbind 方法完成解绑的后续工作。需要说明的是，Bound 服务必须按 IBinder 接口方式实现 Binder 对象，即必须以 getService 方法返回一个服务实例。

除了 onBind 方法，Service 类中的基本方法还包含 onCreate、onStartCommand 和 onDestroy。其中，方法 onCreate 是在服务初始化的时候被调用；方法 onStartCommand 是在外部程序调用 Service 类的 startService 时被调用；方法 onDestroy 是在服务销毁时被调用。

10.2.1 基于 Bound 服务实现音频播放功能

Bound 服务支持与外部程序进行交互。基于 Bound 服务实现一个音频播放服务，外部程序可通过服务所提供的交互接口实现音频播放过程的控制，例如，实现音频的播放、暂停、停止播放等功能。

本小节所讨论示例程序的基本结构如图 10.4 所示。示例程序包含两个基本的组成：MainActivity 类和 Palyer 类。其中，MainActivity 类基于 AppCompatActivity 类构建，Player 类则是一个 Bound 服务实现类。在 MainActivity 类中配置了 3 个按钮，按钮显示的内容分别为 Play、Pause 和 Stop。单击 3 个按钮以后可实现音频的播放、暂停和停止，3 个按钮在 MainActivity 中所对应的事件处理方法名称为 play、pause 和 stop。

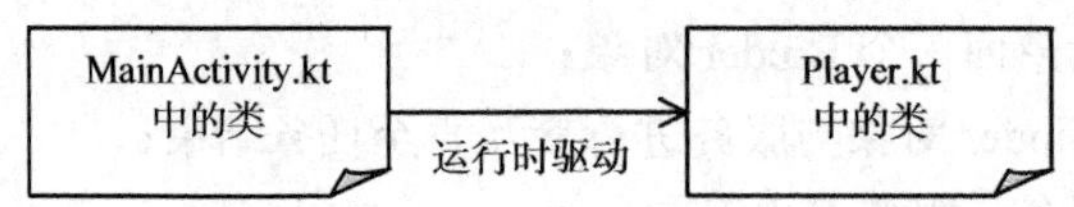

图 10.4 基于 Bound 服务构建音频播放的示例程序结构

Player 类的实现包含以下 3 个部分。

- 服务的“绑定”和“解绑”功能，分别对应的方法为 onBind 和 onUnbind；
- 服务的 Binder 对象；
- 服务提供的交互接口。由于示例程序中的 Player 可实现播放、暂停和停止功能，因此，服务中定义 3 个交互方法，方法命名分别为 play、pause 和 stop。

在 Player 类中，媒体播放器的初始化工作通过 onBind 方法实现，而对播放器所使用计算资源的撤销可基于 onUnbind 方法来实现。基于这些设计，Player 类的程序为：

```
package …

import …

class Player : Service() {
   lateinit var mp:MediaPlayer //媒体播放器
   inner class MyBinder: Binder() { //Binder 定义
      fun getService():Player{
         return this@Player
      }
   }

```

```
13        val binder = MyBinder()
14
15        override fun onBind(intent: Intent): IBinder? { //绑定方法
16            mp = MediaPlayer.create(this,R.raw.s05) //初始化媒体播放器
17            return binder
18        }
19
20        override fun onUnbind(intent: Intent?): Boolean { //解绑方法
21            mp.release() //释放播放器资源
22            return super.onUnbind(intent)
23        }
24
25        fun play(){ //播放媒体文件
26            mp.start()
27        }
28
29        fun pause(){ //暂停播放媒体文件
30            mp.pause()
31        }
32
33        fun stop(){ //停止播放媒体文件
34            mp.stop()
35            mp.prepare()
36        }
37    }
```

上述程序中，第 7 行至第 11 行实现一个 Binder 对象，该对象中的 getService 方法可提供一个 Player 对象。程序第 15 行至第 18 行是 onBind 方法的实现，该方法初始化一个 MediaPlayer 对象，并对外提供一个 Binder 对象。程序第 20 行至第 23 行是 onUnbind 方法的实现，该方法首先基于 release 方法释放 MediaPlayer 对象，再完成后续的解绑工作。程序第 25 行至第 36 行分别实现了 Player 服务中的 play、pause 和 stop 方法，这些方法将会被外部程序使用。

当外部程序访问 Player 时，首先需要基于 ServiceConnection 接口实现一个对象。Android 开发工具中，基于 ServiceConnection（android.content.ServiceConnection）接口所实现的对象可用于监控应用服务的使用情况[6]。外部程序可根据监控的具体情况完成相关的业务工作。ServiceConnection 接口中包含两个方法：onServiceConnected 和 onServiceDisconnected。其中，服务刚被绑定以后，onServiceConnected 方法会被调用，而服务刚被解绑后，onServiceDisconnected 方法会被调用。方法 onServiceConnected 包含两个输入参数，分别为被绑定服务的名称（参数类型 ComponentName）、Binder 对象（类型为 IBinder）。其中，Binder 对象实际上是被绑定服务中所提供的 Binder 对象，基于该对象可访问服务的运行实例。方法 onServiceDisonnected 包含了一个输入参数，具体为被绑定服务的名称（参数类型为 ComponentName）。

基于 ServiceConnection 接口的实现对象，外部程序需要调用 bindService 方法及 unbindService 方法绑定和解绑一个 Bound 服务。这两个方法可根据业务需求的具体情况被程序调用。一种比较简便的调用方式可以为在外部程序创建时调用 bindService，并在外部程序关闭时调用 unbindService。但需要特别说明的是，这种调用方式并不能满足所有的业务需求，可根据实际情

况安排调用时机。

Bound 服务被绑定以后，外部程序可根据服务所提供的交互接口完成相应的工作。在 Player 服务实现基础上，MainActivity 类的程序如下所示：

```
package …

import …

class MainActivity : AppCompatActivity() {
    private var player: Player? = null //服务
    private val connection = object : ServiceConnection { //服务连接对象
        override fun onServiceDisconnected(p0: ComponentName?) {
            player = null
        }

        override fun onServiceConnected(p0: ComponentName?, p1: IBinder?) {
            val binder = p1 as Player.MyBinder
            player = binder.getService() //获取服务实例
        }
    }

    override fun onCreate(savedInstanceState: Bundle?) {
        super.onCreate(savedInstanceState)
        setContentView(R.layout.activity_main)
        val start = Intent(this, Player::class.java)
        bindService(start, connection, Context.BIND_AUTO_CREATE) //绑定服务
    }

    fun play(v: View){ //播放按钮处理器
        player!!.play()
    }

    fun stop(v: View){ //停止按钮处理器
        player!!.stop()
    }

    fun pause(v: View){ //暂停按钮处理器
        player!!.pause()
    }

    override fun onStop() {
        super.onStop()
        if (player !=null) {
            unbindService(connection) //解绑服务
            player = null
        }
```

```
43      }
44  }
```

上述程序中，第 7 行至第 16 行是 ServiceConnection 接口的一种实现；其中，程序第 13 行获得一个 MyBinder 对象，并在第 14 行基于 MyBinder 对象获得一个 Player 服务实例；而程序第 9 行则将 MainActivity 对象中的 player 属性重置(为空)。MainActivity 对象在创建的时候绑定 Player 服务（程序第 21 行至第 22 行），而相关的解绑工作在 MainActivity 对象的 onStop 方法中完成。示例程序第 25 行至第 35 行分别实现了 play、pause 和 stop 方法，这些方法实质上是界面 3 个按钮（即 Play、Pause 和 Stop 按钮）的事件处理器。这些方法会分别调用 Player 服务的 play、pause 和 stop 方法。

编译、运行上述程序，用户可通过 MainActivity 对象控制播放一段音频文件。

10.2.2　基于 Bound 服务实现 GPS 定位

除了实现音频播放，Bound 服务还可用来实现需要长期在系统后台运行的业务功能，例如侦测设备状态等。本小节介绍一个 Bound 服务，该服务可访问运行环境中的 GPS（全球定位系统）模块，并获取设备当前的 GPS 位置。

在 Android 中实现 GPS 应用，最核心的工作是实现 LocationListener 接口（LocationListener 接口实现类是一个设备位置的监听器），该接口主要包含以下 4 个方法声明。

- onLocationChanged，本方法在系统位置发送变化时被调用；
- onProviderDisabled，本方法在定位服务提供者不可访问时被调用；
- onProviderEnabled，本方法在定位服务提供者可访问时被调用；
- onStatusChanged，本方法在系统（定位服务）状态发送变化时被调用。

构建 GPS 应用的基本步骤如下。

- 初始化一个 LocationManager 对象；
- 基于 LocationManager 对象检测设备中当前可获得 GPS 信息的方式；
- 基于 GPS 信息获取方式注册位置监听器（即基于 LocationListener 接口实现的对象）；
- 基于位置监听器对象完成相关业务工作。

GPS 应用程序中，可调用 LocationManager 对象的 getLastKnownLocation 方法获得已知的 GPS 位置。另外，当应用程序包含了 GPS 应用功能，程序运行前必须确保相关应用权限被用户所赋予（即 Android 平台应用管理中应用有关的 GPS 权限需要被打开）。在 LocationListener 基础上，一个名为 LocationService 的 Bound 服务实现如下：

```
package …

import …

class LocationService:Service(), LocationListener {

    inner class LocationBinder : Binder() { //Binder 定义
        fun getService(): LocationService {
            return this@LocationService
        }
```

```
    }
    val binder = LocationBinder()
    var location: Location? = null //位置
    private var locManager: LocationManager? = null
    private var isGPSEnabled = false //GPS 服务状态
    private var isNTEnabled = false //网络定位服务状态

    override fun onBind(intent: Intent): IBinder? { //绑定方法
        return binder
    }

    fun fetchLocation():Location?{ //对外提供已知位置信息
        return location
    }

    override fun onCreate() {
        locManager = getSystemService(Context.LOCATION_SERVICE) as
                LocationManager //获取 LocationManager 对象
        initService() //初始化服务
    }

    override fun onUnbind(intent: Intent): Boolean { //解绑方法
        locManager!!.removeUpdates(this)
        return super.onUnbind(intent)
    }

    fun initService(){ //初始化服务
        isGPSEnabled = locManager!!
                .isProviderEnabled(LocationManager.GPS_PROVIDER) //GPS 定位
        isNTEnabled = locManager!!.
                isProviderEnabled(LocationManager.NETWORK_PROVIDER) //网络定位
        if (isGPSEnabled) {
            try{
                locManager!!.requestLocationUpdates( //设置使用 GPS 服务
                        LocationManager.GPS_PROVIDER, 30000, 5f, this)
                location = locManager!!.getLastKnownLocation( //获取位置
                        LocationManager.GPS_PROVIDER)
            }catch (se: SecurityException){
                throw se
            }

        }else if (isNTEnabled) {
            try{
                locManager!!.requestLocationUpdates( //设置使用网络定位服务
                    LocationManager.NETWORK_PROVIDER, 30000, 5f, this)
                location = locManager!!.getLastKnownLocation(//获取位置
                    LocationManager.NETWORK_PROVIDER)
```

```
54             }catch (se: SecurityException){
55                 throw se
56             }
57         }
58     }
59
60     override fun onLocationChanged(p0: Location?) { //位置变化
61         location = p0
62     }
63
64     override fun onStatusChanged(p0: String?, p1: Int, p2: Bundle?) { //定位状态变化
65         Toast.makeText(this, "Status Changed", Toast.LENGTH_SHORT).show()
66     }
67
68     override fun onProviderEnabled(p0: String?) { //定位服务提供者可用时的响应
69         if (locManager == null){
70             locManager = getSystemService(Context.LOCATION_SERVICE)
71                     as LocationManager
72         }
73         initService()
74     }
75
76     override fun onProviderDisabled(p0: String?) { //定位服务提供者不可用时的响应
77         isNTEnabled = false
78         isGPSEnabled = false
79         locManager!!.removeUpdates(this)
80     }
81 }
```

上述程序中，第 7 行至第 11 行定义基于 Binder 的类，第 12 行该类被初始化。LocationSevice 类使用 location 属性（类型为 Location）存储最新获得的 GPS 位置；属性 locManager（类型为 LocationManager）是 LocationListener 的管理组件，该组件可根据系统状态实时更新调用 LocationListener 的实现方法；属性 isGPSEnabeled 和 isNTEnabled 分别用来标识当前系统中的定位服务提供者可用状态（一般有两种定位服务提供者：基于 GPS、基于网络）。程序第 18 行至第 20 行定义 onBind 方法，并返回一个 Binder 对象。第 26 行至第 30 行程序负责初始化一个服务，第 37 行至第 58 行初始化 LocationService 中的定位工具。第 60 行至第 80 行是 LocationListener 接口方法的实现。

Android 平台可通过设备中的 GPS 模块或网络模块获取位置信息。若应用程序通过设备中的 GPS 模块获得定位信息，则这种工作模式为精确位置定位；若应用程序通过网络模块获得定位信息，则这种工作模式为非精确位置定位。当应用程序通过 GPS 模块获得定位信息时，需要在应用程序主配置文件（AndroidManifest.xml 的<manifest>标签中）中使用权限声明，具体为：

```
<uses-permission android:name="android.permission.ACCESS_FINE_LOCATION" />
```

当应用程序通过网络模块获得定位信息时，在主配置文件中的权限声明则为：

```
<uses-permission android:name="android.permission.ACCESS_COARSE_LOCATION" />
```

在 onCreate 中，LocationService 使用 getSystemService(Context.LOCATION_SERVICE) as LocationManager 获得系统中已存在的 LocationManager 对象。方法 initService 中的第 38 行和第 41 行分别使用 LocationManager 对象的 isProviderEnabled 方法检查系统可使用的定位组件信息（即 GPS 模块或网络模块）。当系统状态检查完成，程序使用 requestLocationUpdates 方法注册 LocationListener 实例；当注册完成，系统会根据实际情况分别调用 LocationListener 中的方法。

在使用方法 requestLocationUpdates 时，该方法的第 1 个参数为定位服务组件信息；第 2 个参数为数据更新时间间隔，单位为毫秒；第 3 个参数为数据更新距离间隔，单位为米；第 4 个参数为 LocationListener 实例。另外，LocationManager 类中还有一个方法：removeUpdates，该方法用来注销已注册的 LocationListener 对象。

为了调用 LocationService，简单的界面程序如下（该界面中有一个按钮，单击按钮后调用下列程序中的 show 方法）：

```
package …

import …

class MainActivity : AppCompatActivity() {
    private var locationService: LocationService? = null
    private val connection = object : ServiceConnection { //服务连接对象
        override fun onServiceDisconnected(p0: ComponentName?) {
            locationService = null
        }

        override fun onServiceConnected(p0: ComponentName?, p1: IBinder?) {
            val binder = p1 as LocationService.LocationBinder
            locationService = binder.getService()
        }
    }

    override fun onCreate(savedInstanceState: Bundle?) {
        super.onCreate(savedInstanceState)
        setContentView(R.layout.activity_main)
        val start = Intent(this, LocationService::class.java)
        bindService(start, connection, Context.BIND_AUTO_CREATE) //绑定服务
    }

    override fun onStart() { //界面恢复时检查服务绑定情况
        super.onStart()
        if (locationService == null) {
            val start = Intent(this, LocationService::class.java)
            bindService(start, connection, Context.BIND_AUTO_CREATE)
        }
    }

```

```
33      fun show(v:View){ //显示位置
34          var text = "No data"
35          val loc = locationService!!.fetchLocation()
36          if (loc != null){
37              text = (loc.longitude).toString()
38              text = text + " :: " + (loc.latitude).toString()
39          }
40          Toast.makeText(getApplicationContext(), text, Toast.LENGTH_LONG).show()
41      }
42
43      override fun onStop() { //界面停止时设置服务绑定
44          super.onStop()
45          if (locationService !=null) {
46              unbindService(connection)
47              locationService = null
48          }
49      }
50  }
```

上述程序中，第 6 行的 locationService 用于记录与界面组件绑定的服务对象。第 7 行至第 16 行定义 ServiceConnection 类，该类有两个方法：onServiceDisconnected 和 onServiceConnected；其中，服务被绑定时，onServiceConnected 会被调用；当服务被解绑时，onServiceDisconnected 会被调用。服务被绑定后，可在 onServiceConnected 中获得服务的 Binder 对象，并获得服务实例，如程序第 13 行和第 14 行所示。程序 onCreate 方法中，第 21 行初始化一个 Intent 对象，第 22 行使用 bindService 绑定服务。上述程序在 onStop 方法中使用 unbindService 解绑服务；同时，为了确保应用能正常运行，程序在 onStart 方法中会检查服务的绑定状态，同时该方法会继续绑定服务。程序中的 show 方法是界面中按钮的事件处理器，该方法调用 locationService 的 fetchLocation 方法获得最新的 GPS 位置信息，并通过 Toast 组件显示位置的经度（Location 中的 longitude）和纬度（Location 中的 latitude）信息。

将上述程序编译、运行，最终的效果如图 10.5 所示。

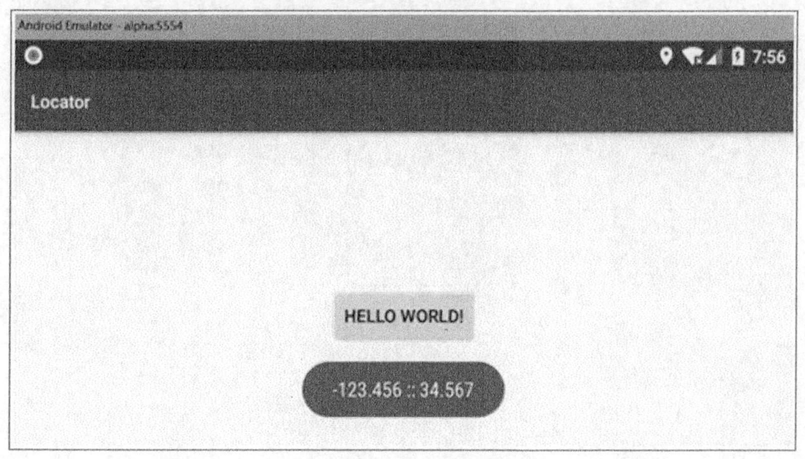

图 10.5　通过 LocationService 获取设备的 GPS 数据

本章练习

1．什么是 Android 中的应用服务？该组件主要用于完成什么样的工作？

2．请简述 Started 和 Bound 两种服务的区别。

3．实现系统通知的方式和步骤有哪些？

4．请简述使用 LocationListener 构建 GPS 应用时，程序开发的步骤。

5．请使用 Kotlin 语言完成一个 Android 程序，基本要求如下。

（1）主窗体有“开始”按钮；

（2）单击“开始”按钮，等待 5 秒后，在系统通知栏发布一个任意内容的提醒。

6．请使用 Kotlin 语言完成一个 Android 程序，实现功能如下。

（1）主窗体有“开始”“停止”“切换”按钮；

（2）单击“开始”按钮，开始播放音乐；单击“停止”按钮，停止音乐播放；单击“切换”按钮，可实现播放音乐的切换功能。

7．使用 Kotlin 语言完成一个 Android 程序，要求如下。

（1）在第 8 章课后习题第 5 题的基础上修改悬浮按钮的单击事件；单击按钮后，使用应用服务获取当前 GPS 坐标；

（2）使用第三方地图 API 将地图定位到（1）中获取的 GPS 坐标所表示的位置。

第 11 章 传感器

在 Android 平台的工作环境中，只有在硬件允许和支持的条件下，应用程序可操作或访问多种类型的传感器设备。例如，在智能手机中，可通过开发工具访问的传感器包括加速度、室温、重力、陀螺仪、运动检测、心率、线性加速度、磁场、光亮、设备朝向、步伐检测、靠近距离等。另外，当设备环境中配置了厂商定制的其他传感器，可通过第三方的开发工具访问这些传感器设备。

Android 标准开发工具中，与传感器应用有关的编程接口主要组织到 android.hardware 包中。主要的组件包含[6]Sensor、SensorManager、SensorEventListener 和 SensorEvent。其中，Sensor 是传感器类，该类的实例为一个具体的传感器设备；SensorManager 类用于帮助程序访问运行环境中的传感器；SensorEvent 为传感器事件类，通过该类可访问到设备事件相关的时间戳、数据的准确程度、传感器类型和数据等信息；SensorEventListener 接口可帮助构建传感器事件监听程序。

对于传感器应用，本章将讨论的主题包含：①获取运行环境中可用传感器信息；②访问并获取传感器所采集到的信息。围绕这些主题，本章的内容组织为两个部分，分别为：①传感器的检测；②传感器的访问。

以传感器访问为目的，本章在后续讨论中，将构建一个名为 Sensors 的应用程序。如图 11.1 所示，Sensor 应用使用一个窗体作为主要的显示界面，并在窗体中配置了 3 个交互组件，分别为一个下拉列表（Spinner）和两个文本显示组件（TextView）。其中，下拉列表用于显示环境中可访问的传感器名称，文本显示组件分别显示传感器相关的硬件信息和传感器所探测到的值。Sensors 工作时，首先检测运行环境，并将可使用的传感器名称组织到下拉列表中；应用交互中，每当一个传感器设备被选择，相关的硬件信息和具体的探测值会被更新显示到界面中。

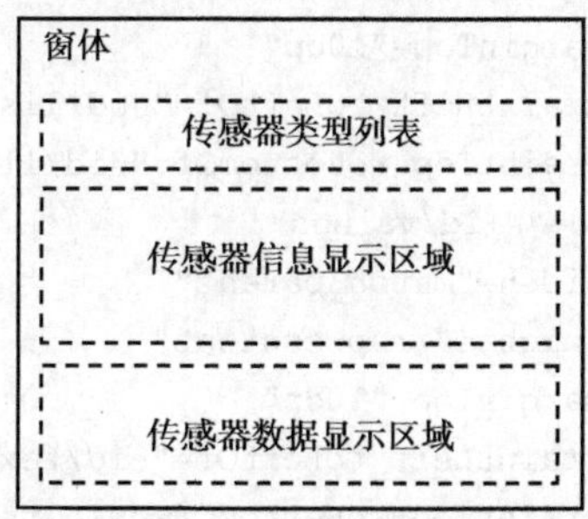

图 11.1　Sensors 应用的界面结构

Sensors 应用的实现包含两个部分，分别为 MainActivity.kt 和 activity_main.xml。它们之间的关系如图 11.2 所示。

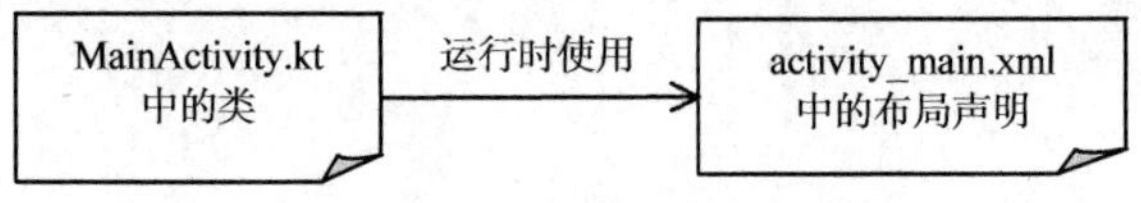

图 11.2　Sensors 应用的程序运行关系

11.1　传感器的检测

11.1.1　应用程序的界面布局

项目建立成功以后，在 Android Studio 左边项目窗口中选择 layout 中的布局文件 activity_main.xml。基于 ScrollView，图 11.1 所示界面所对应的布局为：

```
1   <?xml version="1.0" encoding="utf-8"?>
2   <ScrollView xmlns:android="http://schemas.android.com/apk/res/android"
3     xmlns:app="http://schemas.android.com/apk/res-auto"
4     xmlns:tools="http://schemas.android.com/tools"
5     android:layout_width="match_parent"
6     android:layout_height="match_parent"
7     tools:context="com.myappdemos.sensors.MainActivity">
8     <android.support.constraint.ConstraintLayout
9         android:layout_width="match_parent"
10        android:layout_height="wrap_content"
11        android:padding="10dp">
12        <Spinner android:id="@+id/list"
13            android:layout_width="match_parent"
14            android:layout_height="wrap_content"
15            app:layout_constraintLeft_toLeftOf="parent"
16            app:layout_constraintTop_toTopOf="parent"
17            />
18        <TextView android:id="@+id/text"
19            android:layout_width="match_parent"
20            android:layout_height="wrap_content"
21            android:layout_marginTop="10dp"
22            app:layout_constraintLeft_toLeftOf="@id/list"
23            app:layout_constraintTop_toBottomOf="@id/list"/>
24        <TextView android:id="@+id/values"
25            android:layout_width="match_parent"
26            android:layout_height="wrap_content"
27            android:layout_marginTop="10dp"
28            app:layout_constraintLeft_toLeftOf="@id/text"
29            app:layout_constraintTop_toBottomOf="@id/text"/>
30    </android.support.constraint.ConstraintLayout>
31  </ScrollView>
```

上述程序中，显示内容使用 ScrollView 组件来组织，界面布局为约束布局。程序第 12 行至第

17 行声明了名为 list 的下拉列表（用于显示可访问的传感器名称）；第 18 行至第 23 行声明了一个名为 text 的文本显示组件（用于显示传感器的硬件信息）；第 24 行至第 29 行声明了一个名为 values 的文本显示组件（用于显示传感器的检测值）。

界面中的 Spinner 组件，需要通过程序完成相关的初始化工作。主要的任务包含设置组件、设置组件的事件监听器。

11.1.2 检测设备中的传感器

设备中的传感器需要通过 SensorManager 对象获得。在程序中，通过 Context 对象的 getSystemService 方法实现，即可在窗体、服务等程序中直接调用 getSystemService 方法获得 SensorManager 对象。基本情况如下：

```
val sensorManager = getSystemService(Context.SENSOR_SERVICE) as SensorManager
```

基于 SensorManager 对象的 getSensorList 方法可获得传感器列表。方法 getSensorList 有一个输入参数，当该参数为 Sensor.TYPE_ALL 时，方法能获取运行环境中可访问传感器的列表，具体类型为 List<Sensor>。

Sensor 对象中，比较重要的信息包含 name、type、vendor、version、maximumRange、minDelay、power、resolution 等；name 的含义为名称，type 为类型，vender 为设备供应商，version 为版本，maximumRange 为传感器数值的最大值，minDelay 为最小延迟，power 为耗电量（单位一般为毫安），resolution 为分辨率等。

针对图 11.1 界面中的下拉列表 list，该列表的组装过程为：

```
1   val sensorManager = getSystemService(Context.SENSOR_SERVICE) as SensorManager //获取传感器管理器
2   val sensors = sensorManager.getSensorList(Sensor.TYPE_ALL) //获取传感器列表
3   val names = ArrayList<String>()
4   for (_sensor in sensors){ //提取传感器的名称
5       names.add(_sensor.name)
6   }
7
8   list.adapter = ArrayAdapter<String>(this, android.R.layout.simple_spinner_item, names)
9
10  list.onItemSelectedListener = object: AdapterView.OnItemSelectedListener{ //下拉列表事件监听
11      override fun onItemSelected(p0: AdapterView<*>?, p1: View?, p2: Int, p3: Long) {}
12      override fun onNothingSelected(p0: AdapterView<*>?) {}
13  }
```

上述程序在 MainActivity 类的 onCreate 中实现。程序第 1 行和第 2 行获得可用传感器列表，程序第 4 行至第 6 行将传感器的名称以列表方式组织，程序第 8 行通过 ArrayAdapter 将传感器名称填充到界面中的下拉列表中（布局中，下拉列表的唯一标识为 list），程序第 10 行到第 13 行定义 list 的选择事件监听器。

在下拉列表 list 的事件监听器中，需要完成的后续工作主要有：①确定当前被选择的传感器；

②获取传感的硬件信息；③更新显示设备信息。对于 onItemSelected 方法，程序的实现细节为：

```
1   override fun onItemSelected(p0: AdapterView<*>?, p1: View?, p2: Int, p3: Long) {
2      val sensor = sensors.get(p3.toInt())
3      var info = " Sensor Name: " + sensor.name + "\r\n"
4      info += " Sensor Type: " + sensor.type + "\r\n"
5      info += " Sensor Vendor: " + sensor.vendor + "\r\n"
6      info += " Sensor Version: " + sensor.version + "\r\n"
7      info += " Max Range: " + sensor.maximumRange + "\r\n"
8      info += " Min Delay: " + sensor.minDelay + "\r\n"
9      info += " Power Consumption: " + sensor.power + "\r\n"
10     info += " Resolution: " + sensor.resolution + "\r\n"
11     text.text = info
12  }
```

方法 onItemSelected 中，程序通过列表选择情况确定当前被选择的传感器（程序第 2 行）。基于传感器，相关硬件设备信息（包含名称、类型、供应商、版本等）被提取，并在界面中显示（程序第 11 行，text 对象是布局文件中声明的一个 TextView 标识）。

到目前为止，MainActivity 类中 onCreate 方法的程序为：

```
override fun onCreate(savedInstanceState: Bundle?) {
   super.onCreate(savedInstanceState)
   setContentView(R.layout.activity_main)
   val sensorManager = getSystemService(Context.SENSOR_SERVICE)
      as SensorManager //获取传感器管理器
   val sensors = sensorManager.getSensorList(Sensor.TYPE_ALL) //获取传感器列表
   val names = ArrayList<String>()
   for (_sensor in sensors){ //提取传感器的名称
      names.add(_sensor.name)
   }

   list.adapter=ArrayAdapter<String>(this,  android.R.layout.simple_spinner_item, names)

   list.onItemSelectedListener = object: AdapterView.OnItemSelectedListener{
      override fun onItemSelected(p0: AdapterView<*>?, p1: View?, p2: Int, p3: Long) {
         val sensor = sensors.get(p3.toInt())
         var info = " Sensor Name: " + sensor.name + "\r\n"
         info += " Sensor Type: " + sensor.type + "\r\n"
         info += " Sensor Vendor: " + sensor.vendor + "\r\n"
         info += " Sensor Version: " + sensor.version + "\r\n"
         info += " Max Range: " + sensor.maximumRange + "\r\n"
         info += " Min Delay: " + sensor.minDelay + "\r\n"
         info += " Power Consumption: " + sensor.power + "\r\n"
         info += " Resolution: " + sensor.resolution + "\r\n"
         text.text = info
      }
      override fun onNothingSelected(p0: AdapterView<*>?) {}
```

```
    }

}
```

编译、运行程序，程序运行的结果如图 11.3 所示。

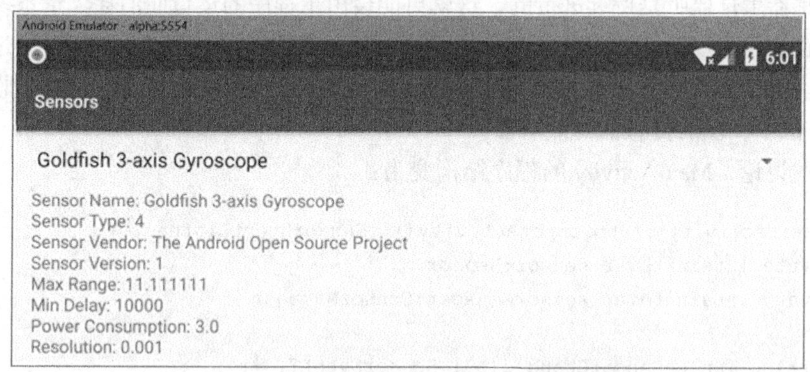

图 11.3　Sensors 应用显示传感器硬件信息的效果

11.2　传感器的访问

传感器的探测值需要通过 SensorEvent 对象获得，这也要求必须在程序中实现一个 SensorEventListener 接口。SensorEventListener 接口包含以下两个预定义方法[6]。

- onAccuracyChanged(Sensor sensor, int accuracy)，本方法在传感器数值准确性发生变化时被调用；
- onSensorChanged(SensorEvent event)，本方法在 SensorEvent 对象发生时被调用。

针对 onAccuracyChanged 方法，该方法有两个输入值：sensor 和 accuracy。其中，sensor 为已注册的传感器对象；accuracy 为数值准确性值。对于 accuracy 而言，在 SensorManager 中，定义的值如下。

- SENSOR_STATUS_ACCURACY_HIGH，说明传感器当前报告的值具有较高准确性；
- SENSOR_STATUS_ACCURACY_LOW，说明传感器当前报告的值具有较低准确性；
- SENSOR_STATUS_ACCURACY_MEDIUM，说明传感器当前报告的值具有一定准确性；
- SENSOR_STATUS_NO_CONTACT，说明传感器当前报告的值不可信（原因为当前的数值是在传感器未与其测试对象发生接触时获得的值）。
- SENSOR_STATUS_UNRELIABLE，说明传感器当前报告的值不可信。

针对 onSensorChanged 方法，该方法的输入参数为 SensorEvent 对象。SensorEvent 对象可获得的值包含数据准确性值（accuracy）、传感器对象（sensor）、检测值（values）、时间戳（timestamp）等。基于这些信息可确定并读取传感器的检测值。

监听器必须通过 SensorManager 对象的 registerListener 方法实现传感器注册。SensorManager 类中，最简单的 registerListener 方法有 3 个输入参数：Context 对象、Sensor 对象和数据采集周期。对于数据采集周期，可使用的值如下（SensorManager 类中预定义值）。

- SENSOR_DELAY_FASTEST，表示以最快方式采集数据；本方式会消耗大量系统资源；

- SENSOR_DELAY_GAME，表示本数据采集方式适合在设备处于游戏模式时使用；
- SENSOR_DELAY_NORMAL，表示以普遍方式采集数据；
- SENSOR_DELAY_UI，表示本数据采集方式适合在设备处于普通用户交互模式时使用。

当不需要使用监听器时，可使用 SensorManager 对象的 unregisterListener 方法实现。程序运行时，对传感器事件监听是持续进行的，这就可能会由于程序的运行而消耗大量系统资源，如电池电量等。在构建程序时，需要在必要时注册传感器事件监听器，而在不必要时通过程序停止对事件的监听。在普通交互界面中，可在窗体的 onPause 方法中注销传感器的事件监听器；而在 onResume 方法中，注册传感器的监听器。

基于上述讨论，MainActivity 的程序结构变为：

```
class MainActivity : AppCompatActivity(), SensorEventListener {
    private lateinit var sensor:Sensor
    private lateinit var sensorManager:SensorManager

    override fun onSensorChanged(p0: SensorEvent?) {}

    override fun onAccuracyChanged(p0: Sensor?, p1: Int) {}

    override fun onCreate(savedInstanceState: Bundle?) {
        super.onCreate(savedInstanceState)
        setContentView(R.layout.activity_main)
        sensorManager = getSystemService(Context.SENSOR_SERVICE)
            as SensorManager
        val sensors = sensorManager.getSensorList(Sensor.TYPE_ALL)
        sensor = sensors[0]
        val names = ArrayList<String>()
        for (_sensor in sensors){ //提取传感器的名称
            names.add(_sensor.name)
        }

        list.adapter = ArrayAdapter<String>(this,
            android.R.layout.simple_spinner_item, names)

        list.onItemSelectedListener = object: AdapterView.OnItemSelectedListener{
            override fun onItemSelected(p0: AdapterView<*>?, p1: View?, p2: Int,
                p3: Long) {
                …
            }
            override fun onNothingSelected(p0: AdapterView<*>?) {}
        }
    }

    override fun onPause() {
        sensorManager.unregisterListener(this)
        super.onPause()
    }

```

```
35      override fun onResume() {
36          sensorManager.registerListener(this, sensor,
                SensorManager.SENSOR_DELAY_NORMAL)
37          super.onResume()
38      }
39  }
```

修改以后的 MainActivity 类使用 sensor 和 sensorManager 记录程序中当前被选择的传感器对象，以及 SensorManager 对象。基于接口 SensorEventListener 对象，MainActivity 类中定义了 onSensorChanged 和 onAccuracyChanged 方法。程序第 30 行至第 33 行实现当窗体失去焦点时，停止对传感器进行监听；程序第 35 行至第 38 行实现当窗体恢复显示时，开始对传感器进行监听。

应用中，onAccuracyChanged 方法可确定传感器设备检测值的准确性变化情况，基于这些变化，程序可把握传感器设备获取检测值的准确度。基于 onAccuracyChanged 方法，除了掌握设备工作状态以外，可通过检测值的准确度来确定是否记录或存储当前的检测值。例如，下列程序通过准确性情况来确定是否需要完成后续工作（为了使程序可以运行，需要在 Sensors 的 MainActivity 类中增加一个名为 readable 的布尔变量）：

```
override fun onAccuracyChanged(p0: Sensor?, p1: Int) {
    readable = (p1 == SensorManager.SENSOR_STATUS_ACCURACY_HIGH)
}
```

基于 onSensorChanged 方法，程序可获取传感器事件对象，并通过事件对象来获取传感器的检测值。Sensors 应用中，传感器值的读取和界面更新工作在 onSensorChanged 中完成，具体的程序为：

```
override fun onSensorChanged(p0: SensorEvent?) {
    var info = ""
    val vs = p0!!.values
    var n = 0
    if (readable){
        for (v in vs){
            info += "value - " + n.toString() + " : " + v.toString() + "\r\n"
            n += 1
        }
    }else{
        info += "accuracy: "+ p0.accuracy + "\r\n"
        for (v in vs){
            info += "value - " + n.toString() + " : " + v.toString() + "\r\n"
            n += 1
        }
    }
    values.text = info
}
```

SensorEvent 对象中，一个传感器所检测到的所有值都被组织到一个名为 values 的单精小数数组中。需要注意的是，对于不同的传感器，SensorEvent 对象中 values 的大小是不同的。上述程序的 onSensorChanged 方法中，程序首先基于 readable 来确定显示传感器的检测值。当 readable 为真时（说明传感器的当前检测值具有较高的可信度），程序显示检测值；当 readable 为否时，程序显示检测值，并显示当前数值的准确度。程序第 17 行实现相关数据的界面显示（values 是布局文件中，一个 TextView 组件的唯一标识）。

最后，为了使程序能读取不同传感器的值，在 onItemSelected 方法中，需要完成传感器的记录和监听器的注册工作。程序完善以后的详细情况为：

```
1   override fun onItemSelected(p0: AdapterView<*>?, p1: View?, p2: Int, p3: Long) {
2       val _sensor = sensor
3       sensor = sensors.get(p3.toInt())
4       var info = " Sensor Name: " + sensor.name + "\r\n"
5       info += " Sensor Type: " + sensor.type + "\r\n"
6       info += " Sensor Vendor: " + sensor.vendor + "\r\n"
7       info += " Sensor Version: " + sensor.version + "\r\n"
8       info += " Max Range: " + sensor.maximumRange + "\r\n"
9       info += " Min Delay: " + sensor.minDelay + "\r\n"
10      info += " Power Consumption: " + sensor.power + "\r\n"
11      info += " Resolution: " + sensor.resolution + "\r\n"
12      text.text = info
13
14      if (_sensor !== sensor){
15          sensorManager.unregisterListener(this@MainActivity)
16          sensorManager.registerListener(this@MainActivity, sensor,
                SensorManager.SENSOR_DELAY_NORMAL)
17      }
18  }
```

上述程序中，程序第 14 行至第 17 行实现当界面的下拉列表中的选项发生变化以后，程序为新选择的传感器注册监听器。

经过上述讨论，Sensors 应用的核心功能都已实现。编译、运行程序，程序运行的效果如图 11.4 所示。

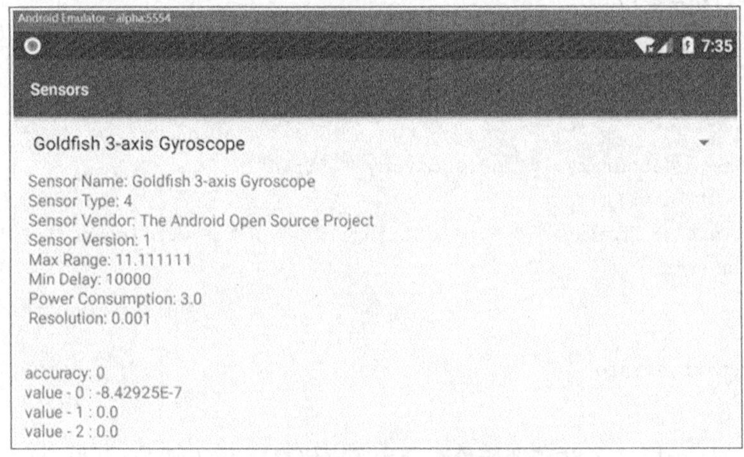

图 11.4　Sensors 应用的运行效果

本章练习

1. 在 Android 系统中，如何获取传感器对象？
2. 在 Android 系统中，如何获得传感器的探测值？详细描述其过程和方法。
3. 在 Android 系统中，如何注册以及注销一个传感器的监听器？
4. 如何在软件层面减少在监听传感器时消耗的 Android 系统资源？
5. 基于本章介绍的内容，实现一个简易的指南针应用。

附录 A Android 应用开发环境的配置

A.1 JDK 安装配置

下载安装 jdk-8u162-windows-x64（基于 64 位系统）。

建议将 JDK 安装到盘根目录下，且不要出现中文路径，如附图 A.1 所示。

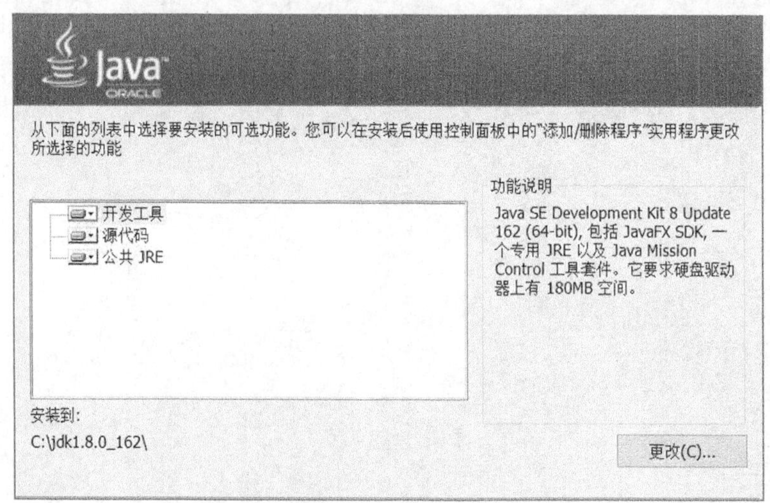

附图 A.1　JDK 的安装

安装完成后，需要进行环境变量的配置，通过“控制面板”，选择“系统和安全”，选择“系统”，再选择“高级系统设置”后进入系统属性，如附图 A.2 所示。

单击环境变量，新建系统变量，变量名为 JAVA_HOME，变量值为 JDK 安装路径，例如 JDK 安装在 C:\jdk1.8.0_162，则配置如附图 A.3 所示。

之后，在系统变量内新建变量，其变量值如附图 A.4 所示。

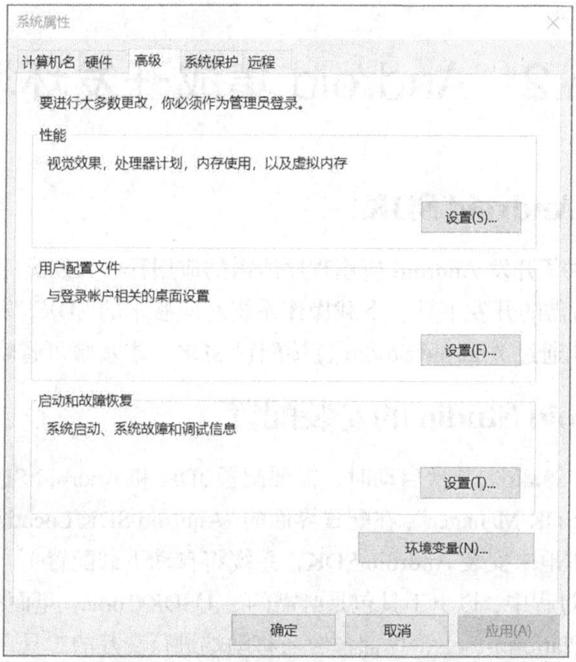

系统属性
计算机名 硬件 高级 系统保护 远程
要进行大多数更改，你必须作为管理员登录。
性能
视觉效果，处理器计划，内存使用，以及虚拟内存
设置(S)...
用户配置文件
与登录帐户相关的桌面设置
设置(E)...
启动和故障恢复
系统启动、系统故障和调试信息
设置(T)...
环境变量(N)...
确定
取消
应用(A)

附图 A.2　Windows 中环境变量的配置

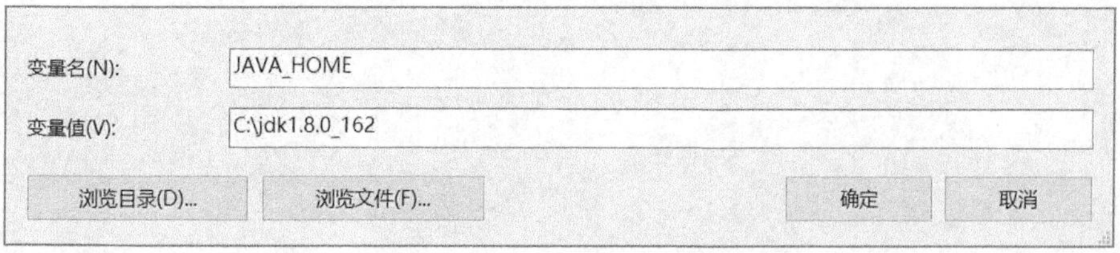

变量名(N):
JAVA_HOME
变量值(V):
C:\jdk1.8.0_162
浏览目录(D)...
浏览文件(F)...
确定
取消

附图 A.3　JAVA_HOME 配置

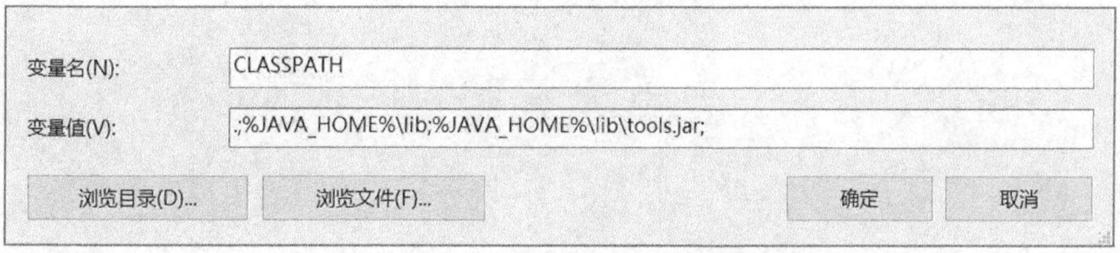

变量名(N):
CLASSPATH
变量值(V):
.;%JAVA_HOME%\lib;%JAVA_HOME%\lib\tools.jar;
浏览目录(D)...
浏览文件(F)...
确定
取消

附图 A.4　CLASSPATH 配置

在系统变量里面找到 PATH 变量，在 PATH 变量的值域里面追加变量值：

```
%JAVA_HOME%\bin;%JAVA_HOME%\jre\bin;
```

注意：在原有的值域后添加分号（英文字符）。最后单击“确定”，此时 JDK 的环境变量配置就已完成。

打开一个命令提示符窗口，键入 java –version。如果显示如附图 A.5 所示，证明 JDK 配置成功。

java version "1.8.0_162"
Java(TM) SE Runtime Environment (build 1.8.0_162-b12)
Java HotSpot(TM) 64-Bit Server VM (build 25.162-b12, mixed mode)

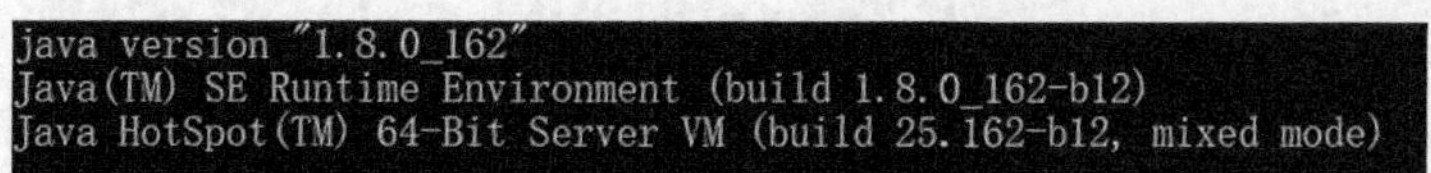

附图 A.5　java –version 内容

A.2 Android 集成开发环境

A.2.1 安装 Android SDK

Android SDK 提供了开发 Android 应用程序所需的应用程序开发类库，以及构建、测试和调试 Android 应用程序所需的开发工具。下载操作系统对应版本的 SDK，并解压到指定目录。

注：若开发人员拟通过 Android Studio 直接配置 SDK，本步骤可省略。

A.2.2 Android Studio 的安装配置

下载安装 Android Studio。首次启动时，需要配置 JDK 和 Android SDK 的路径。单击初始界面“Configure”，选择“SDK Manager”，在配置界面的“Android SDK Location”中设置 Android SDK 的本地安装路径（若本地未安装 Android SDK，系统将自动下载配置）。

注：在配置 SDK 过程中，以下工具包是必需的。①SDK Tools，里面包含开发所要用的工具，如模拟器等；②SDK Platform-tools，里面包含与移动端进行交互的工具，如 adb 工具等；③SDK Platform，至少需要一个平台以便能够编译开发的应用程序。

附录 B Android Studio 中程序的断点调试方法

本节将使用以下代码进行测试：

```
fun debugDemo(){
    var sum=0
    var i=0
    while (i<100){
    sum+=i
    i++
    }
}
```

现以追踪 sum 变量为例，简述断点调试方法。

（1）添加断点

在代码编辑区程序行数右侧空白区域单击自动添加程序断点，如附图 B.1 第 30 行所示。

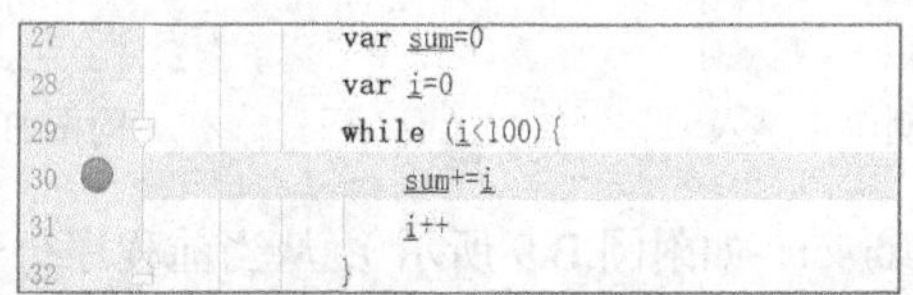

附图 B.1　添加断点

（2）进入调试模式

程序未运行情况下，通过系统菜单“Run”，选择“Debug”，再选择将要调试的程序，或者直接单击工具栏中的“Debug”按钮进入调试模式，如附图 B.2 所示。

附图 B.2　“Debug”按钮

程序已经运行的情况下，通过菜单项“Run”，选择“Attach debugger to Android process”，或者直接单击工具栏中的附加调试按钮进入调试模式，如附图 B.3 所示。

附图 B.3　附加调试按钮

（3）开始调试

进入调试模式后，开发环境会出现“Debug”调试面板，如附图 B.4 所示。在该窗口显示区域中可以观察断点变量的值。

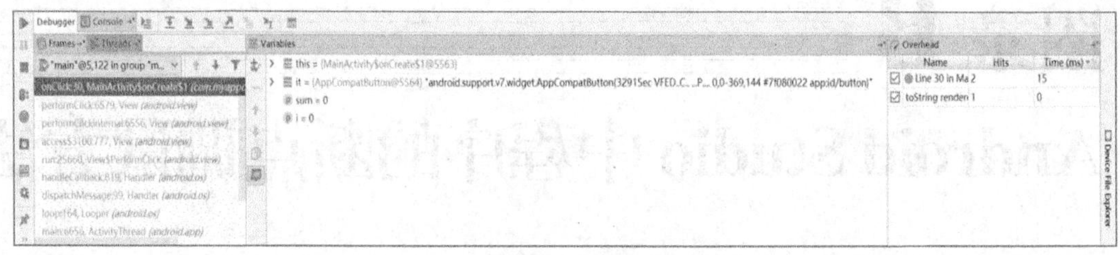

附图 B.4　调试面板

（4）常用调试工具

单步跳过（Step Over，如附图 B.5 所示），程序将向下执行一行（执行过程省略）。

单步跳入（Step Into，如附图 B.6 所示），执行当前程序行，并前进到方法（自定义）调用内的第一行。

附图 B.5　单步跳过

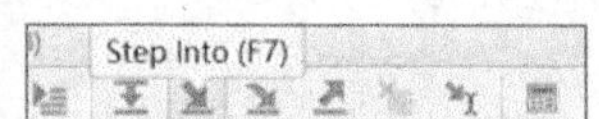

附图 B.6　单步跳入

强制单步跳入（Force Step Into，如附图 B.7 所示），执行当前程序行，并前进到方法（自定义或已有类库）调用内的第一行。

单步退出（Step Out，如附图 B.8 所示），执行当前程序行，并前进到当前方法之外的下一行。

附图 B.7　强制单步跳入

附图 B.8　单步退出

运行到光标处（Run to Cursor，如附图 B.9 所示），从当前程序行开始执行到光标所在程序行。

计算表达式（Evaluate Expression，如附图 B.10 所示），在当前执行点对某个表达式求值。

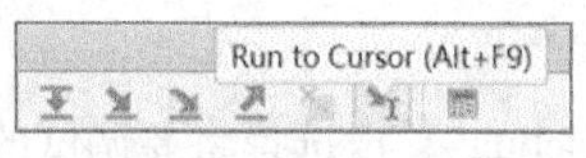

附图 B.9　运行到光标处行

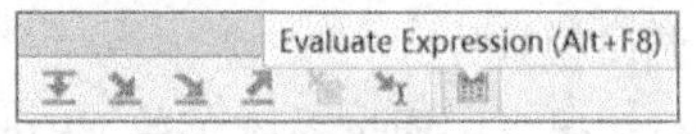

附图 B.10　计算表达式

（5）结束调试

选择系统菜单“Run”，选择“Stop”或者按 Ctrl+F2 组合键结束调试。

参考文献

[1] Wikipedia, Kotlin (programming language), https://en.wikipedia.org/wiki/Kotlin_ (programming_ language).

[2] JetBrains Kotlin, Kotlin Language Documentation, https://kotlinlang.org/docs/kotlin-docs. pdf.

[3] Erich Gamma, Richard Helm, Ralph Johnson, John Vlissides, Design Patterns: Elements of Reusable Object-Oriented Software, Addison-Wesley Professional, 1 edition, Nov. 10, 1994.

[4] Google Android，Android API 使用指南，https://developer.android.google.cn/guide/.

[5] W3C, Extensible Markup Language (XML)，https://www.w3.org/XML/.

[6] Google Android，Android API 参考文档，https://developer.android.google.cn/reference/.

[7] Seeven Byle, Understanding Density Independence in Android, https://www. captechconsulting. com/blogs/understanding-density-independence-in-android.

[8] W3C, Scalable Vector Graphics (SVG) 1.1 (Second Edition), https://www.w3.org/TR/SVG/.

[9] Oracle, JAR File Specification, https://docs.oracle.com/javase/6/docs/technotes/guidse/jar/jar.html.

[10] SQLite, Datatypes In SQLite Version 3, https://www.sqlite.org/datatype3.html.